U0337679

二级建造师继续教育系列教材

建筑工程新技术概论

主　　编　王东升

副 主 编　赵　莉　　张晓蓉　　赵　淼

参编人员　张振涛　　鲍利珂　　宋　超

　　　　　许瑞琳

中国矿业大学出版社

·徐州·

内 容 提 要

本书为二级建造师继续教育培训教材。本书从建筑工程新技术概述、地基与基础工程技术与应用、高性能混凝土施工技术与应用、模板脚手架技术的应用、装配式混凝土结构技术与应用、钢结构技术与应用、绿色施工技术与应用、防水技术与维护结构节能技术与应用、建筑工程监测技术与应用、信息化技术与应用等十个方面系统地研究和梳理了《建筑业 10 项新技术(2017 版)》中各项关键技术的基本知识和技术应用。

本书可作为建筑工程新技术从业人员的培训教材,也可作为高校相关课程教材。

图书在版编目(C I P)数据

建筑工程新技术概论 / 王东升主编. —徐州:中国矿业大学出版社,2020.1

ISBN 978 - 7 - 5646 - 0895 - 8

Ⅰ.①建…　Ⅱ.①王…　Ⅲ.①建筑工程—新技术应用 Ⅳ.①TU

中国版本图书馆 CIP 数据核字(2019)第 194160 号

书　　名	建筑工程新技术概论
主　　编	王东升
责任编辑	周　丽
出版发行	中国矿业大学出版社有限责任公司
	(江苏省徐州市解放南路　邮编 221008)
营销热线	(0516)83884103　83885105
出版服务	(0516)83995789　83884920
网　　址	http://www.cumtp.com　E-mail:cumtpvip@cumtp.com
印　　刷	日照报业印刷有限公司
开　　本	787 mm×1092 mm　1/16　印张 15.75　字数 388 千字
版次印次	2020 年 1 月第 1 版　2020 年 1 月第 1 次印刷
定　　价	58.00 元

(图书出现印装质量问题,本社负责调换)

出 版 说 明

为了加强建设工程项目管理,提高工程项目总承包及施工管理专业技术人员素质,规范施工管理行为,保证工程质量和施工安全,根据《中华人民共和国建筑法》《建设工程质量管理条例》《建设工程安全生产管理条例》和国家有关执业资格考试制度的规定,2002 年中华人民共和国人事部和建设部联合颁发了《建造师执业资格制度暂行规定》(人发〔2002〕111号),对从事建设工程项目总承包及施工管理的专业技术人员实行建造师执业资格制度。

注册建造师是以专业技术为依托、以工程项目管理为主业的注册执业人士。依据中华人民共和国住房和城乡建设部令第 32 号修订的《注册建造师管理规定》(自 2016 年 10 月20 日起施行),按规定参加继续教育是注册建造师应履行的义务,也是申请延续注册的必要条件。注册建造师应通过继续教育,掌握工程建设相关法律法规、标准规范,增强职业道德和诚信守法意识,熟悉工程建设项目管理新方法、新技术,总结工作中的经验教训,不断提高综合素质和执业能力。

根据《山东省二级建造师继续教育管理暂行办法》,受山东省建设执业资格注册中心委托,本编委会组织具有较高理论水平和丰富实践经验的专家、学者,编写了"二级建造师继续教育系列教材"。在编纂过程中,我们坚持"以提高综合素质和执业能力为基础,以工程实例内容为主导"的编写原则,突出系统性、针对性、实践性和前瞻性,体现建设行业发展的新常态、新法规、新技术、新工艺、新材料等内容。本套教材共 15 册,分别为《建设工程新法律法规与案例分析》《建设工程质量管理》《建设工程信息化技术实务》《建筑工程新技术概论》《建设工程项目管理理论与实务》《工程建设标准强制性条文选编》《装配式建筑技术与管理》《城市轨道交通建造技术与案例》《城市桥梁建造技术与案例》《城市管道工程》《城市道路工程施工质量与安全管理》《安装工程新技术》《建筑机电工程新技术及应用》《智慧工地与绿色施工技术》《信息化技术在建筑电气施工中的应用》。本套教材既可作为二级建造师继续教育用书,也可作为建设单位、施工单位和建设类大中专院校的教学及参考用书。

本套教材的编写得到了山东省住房和城乡建设厅、清华大学、中国海洋大学、山东大学、山东建筑大学、青岛理工大学、山东交通学院、山东中英国际工程图书有限公司、山东中英国际建筑工程技术有限公司、中国矿业大学出版社等单位的大力支持,在此表示衷心的感谢。

本套教材虽经反复推敲,仍难免有疏漏之处,恳请广大读者提出宝贵意见。

二级建造师继续教育系列教材编委会

2019 年 8 月

前　言

　　伴随着社会各行各业新技术新模式的变革浪潮,三维打印、模块化建筑、物联网、传感器、云计算等创新技术正在使建筑变得越来越智能,建筑设计、建造方式、能耗管理等方面也在同步发生变革与进化。在当前背景下,中华人民共和国住房和城乡建设部贯彻落实《国务院办公厅关于促进建筑业持续健康发展的意见》(国办发〔2017〕19 号)中关于加快建筑产业升级、推动建造方式创新的文件精神,组织编制了《建筑业 10 项新技术(2017 版)》。因为注册建造师在建设工程项目全过程中担负重要责任,所以注册建造师的新技术知识水平极大影响着建筑新技术的推广、应用。为提高注册建造师的职业素质,更好地推广、应用《建筑业 10 项新技术(2017 版)》,全面提升建筑业技术水平,提高工程科技含量,保证工程质量和安全生产,我们组织编写了《建筑工程新技术概论》。

　　本书以现行法律法规为主线,以新技术标准规范为基础,以施工实践内容为主导,引导注册建造师掌握工程建设施工新技术和新工艺,加快建筑新技术的推广、应用。本书内容编写主要依据《建筑业 10 项新技术(2017 版)》,结合当前新技术案例分析,侧重新技术、新方法的理解和应用,旨在提升注册建造师掌握"建筑业 10 项新技术"的应用能力。

　　本书诸位作者在编写过程中,得到了中国海洋大学、山东大学、山东建筑大学、青岛理工大学、湖南大学、中国建筑股份有限公司管理学院、山东中英国际建筑工程技术有限公司、山东中英国际工程图书有限公司等单位的大力支持和协助,在此对各单位表示衷心的感谢。

　　本书虽然经过了较充分的准备、讨论、论证、征求意见、审查和修改,但难免存在不足之处,恳请读者批评指正,以便进一步修改完善。

2019 年 6 月

目 录

第一章　建筑工程新技术概述

第一节　建筑工程施工技术发展现状及趋势

建筑业未来发展的总体趋势是绿色化、工业化、信息化。以节能环保为核心的绿色建造改变传统的建造方式，以信息化融合工业化形成智慧建造是未来建筑业发展的基本方向。

一、绿色建造

十九大报告提出："必须树立和践行绿水青山就是金山银山的理念，坚持节约资源和保护环境的基本国策，像对待生命一样对待生态环境""加快生态文明体制改革，建设美丽中国""建立健全绿色低碳循环发展的经济体系"。这是我国未来的科学发展理念与行动指南。在施工方面，推进绿色建造是建筑业降低资源消耗、减少建筑垃圾排放、消除环境污染，实现节能减排的重要举措。

1．绿色建造的发展现状

（1）绿色施工的基本理念近年已在行业内得到了广泛认可，施工过程越来越多地应用到"四节一环保"的技术措施，初步形成了成套的绿色施工技术和较为完备的绿色施工工艺。

（2）扩大预制材料、构配件应用比例。如非标准砌块工厂化集中加工、压型钢板楼承板、预制楼梯、钢筋集中加工配送、钢筋焊接网、预制混凝土薄板地模、长效防腐钢结构无污染涂装等。

（3）推进临时设施标准化应用程度。如工具式加工车间、集装箱式标准养护室、可移动整体式样板、可周转装配式围墙、可周转建筑垃圾站等。

（4）推广施工工艺新技术应用程度。如混凝土固化剂面层施工技术、轻质隔墙免抹灰技术、隔墙管线先安后砌技术、管线综合布置等技术。在污水控制方面，推广使用电缆融雪技术；在土壤与生态保护技术方面，采用现场速生植物绿化等技术。

（5）增强信息化施工与绿色施工技术措施融合度。在深化设计方面，更多利用建筑信息模型（BIM）技术进行钢筋节点深化设计、二次结构深化、机电管线综合排布及管线附件的统计计算，并控制复杂构配件的加工；在节水降尘方面，采用雨水回收系统及基坑降水回收利用系统以提高现场塔吊喷淋系统水源利用程度，采用高压雾化喷头，加压泵控制现场扬尘污染；在施工现场管理方面，采用 BIM 技术和无人机航拍技术，动态布置场地及合理调配资源，采用电源安装智能遥控开关，使用手机、平板电脑等终端设备通过 App 远程遥控开关。

（6）建立并完善绿色施工标准体系。如《建设项目工程总承包管理规范》（GB/T 50358—2017）规定了绿色建造等有关内容；《绿色建材评价技术导则（试行）》（第一版）则对砌体材料、预拌混凝土、预拌砂浆中的固体废弃物综合利用比例作出了评分规则等。

2. 绿色建造的发展趋势

(1) 采用新型建造方式。现场装配化施工,有效控制施工过程的水、土、声、光、气各类污染,减少施工现场垃圾产生量,提高施工现场的雨水、废水、建筑垃圾的处理与再利用率,达到建筑工程全过程低碳环保、节能减排的效果。

(2) 推进与新型建造方式相适应的绿色施工机械装备的研发和应用。加强如装配式路面、箱式活动房、装配式金属围挡、绿色基坑支护体系、模块化铝模板等可重复利用的临时设施的使用,减少一次性临时设施的使用,降低建造过程中建筑垃圾的产生量。

(3) 提高建筑垃圾资源化利用率。可以采取系统性地提高垃圾收集、运输、处理与再利用等各工作环节的垃圾利用率,积极研发推广建筑垃圾资源化利用技术与装备,实现建筑垃圾的集中处理和分级利用,建立专门的建筑垃圾集中处理基地等相关措施。

(4) 运用信息化手段提升绿色化管理水平。完善绿色施工监督管理体系,建立以项目经理为主的绿色施工绩效考核制度,进一步加强绿色施工工程示范作用。完善绿色施工认证制度和评价体系,加强绿色施工相关标准规范的执行力度,逐步提高建筑工程绿色施工比例。

二、智慧建造

近年,建筑业在智慧工地研究与应用方面,充分利用 BIM、物联网、大数据、人工智能、移动通信、云计算和虚拟现实等信息技术和相关设备,通过人机交互、感知、决策、执行和反馈,实现信息技术与建造技术的深度融合与集成,实现工程项目的设计、施工和企业管理的智慧化。

1. 智慧建造的发展现状

施工管理的可感知、可决策、可预测,使施工现场的生产效率、管理效率和决策能力逐步提高。

(1) 智慧建造已逐渐成为企业信息化的重要组成部分。自动采集、产生的数据将提供至企业级项目管理系统,为企业管理提供真实、基础的第一手数据,服务于企业管理。

(2) 智慧建造包含智慧管理、智慧生产、智慧监控和智慧服务等 4 个方面。智慧管理包括进度计划管理、劳务实名制管理、大型机械管理、物料计量管理、知识积累与传承等。智慧生产,是指利用智能化的生产设备,如焊接机器人、抹灰机器人等进行生产。智慧监控则是运用各种传感器、摄像头智能分析等技术,对项目质量、安全进行监控。智慧服务是整合现场及社会资源,为项目部管理人员、建筑工人提供专属、个性化的工作、生活服务。

(3) BIM 技术逐渐普及应用,也成了智慧建造技术运用的基础。近年,很多项目在不同程度上应用了 BIM 技术,项目技术管理人员也系统地进行了 BIM 培训,成为具有 BIM 应用技能的专业人才,为全面推进"智慧建造"技术奠定了坚实基础。

(4) 虚拟现实技术的应用。建筑、工程及施工行业传统的工作流程和方式正进行着重大改革,许多老牌公司也在采用新技术,提升自身的竞争优势。如:美国装修承包商马丁兄弟(Martin Bros.),通过研发 BIM 软件,引入微软的全息虚拟现实眼镜(Hololens),给出增强现实(AR)与虚拟现实(VR)的装修解决方案。另外,虚拟现实技术也被用于建筑场地安全培训,VR 技术将安全流程、监管要求与地理信息结合起来,允许员工反复模拟危险环境或复杂场地的施工操作,从而最大限度减少意外伤害事件,保障施工人员安全。

（5）三维技术。现阶段三维打印（3D 打印）发展还不成熟，仅仅停留在面对特殊异形构件以及复杂到一定程度的构件，另外还有不可避免的弊端，但三维技术后期发展还是很值得期待的。

（6）人工智能在当前施工过程中的应用。如：无人机用于勘测施工现场，制作三维地图，提取设计蓝图，模拟施工计划等，原本需要几周的过程可以在一天内完成。

2. 智慧建造的发展趋势

（1）大力推广智慧建造建设，紧紧围绕人、机、料、法、环、测等关键要素，综合运用 BIM、大数据、物联网、移动计算、云计算等信息技术与机器人等相关设备，实现工程项目施工的智能化。通过人机交互、感知、决策、执行和反馈，与施工过程相融合，对工程质量、安全等生产过程及商务、技术等管理过程加以改造升级，构建互联协同、智能生产、科学管理的无纸化施工环境，使施工管理可感知、可决策、可预测，提高施工现场的生产效率、管理效率和决策水平，实现数字化、精细化、绿色化和智慧化的生产和管理。

（2）加大智慧企业建设，建立基于大数据、智能技术、移动互联网、云计算的企业决策分析系统、智能化客户关系管理系统、资源一体化建筑供应链管理系统和企业安全集成管理系统，提高企业管理的能力、方法和技术，促进企业管理的创新。帮助企业做好市场需求预测分析、投资规划和成本预测；为客户提供个性化服务，提供更具价值的建筑产品和服务；紧密关联客户、供应商和合作伙伴等企业外部资源，支持建筑企业的全球化运作和优化；从管理制度、流程、技术手段的多层次协作，确保企业战略目标的实现。

（3）推广基于 BIM 的项目管理信息系统和项目大数据系统，实现 BIM 技术的普及应用。以 BIM、物联网、云计算、大数据、移动互联网等技术为基础，研究、推动智慧施工技术，建立互联协同、智能生产、科学管理的无纸化施工环境，建立基于 BIM 的施工协同管理模式和工作机制，实现施工过程的全面感知、泛在互联、普适计算和集成应用，基于建筑大数据和虚拟现实技术实现施工现场质量安全管理的预判和智能管理，提升施工生产效率。

（4）推广以 BIM、测控、数控等技术为核心的智能施工装备应用。通过 BIM 与物联网、云计算、3S［遥感（RS）、全球导航卫星系统（GNSS）、地理信息系统（GIS）］等技术集成，创新施工管理模式和手段，实现施工装备的集成、过程可视化、标准化。大量减少现场人工作业，推动焊接、外墙喷涂一体化、砌墙、复杂幕墙安装等建筑机器人为代表的智能施工装备应用。

（5）推广大数据、物联网在建筑领域的应用。《2016—2020 年建筑业信息化发展纲要》提到的全面提高建筑业信息化水平、着力增强大数据应用能力，反映大数据在建筑领域的应用已是大势所趋。未来的智能建筑在某种程度上也是大数据的集成，是一个云计算、大数据的应用中心，将来完全可以实现小到一个灯泡，大到整栋楼的安全、质量、环境，甚至人的行为都通过楼宇的大数据系统来预测。原本智能建筑只是监测、控制、报警，而无法预测分析现状和预测事故的发生，而当实现建筑的大数据分析时，则可实现预测、预警、规划和引导，使建筑设备安全使用，人的环境舒适度得到调整，人员的生活、工作都能得到方便智能的应用，并且还将这些大数据信息同时与个人的手机智能端相连，实现所有智能分析有用信息同步享有、即刻作用。此外，大数据还将开启建筑能源管理新模式。在建材领域，大数据或许可以预测水泥市场走势，有效化解产能过剩；在企业内部搭建平台，用于监控市场和作出决策；改变传统企业对企业之间的营销关系（B2B），做到线上线下无缝对接；建设高度信息化的绿色建材产业园区，改变传统意义的建筑设计模式。

（6）推广人工智能技术在建筑行业的应用。人工智能（AI）将使建筑行业向无纸化、流线化发展。在工程施工领域，人工智能使得工程师的工作更加便利，以往工程师仅凭借自己及周围人的经验作设计及决策，现在可利用人工智能查看推荐的设计方案，并协助审查及验证设计。BIM＋AI完成了基于云端的项目控制及管理执行，人工智能技术将涵盖工程及建设项目的各个阶段。智能无人机也将得到广泛应用，将逐步替代传统检测设备。

三、工业化建造

工业化建造是我国建筑业的未来发展方向。它是一个涉及面广、政策性强的系统工作。

实施建筑工业化生产方式，在提升工程技术水平、建筑质量和安全水平，提高劳动生产率，节约资源和能源消耗，减少环境污染，减少建筑业对日益紧张的劳动力资源依赖等方面具有明显的优势。

1. 工业化建造的发展现状

（1）标准化设计

目前，大力推广装配式建筑，是实现建筑标准化的有效手段。现阶段装配式建筑主要集中在住宅方面，以预制装配式剪力墙体系为主，设计仍按传统模式设计，在结构施工图上作预制混凝土构件分解，未完全达到设计、施工全过程的装配式建筑。

（2）工厂化生产

建造成本高，室内空间受限，不能灵活变动，制约了建筑工业化生产。通过 BIM 平台初步实现了设计、加工、装配全产业链数据信息交互和共享。智能工厂、数字化车间，工业机器人、智能物流管理、增材制造等技术和装备在生产过程中已得到应用。

（3）机械化施工

通过智能机具实现了构件进场、质量检验、堆放、定位和安装等工序的机械化和自动化，减少了现场作业人员。

（4）智能化管理

生产过程、现场质量和现场安全全过程、全方位的信息化、智能化管理形成雏形。

2. 工业化建造的发展趋势

（1）在房屋建筑中普及工业化建造技术及设备，实现设计标准化、构配件生产自动化、施工安装机械化和组织管理智能化，通过现代化的制造、运输、安装和科学管理的大工业的生产方式，来代替传统建筑业中分散的、低水平的、低效率的手工业生产方式，逐步采用现代科学技术的新成果，以提高劳动生产率。加快建设速度，降低工程成本，提高工程质量，使建筑业走上质量、效益型道路，实现健康持续发展。

（2）研究标准化设计和协同设计的关键技术，从加工、装配和使用的角度，研究构件部品的标准化、多样化和模数模块化，建立完善工业化建筑设计体系；形成混凝土结构、模块化钢结构、预应力装配式结构、竹木结构、钢混结构等高性能、全装配的结构体系及连接节点设计关键技术；研究高强混凝土预制构件、高变形能力装配式节点及高效能构件等装配式高性能结构体系及其连接节点设计技术，形成全新的装配式高性能结构体系；研究工业化建筑围护系统、构配件及部品的高效连接节点设计技术，形成高适应性、全装配、高性能的建筑围护系统及设计技术。

（3）研发、优化装配式建筑的产业化技术体系，重点研发预制率50％以上的高层住宅装配式混凝土结构体系、全装配的低多层住宅装配式混凝土结构体系和预制率70%以上的公共建筑装配式混凝土结构体系,并形成与之配套的设计加工-装配全产业链专用集成技术体系。研发优化全产业链的关键技术和集成技术,研究从部品件设计、生产、装配施工、装饰装修、质量验收全产业链的关键技术及技术集成,形成部品件在设计加工装配过程中的模数协同、接口统一的技术及标准。

(4)加强标准体系建设,统一模数和模块。所有构件、部品件和结构在设计中均采用统一、确定的模数,形成便于组合与加工的模数标准;加强集成式模块化设计,形成多种具有特定功能的子系统模块,建立可供选用的特定功能模块数据库,初步实现全专业设计。

(5)加快推动新一代智能技术与建造技术融合发展,加快发展工业化、自动化建造装备和产品,推进生产过程自动化,实现钢筋加工配送自动化,大力发展构件工业化生产机器人和质量智能化控制装备。建设智能工厂、数字化车间,加快工业机器人、智能物流管理、增材制造等技术和装备在生产过程中的应用,促进加工工艺的仿真优化、数字化控制、状态信息实时监测和自适应控制,实现从数据管理、计划排期、可视化、优化、机器人系统、生产控制至物料供应等整体生产线智能化。

第二节 建筑工程技术特点

一、涵盖领域及地域广

建筑工程技术包含土建技术、电气安装、建筑智能化、室内外环境建设等多方面内容,在每个方面都存在多学科知识交叉。建筑的功能多样化,不同的建筑又有特定的功能,在工程设计时需要确定正确的建筑结构形式、选择符合要求的材料、编制合理的施工方法等,还要考虑文化特点、民族风情、气候、环境、地形等对建筑造成的影响。

二、技术专业性强

合格的建筑工程技术人员,不仅要掌握足够丰富的理论知识,还要在实践中积累丰富的经验。当今建筑业新技术日新月异,与多学科高新技术融合发展,建筑工程技术所需人才也越来越偏向于复合型人才。

三、技术综合性强

随着人民生活水平的提高,对于建筑在美学、生态、室内外环境等方面的使用要求越来越高,建筑技术的综合性要求也越来越强,需要与多学科融合,与多方合作,多个工种参与,多个时段进行。

四、技术发展不平衡、不充分

工程技术在高端领域迅速发展的同时,各地区技术发展水平很不均衡、中小建筑企业技术能力差距明显、量大面广工程的整体技术含量偏低等诸多发展不平衡、不充分的状况,在一定程度上制约了建筑产业整体竞争力。

五、常用施工技术指标

1. 建筑工程施工关键施工技术指标记录

建筑工程施工关键施工技术指标记录见表 1-1。

表 1-1　建筑工程施工关键施工技术指标记录表

序号	专项技术发展报告名称		重要指标名称	最大指标数据及工程名称
1	地基基础工程	1	最大压桩力	静压桩;新瑞基础工程有限公司;"富基·世纪公园"三期项目,引进 1 200 t 静力压桩机
		2	最大冲击能量	液压冲击锤;中铁大桥局;平潭海峡大桥 最大冲击能量为 750 kN·m
		3	最大激振力	液压免共振锤;上海建工集团股份有限公司;天目路立交桥最大激振力 3 070 kN
2	基坑工程	1	最大基坑深度	中建二局;九龙仓长沙国际金融中心;42.45 m
		2	最大单体基坑面积	中铁建设集团;海口日月广场;1.624×10^5 m²
3	地下空间	1	明挖法	最深基坑为湖南省第一高楼——长沙国际金融中心的基坑,该基坑深度达地下 42.45 m,面积约为 7.5×10^4 m²,土方开挖量约为 1.69×10^6 m³,为全国面积最大、复杂程度最高、房建类最深的基坑工程
		2	逆作法	上海世博 500 kV 输变电工程,最大开挖深度为 35.25 m
4	钢筋工程	1	最大直径钢筋	中建总公司;中央电视台新台址大楼;50 mm
		2	最大钢筋强度等级	普通钢筋;中建八局;昆明新机场航站楼;HRB500
5	模架工程		最大支模高度	中建八局;大火箭厂房;89 m
6	混凝土工程	1	大体积混凝土一次浇筑体积/一次最大浇筑厚度	中建三局;天津 117 大厦;6.5×10^4 m³; 中建西部建设;武汉永清商务综合区;11.7 m
		2	最大混凝土强度等级	中建西部建设;常规预拌混凝土生产线;C150
		3	一次泵送最大高度	中建三局、中建西部建设;天津 117 大厦;C60 泵送至 21 m,创混凝土实际泵送高度吉尼斯世界纪录 中建一局;深圳平安金融中心;全球首次混凝土千米泵送试验 C100 中建西部建设;LC40 轻集料混凝土泵送至武汉中心大厦,垂直泵送高度达到 402.150 m,刷新国内外轻集料混凝土泵送高度新纪录
7	钢结构工程	1	板材焊接最大板厚	中建钢构;深圳平安金融中心;304 mm 铸钢件焊接;中央电视台新台址主楼钢柱所用钢板最大焊接板厚 135 mm,为目前全国房建工程领域之最
		2	最大单体工程钢结构总用量	中建八局;杭州国际博览中心;钢结构总用量为 15 万 t
		3	钢结构最大提升质量	中铁建工集团;国家数字图书馆工程;单次提升质量为 10 388 t
		4	钢结构建筑悬挑长度	中建钢构;中央电视台新台址主楼;悬挑长度为 75 m

表 1-1(续)

序号	专项技术发展报告名称		重要指标名称	最大指标数据及工程名称
8	砌筑工程	1	最大砌体建筑高度	哈尔滨工业大学、黑龙江建设集团;哈尔滨市国家工程研究中心基地工程项目;檐口高度为 98.80 m
9	屋面与防水工程	1	金属屋面最大面积	中航三鑫股份有限公司;昆明长水国际机场航站楼;约为 1.9×10^5 m²
		2	柔性屋面最大面积	北京奔驰 MRAⅡ项目 TPO 屋面系统;约为 4×10^5 m²
		3	地下防水工程最大面积	上海迪士尼乐园;地下基础底板防水面积约为 1.7×10^5 m²
10	幕墙工程	1	建筑幕墙最大高度	武汉绿地,中心建筑幕墙最大高度为 636 m
11	建筑结构装配式施工技术	1	最大建筑高度	装配式框架剪力墙结构:龙信集团龙馨家园小区老年公寓项目最高建筑 88 m,装配率 80%(抗震设防烈度 6 度地区) 装配式剪力墙结构:海门中南世纪城 96 号楼共 32 层,总高度 101 m,预制率超 90%(抗震设防烈度 6 度地区)
12	特殊工程	1	最大单块膜面积	今腾盛膜结构技术有限公司;中国死海漂浮运动中心水上乐园;3.2×10^4 m²
		2	最大顶升高度	河北省建筑科学研究院;武当山遇真宫原地抬高 15 m
		3	最大平移距离	河北省建筑科学研究院;河南慈源寺;400 m
13	建筑机械	1	最大塔机	中联重科生产水平臂上回转自升式塔式起重机 D5200-240,最大起重能力为 240.5 t,起升高度 210 m,标定起重力矩为 5 200 t·m;马鞍山长江大桥主塔工程
		2	最高施工电梯	上海建工集团;上海中心大厦;472 m SCD200/200 V
14	季节性施工	1	混凝土浇筑最低环境温度	中铁建设集团;哈尔滨西站;-20 ℃
15	综合管廊	1	断面最大	北京市城市规划设计研究院;北京通州新城运河核心区复合型公共地下空间;整体结构横断面 16.55 m×12.9 m
		2	已建里程最长	广州城市规划设计院;广州大学城综合管廊;17.4 km
		3	功能最完备	上海市政工程设计研究总院;上海世博会园区综合管廊

2. 施工机械技术指标记录

建筑施工机械关键技术指标见表 1-2。

表 1-2 建筑施工机械关键技术指标

序号	机械名称	关键技术指标范围
1	旋挖钻机	旋挖钻机按不同型号,动力头最大扭矩可达 150~630 kN·m,最大钻孔深度达 40~120 m。目前最大的旋挖钻机的最大输出转矩 630 kN·m,最大钻孔直径为 4.5 m,最大钻孔深度为 140 m
2	液压连续墙抓斗	目前最大的液压连续墙抓斗成槽宽度可达 1.5 m,槽深可达 110 m
3	液压挖掘机	液压挖掘机大小规格非常齐全,挖掘机整机质量涵盖了 1.3~400 t 的范围,建筑施工常用挖掘机整机质量为 6~30 t,铲斗容量为 0.2~1.5 m³。目前国产最大液压挖掘机是徐工 XE4000 挖掘机,工作质量为 390 t,总功率 1 491 kW,铲斗容量为 22 m³
4	轮式装载机	装载机按不同型号,额定载质量有 3 t、4 t、5 t(最为常用)、6 t、8 t、9 t、12 t。目前国产最大的轮式装载机是 LW1200kN 轮式装载机,额定载质量为 12 t

表 1-2(续)

序号	机械名称	关键技术指标范围
5	混凝土搅拌站	按型号不同,混凝土搅拌站(楼)生产率一般为 25~360 m³/h。徐工 HZS360 混凝土搅拌楼和南方路机 HLSS360 型水工混凝土搅拌楼是目前生产能力及搅拌机单机容量最大的混凝土搅拌楼,配 JS6000 搅拌主机,理论生产能力达 360 m³/h
6	混凝土搅拌运输车	2015 年以前,国内混凝土搅拌运输车越来越大,市场上 10~12 m³ 搅动容量的混凝土搅拌运输车比例很大,容量最大的已达 20 m³。为了治理公路超载,2016 年国家相关部门出台新规定,对混凝土搅拌运输车最大总质量、搅拌筒搅动容量和几何容量都作了严格的规定,四轴混凝土搅拌运输车最大总质量应不大于 31 t,搅拌筒搅动容量应不大于 8 m³,搅拌筒几何容量应不大于 15.5 m³
7	混凝土泵及泵车	按型号不同,混凝土泵车泵送有 80~200 m³/h,臂架高度为 30~80 m;混凝土拖泵最高泵送纪录:在上海中心大厦施工中将 C100 超高强度混凝土泵上 620 m 的高度,在天津 117 大厦结构封顶时 C60 高性能混凝土泵送高度达 621 m
8	塔式起重机	建筑施工常用塔机起重力矩有 63~2 400 t·m,最大起重量为 5~120 t。目前最大的平头塔机是永茂 STT3330,公称起重力矩为 3 500 t·m,最大起重量为 160 t;最大动臂塔机是南京中升的 QTZ3200,公称起重力矩为 3 200 t·m,最大起重量为 100 t;最大塔头式塔机是中联重科 D5200,公称起重力矩为 5 200 t·m,最大起重量为 240 t
9	施工升降机	按型号和用途不同,施工升降机额定载质量有 200~2 000(常用)~10 000 kg,提升速度一般为 36~120 m/min
10	履带式起重机	按型号不同,履带式起重机最大额定起重量有 35~4 000 t。目前最大的履带式起重机是徐工 XGC88000,最大额定起重力矩 88 000 t·m,最大额定起重量为 4 000 t,是当前最大的履带式起重机
11	汽车起重机	汽车起重机大小规格非常齐全,最大额定起重量涵盖了 8~1 200 t 的范围。目前最大的是 QAY1200 全地面起重机,最大额定起重量为 1 200 t
12	高空作业平台	臂架式高空作业平台常用工作高度为 16~42 m(最高可达 58 m);剪叉式高空作业平台常用工作高度为 6~22 m(最高可达 34 m)
13	钢筋加工机械	钢筋自动调直切断机可调直钢筋直径分为 $\phi3~\phi6$ mm、$\phi5~\phi12$ mm、$\phi8~\phi14$ mm 等规格,最大牵引速度可达 180 m/min;钢筋自动弯箍机弯曲钢筋直径分为 $\phi5~\phi13$ mm、$\phi10~\phi16$ mm 等规格,最大牵引速度可达 110 m/min

第三节 《建筑业 10 项新技术(2017 版)》的变化

《建筑业 10 项新技术(2017 版)》的颁布对解决我国建筑工程技术发展所面临的创新动力不足、新技术应用不足和建筑业转型升级的技术支撑不足等问题具有重要的推动作用,同时为全面提升建筑业技术水平,加快促进建筑产业升级,增强产业建造创新能力提供了重要技术指引。

一、两个基点

此次修订的 2017 版遵循以下两个基点。

(1)"新"。吸纳了大量的新技术、新材料、新工艺、新设备,在保证安全、可靠的前提下注重技术先进性。

(2)"用"。能够在建筑业中切实推广,广大建筑企业能够有效使用,并取得较好的应用效果。

二、内容结构

2017 版的内容结构包括 10 个大项 107 项技术,具体见图 1-1。

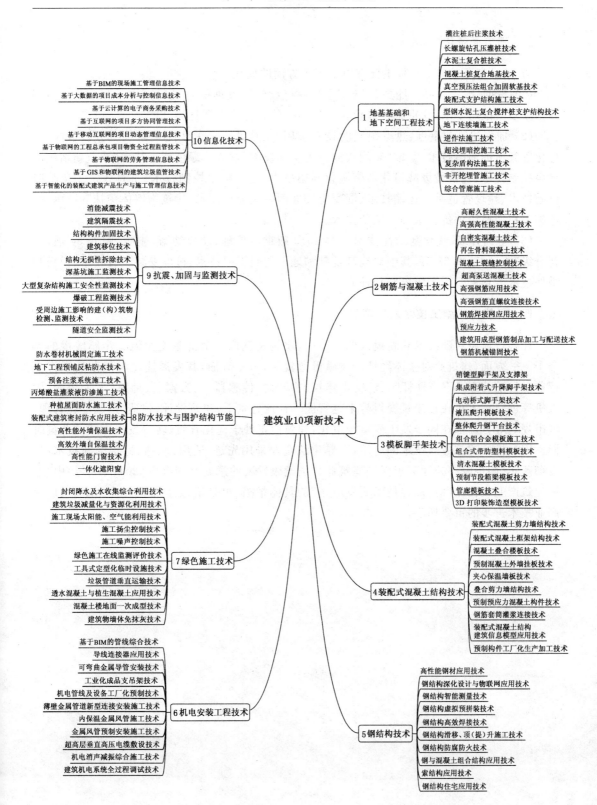

图 1-1　《建筑业 10 项新技术(2017 版)》内容结构图

三、三方面变化

与 2010 版相比,2017 版主要有以下三个方面的变化。

(1)贯彻《国务院办公厅关于促进建筑业持续健康发展的意见》(国办发〔2017〕19 号)等国家发展战略要求,注重跟进绿色化、工业化、信息化等发展趋势。

(2)加强建筑业重点、热点领域的技术应用,尤其是突出了装配式建筑、抗震、节能、信息化等领域的前沿技术,新增"装配式混凝土结构技术"章节,"绿色施工技术"章节新增施工噪声控制技术、建筑垃圾减量化与资源化利用技术、施工扬尘控制技术、工具式定型化临时设施技术、垃圾管道垂直运输技术、混凝土楼地面一次成型技术、建筑物墙体免抹灰技术、绿色施工在线监测评价技术等 8 项新技术。

(3)全面升级、优化基础性技术。对 2010 版重新梳理、吐故纳新,删减、归并 54 项,更新升级 24 项,新增 53 项,其中对地基基础和地下空间工程技术、机电安装工程技术、模板脚手架技术等均进行了大幅更新和补充。

四、建筑工程施工技术发展意义

在各行业应对新技术和新模式的变革中,建筑业就像一个身躯庞大但又步履缓慢的大个子。一方面,建筑业对整体经济的贡献毋庸置疑,另一方面,其发展速度显然落后于许多行业。目前,AR、VR、3D 打印、模块化建筑、物联网、传感器、大数据、云计算、人工智能、无人机等创新技术正在让建筑变得越来越智能。在此背景下,建筑设计、建造方式、能耗管理、城市规划等方面都在同步发生变革与进化,建筑业正处于优化升级、转变发展方式的关键时期。因此推广建筑业新技术的应用,引导建筑企业采用先进、适用、成熟、稳定的新技术,是贯彻落实《国务院办公厅关于促进建筑业持续健康发展的意见》(国办发〔2017〕19 号)中"推进建筑产业现代化"的"加强技术研发应用"的具体举措,也是增强建筑业科技创新力、加快产业技术进步的重要抓手。

第二章　地基与基础工程技术与应用

第一节　真空预压法组合加固软基技术与应用

一、技术内容

（1）真空预压法是在需要加固的饱和软土地基内设置竖向排水通道（砂井或塑料排水带），然后在地面铺设砂垫层，其上覆盖不透气的密封膜或橡胶布以使软土与大气隔绝，再通过埋设于砂垫层中的滤水管与真空装置连通进行抽气，将膜内空气排出，使膜内、外产生气压差，地基随着有效应力的增加而固结。

（2）真空堆载联合预压法是在真空预压的基础上，使密封膜下真空度达到设计要求并稳定后，进行分级堆载，并根据地基变形和孔隙水压力的变化控制堆载速率。堆载预压施工前，必须在密封膜上覆盖无纺土工布以及黏土（粉煤灰）等保护层进行保护，然后分层回填并碾压密实。与单纯的堆载预压法相比，其加载的速率相对较快。在堆载结束后，进入联合预压阶段，直到地基变形的速率满足设计要求，然后停止抽真空，结束真空堆载联合预压。

二、技术指标

（1）真空预压施工时，首先在加固区表面用推土机或人工铺设砂垫层，层厚约 0.5 m。

（2）真空预压场外侧需设密封沟，密封沟宽度不小于 3 m，开挖深度不小于 2 m，施工时可根据密封膜真空要求及现场场地土层情况适当调整。密封膜四周紧贴密封沟的内壁铺设，并将膜放至沟底，深入沟底 10~20 cm，以确保膜的密封性，密封沟内用不含杂质的黏土分层压实回填，防止漏气。

（3）真空管路的连接点应密封，在真空管路中应设置止回阀和闸阀；滤水管应设在排水砂垫层中，其上覆盖厚度为 100~200 mm 的砂层。

（4）密封膜热合黏结时宜用双热合缝的平搭接，搭接宽度应大于 15 mm 且应铺设两层以上。密封膜的焊接或黏结的黏缝强度不能低于膜本身抗拉强度的 60%。

（5）真空预压的抽气设备宜采用射流真空泵，空抽时应达到 95 kPa 以上的真空吸力，其数值应根据加固面积和土层性能等确定。

（6）抽真空期间真空管内真空度应大于 90 kPa，膜下真空度宜大于 80 kPa。

（7）堆载高度不应小于设计总荷载的折算高度。

（8）对主要以变形控制设计的建筑物地基，地基土经预压所完成的变形量和平均固结度应满足设计要求；对以地基承载力或抗滑稳定性控制设计的建筑物地基，地基土经预压后的强度应满足建筑物地基承载力或稳定性要求。

三、适用范围

该软土地基加固方法适用于软弱黏土地基的加固。我国广泛存在着海相、湖相及河相沉积的软弱黏土层,这种土的特点是含水量大、压缩性高、强度低、透水性差。该类地基在建筑物荷载作用下会产生相当大的变形或变形差。对于该类地基,尤其需大面积处理时,如建造码头、机场等,真空预压法以及真空堆载联合预压法是有效处理这类软弱黏土地基的方法之一。其中,真空预压法成本较高、工期相对较短,适用于工期紧张的工程;真空堆载联合预压法成本较低、工期相对较长,适用于工期要求不紧的工程。

四、工程案例一

1. 工程概况

某港南沙护岸围堰及试挖工程陆地区域地基主要由浅海吹填上来的淤泥质黏土组成,为软土地基。该工程海口围堰开垦区为人造陆地区域,主要围垦面积为 42 km²,包括堤网、水塘两个模块,该工程软基处理主要采用真空预压法施工。该航港码头工程上游距离中心市区 65 km,原始地表标高与淤泥吹填后标高分别为+0.8 m、+4.6 m,具体土层分布见表 2-1。

表 2-1　某航港码头工程土层分布表

土层编号	名称	土质描述	标准贯入击数	层厚/m
01	吹填粉细砂	饱和、灰色、存在泌水情况	0	2.4~2.9
02	淤泥质黏土	饱和、流塑、夹杂薄层粉细砂	5	1.6~2.8
03	淤泥	饱和、灰色、流动	<1	7.8~9.9
04	中粗砂	饱和、松散、灰黄色,且具有少量黏土	3	1.8~2.8
05	粉质黏土	饱和、棕红色、可塑	2	1.8~3.8
06	粉细砂	饱和、松散、灰白色	18	4.8~7.0
07	砾砂	饱和、中密、灰白色	>18	7.0~9.8

2. 真空预压施工及管理

在真空预压施工前期,施工技术人员可依据前期设计要求,按测量标志设置-真空泵安装-真空堆载预压固结土层-真空预压卸荷验收步骤,设置系统的真空预压施工方案。在具体真空预压施工阶段,首先,施工技术人员可依据施工方案,按照规定的先后顺序,同时铺设密封膜。在确定密封膜密封性能后,将密封膜周边放入密封沟内,并采用板桩覆水封闭。其次,施工技术人员可在试抽真空设备系统连接完毕后,进行抽真空实验。一般来说,试抽真空期间抽真空泵加载真空度应在 96 kPa 以上,且现场膜下真空度在 80 kPa 以上。最后,在抽真空期间,施工技术人员可在确定加固区域内地基稳定、固结度一定、无垂直变形及侧向变形的基础上,开启三分之一数量的真空泵,分三个批次循环启动,每批次持续 3 d。随后全部开启真空泵,实施膜下深层真空预压作业,有效抽真空时间应在 115 d 以上。该工程在实际施工作业中提前一个星期完成抽真空,且真空压力超出设计标准值的 8 kPa 以上。

3. 施工监测及效果分析

真空预压软基处理工程施工监测主要包括荷载监测、位移监测、沉降及分层沉降监测、水位监测几个模块。首先，在荷载监测阶段，该航港码头软基处理工程施工技术人员可以在待处理区域至距离透气层 0.8 m 位置打设塑料排水板，该工程主要采用 SPB1B 型塑料排水管，在塑料排水管施工前，施工管理人员需要依据厂家产品合格证、质量检验报告，依据同批次产品 2×10^5 m/组频率进行抽样，并将其递交监理工程师进行质量检验。在确定塑料排水管与施工要求相符后，施工技术人员可依据施工方案进行施工作业。然后在表层铺设 48 mm 厚的粗砂，中间沿水平方向铺设排水板，与射流泵相连。随后抽真空一个星期后基本保持 80 kPa 及以上，持续预压 3 个月后，可发现真空度出现明显下降，且工程中间无长期间断情况。

其次，在位移监测阶段，该航港码头软基处理工程施工技术人员可在该工程内埋设施工前期、侧斜管施工后期，沿垂直方向，对水平位移（水平位移延深度）进行观测。如图 2-1 所示，随着深度的增加，侧向位移逐渐变小，即真空与侧向位移呈正相关。该航港码头软基处理工程主要水平位移发生在地表下方 4.8 m 吹填淤泥层范围内，且也是影响该航港码头软基处理工程施工后沉降的主要区域。通过对图 2-1 数据进行分析，可直接得出该航港码头软基处理工程施工最大位移在 30～31 cm 之间，水平位移曲线与 $S = Kh + \Delta$ 线性变换近似。代入图 2-1 数据，可知该工程位移变化线性曲线方程为：$S = -0.048h - 0.29$。

再次，在该航港码头软基处理工程施工沉降及分层沉降阶段，主要采用埋设沉降板及分层沉降板的方式进行观测。具体结果见图 2-2。

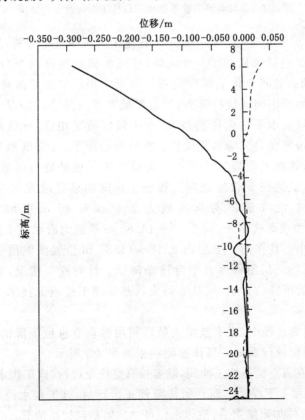

图 2-1　某航港码头软基处理工程施工位移变化

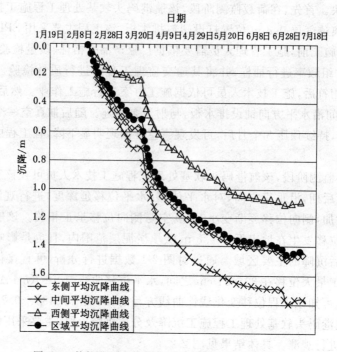

图 2-2　某航港码头软基处理工程施工沉降及分层沉降

　　如图 2-2 所示,对该航港码头软基处理工程施工总沉降进行分析,该航港码头软基处理工程施工沉降主要包括预压前 100 d 沉降、预压加固后沉降两个阶段。其中,预压前 100 d 沉降与真空预压时间变化呈线性关系。而真空预压加固后沉降量逐渐趋于平缓,且地基处理区域内呈现中间区域沉降大、周边区域水平沉降小的情况。上述现象出现的主要原因是周边区域在水平方向位移较大,而中间区域则相反,导致真空预压施工后期地基处理划分区域边界成为沉降主要位置。在这种情况下,为降低地基处理区域工后沉降,该航港码头软基处理工程施工技术人员可适当扩大地基处理区域面积;而从分层沉降层面进行分析,该航港码头软基处理工程施工沉降明显区域为 0.00～2.69 m 区域、6.00～13.75 m 区域,沉降最不明显区域为 2.65～6.10 m 区域。这主要是由于 0.00～3.00 m 位置为浅海吹填土,而 6.00～14.80 m 位置为淤泥质土层,此时夹层黏土、中细砂层间沉降较小。且在同一土层内 6.10～14.80 m 位置淤泥质土层随深度沉降整体变化不大,且淤泥质土层沿深度真空度逐渐降低。针对这一情况,为避免吹填土层及淤泥质土层对施工后沉降的影响,该航港码头软基处理工程施工技术人员可以合理设计真空预压参数。

　　最后,在水位监测过程中,施工技术人员可利用抽真空水位下降的方式,依据固定高度,对施工中水位变化进行观测。具体监测结果如图 2-3 所示。

　　如图 2-3 所示,在真空预压施工期间,随着抽真空作业进行,该工程水位迅速下降,且始终在 0.00 m 固定高度上下浮动。而在射流泵停止运行后,该工程水位可在短时间内回归到固定高度。并在具体加固结束后,整体水位可立即回归到初始情况。

　　4. 实施效果

　　通过对该航港码头工程真空预压法软基处理监测结果进行分析,可得出真空预压加固

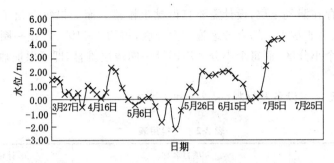

图 2-3　某航港码头软基处理工程水位监测结果

后水平位移主要集中于加固区域边界、地面以下 5.00 m 吹填淤泥层限度内,且加固后地层含水量、孔隙比出现明显下降,密度出现明显增加。真空预压方法在该航港码头工程软基处理工程中效果显著。

五、工程案例二

1. 背景资料

某港口工程是国家解决西煤东运的一条大通道出海口。

该港口地质情况属于淤泥质海岸,海域表层广泛分布厚约 12 m 的软土层,该土层呈饱和、流塑状,含水量高、强度低,属于高压缩性土,自上而下罗列如下。

(1)淤泥质粉质黏土(局部为粉质黏土):灰色、土质较软、强度低、流塑状、含粉砂夹层、土质不均匀。

(2)淤泥质黏土:灰色、软塑状、高塑性。

(3)粉质黏土:灰色、软塑-可塑状、中塑性、混较多黏土、土质不均匀。

(4)淤泥质黏土:灰色、软塑状、高塑性。

(5)粉土:灰色、低塑性、混有粉质黏土。

(6)淤泥质土:灰色、软塑-可塑状、中塑性、土质不均匀。该层由粉质黏土、淤泥质粉质黏土及淤泥质黏土组成,呈互层状出现。

该工程软土地基以淤泥质土为主,作为拟建场地使用需要进行以消除地基沉降变形和提高土体强度为主要目的的地基加固处理。根据该地区多年地基处理工程经验,大面积软土地基处理采用真空预压法或真空堆载联合预压法较为经济合理。从控制投资和加固效果方面考虑,该工程采用真空联合堆载地基处理方案。

2. 背景分析

(1)分级加荷使用,预压加固周期长,排水板耐久性要求高

该工程使用荷载大,堆场区设计最大堆货高度为 10 m,使用均载约为 250 kPa,采取一次性处理到 250 kPa 的标准,地基处理造价较高。在保证地基稳定的前提下,限制矿石堆高,分级加荷使用,在堆货过程中对地基继续进行预压加固,提高土体强度。按照分级设计,预估 3～4 年预压后满足最终设计要求,因而堆场区排水板应采用具有抗淤堵性能的优质排水板,要求耐久性不小于 5 年。根据类似工程经验,排水板采用高性能排水板,渗透系数约为普通排水板的 10 倍,等效孔径大,抗淤堵性能好,能达到地基处理预期目标。

(2)真空联合堆载的黏土帷幕优化

由于场地土层存在漏气土层,设计需要打设黏土帷幕。而如果每个预压分区均设置深层帷幕的话,工程量会非常大。综合考虑施工大分区,每约 1×10^5 m² 设一圈封闭的深层黏土帷幕,包括 4~6 个小分区,而每个小分区周围设一圈浅层帷幕,即可保证抽真空期间土层不漏气。

(3)该工程主要施工设备及材料(表 2-2 和表 2-3)

表 2-2　材料用表

序号	项目名称	计量单位
1	编织布	m²
2	荆笆	片
3	竹篙	根
4	竹笆	片
5	土工布	m²
6	吹填砂	m³
7	中粗砂	m³
8	排水板	m
9	真空软式透水滤管	m
10	塑料密封膜	m²
11	压力表	个
12	射流泵	台
13	真空预压	m²
14	吹填粉土	m³

表 2-3　设备用表

序号	机械设备名称	规格型号
1	电焊机	BX500A
2	打桩门架	16 t
3	真空射流泵	3BA-9
4	潜水泵	4 in(1 in＝2.54 cm)
5	交通船	
6	照明及其他设备	
7	吹砂船	300 t
8	平板驳船	300 t
9	帷幕打设机	
10	发电机	200 kW

3. 技术应用

（1）工艺流程（图 2-4）

图 2-4　真空预压施工工艺流程图

（2）技术要点

① 在吹填砂施工中,采用分层吹填的方法进行施工。分多层吹填,第一次吹填厚度不大于 300 mm,后几层厚度控制在 500 mm 左右。

② 在排水砂垫层铺设过程中,要注意随时清理砂垫层上的硬物。

③ 打设塑料排水板采用套管式打设法,不得采用裸打法。

④ 塑料排水板打设过程中应随时注意控制套管垂直度,其偏差应不大于±1.5%。塑料排水板打设效果如图 2-5 所示。

⑤ 打设塑料排水板时严禁出现扭结、断裂和撕破膜等现象。

⑥ 打入的塑料排水板宜为整板,长度不足需要接长时,必须采用滤膜内板芯对插搭接的连接方式,搭接长度不小于 200 mm。

⑦ 铺密封膜是该工程的关键工序,质量好坏直接影响加固效果,密封膜质量必须符合设计要求。铺密封膜效果如图 2-6 所示。

⑧ 停泵卸载标准需根据现场监测数据,通过固结度分析确定。

⑨ 真空预压过程中,采取集中、有序的排水方式,避免对周围其他工程施工区域造成负面影响,保持现场环境的井然、有序。

图 2-5 塑料排水板打设效果图

图 2-6 铺密封膜效果图

（3）计算验算与监测

为检验地基处理效果,在用真空预压法进行地基处理过程中应对膜下真空度观测、地表沉降观测、分层沉降观测、孔隙水压力观测、侧向位移观测及地下水位观测进行监测。另外,在真空预压处理前后,分别采取原状土进行土工试验和现场通过十字板剪切强度测试对比加固效果。

① 监测数据及固结度分析

在真空预压期间,地表平均沉降量为 646.3 mm,最大沉降量为 1 385 mm。根据地表沉降量推算出土体的平均固结度为 94.6%。

② 十字板剪切试验强度变化

预压前后十字板抗剪强度对比见表 2-4,预压后抗剪强度增长明显,一般平均增长 1.1 倍。

表 2-4 十字板剪切试验强度变化

土层编号	土层名称	抗剪强度/kPa	
		加固前	加固后
①	淤泥质粉质黏土	14.23	40.47
②	淤泥质黏土	24.91	51.93
③	淤泥质黏土	—	35.10
④	粉质黏土	21.76	40.89
⑤	粉质黏土	32.30	51.33

③ 土层物理力学性质变化

加固前后主要土层物理力学指标统计见表 2-5。各层土的物理指标如含水率、孔隙比、液性指数均明显降低,力学强度明显提高。

4. 实施效果

预压前后的检测结果表明:在该地区加固后,土层物理力学性质明显改善,物理指标明显降低,力学指标明显增大。其中含水率平均降低近 20%,抗剪强度平均增长 1.1 倍。真空预压法在该港口吹填土造路软基处理工程中效果显著。

表 2-5 加固前后主要土层物理力学指标统计

层次	土名	项目	含水率 $w/\%$	重力密度 $\gamma/(kN/m^3)$	孔隙比 e	液性指数 h	压缩系数 a_{1-2}/MPa^{-1}	快剪 摩擦角 $\varphi/(°)$	快剪 黏聚力 c/kPa	固快 摩擦角 $\varphi/(°)$	固快 黏聚力 c/kPa	地基承载力 $[R]/kPa$
①	粉质黏土	预压前	36.6	18.3	1.03	1.08	0.41	2.9	12.9	16.5	15.5	70
		预压后	29.1	19.5	0.80	0.85	0.36	8.0	24.0	16.7	23.0	130
		变化值	−7.5	+1.2	−0.23	−0.23	−0.05	+5.1	+11.1	+0.2	+7.5	+60
②	黏土	预压前	43.0	18.0	1.18	1.22	0.78	0.8	13.3	15.6	12.5	80
		预压后	36.1	18.7	0.99	0.83	0.55	4.0	23.0	16.0	23.6	100
		变化值	−6.9	+0.7	−0.19	−0.39	−0.23	+3.2	+9.7	+0.4	+11.1	+20
③	黏土	预压前	50.3	—	—	1.04	—	1.4	17.0	—	—	70
		预压后	42.0	18.1	1.14	0.96	0.59	3.5	26.0	15.5	22	85
		变化值	−8.3	—	—	−0.08	—	+2.1	+9.0	—	—	+15
④	粉质黏土	预压前	36.3	18.4	1.02	1.19	0.67	7.0	29.0	16.0	23.5	80
		预压后	29.2	19.3	0.83	0.76	0.50	7.5	25.0	17.0	27.5	140
		变化值	−7.1	+0.9	−0.19	−0.43	−0.17	+0.5	−4.0	+1.0	+4.0	+60

第二节 装配式支挡结构施工技术与应用

一、技术内容

装配式支挡结构是以成型的预制构件为主体,通过各种技术手段在现场装配为支护结构。与常规支护手段相比,该支护技术具有造价低、工期短、质量易于控制等特点,从而大大降低了能耗,减少了建筑垃圾,有较高的社会、经济效益与环保作用。

目前,市场上较为成熟的装配式支挡结构有预制桩、预制地下连续墙结构、预应力鱼腹梁支撑结构和工具式组合内支撑等。各装配式支护结构如图 2-7～图 2-10 所示。

图 2-7 预制桩支护结构图

图 2-8 预制地下连续墙支护结构图

图 2-9　预应力鱼腹梁支撑结构图　　　　图 2-10　工具式结合内支撑图

预制桩作为基坑支护结构使用时,主要是采用常规的预制桩施工方法,如静压法或者锤击法施工,还可以采用插入水泥土搅拌桩,等厚度水泥土搅拌连续墙(TRD)或双轮铣深层搅拌(CSM)工法的搅拌墙内形成连续的水泥土复合支护结构。预应力预制桩用于支护结构时,应注意防止预应力预制桩发生脆性破坏并确保接头的施工质量。

预制地下连续墙技术即按照常规的施工方法成槽后,在泥浆中先插入预制墙段、预制桩、型钢或钢管等预制构件,然后以自凝泥浆置换成槽用的护壁泥浆,或直接以自凝泥浆护壁成槽插入预制构件,以自凝泥浆的凝固体填塞墙后空隙和防止构件间接缝渗水,形成地下连续墙。采用预制的地下连续墙技术施工的地下墙面光洁、墙体质量好、强度高,并可避免在现场制作钢筋笼和浇混凝土及处理废浆。近年,在常规预制地下连续墙技术的基础上,又出现一种新型预制连续墙,即不采用昂贵的自凝泥浆而仍用常规的泥浆护壁成槽,成槽后插入预制构件并在构件间采用现浇混凝土将其连成一个完整的墙体。该工艺是一种相对经济又兼具现浇地下墙和预制地下墙优点的新技术。

预应力鱼腹梁支撑技术是由鱼腹梁(高强度低松弛的钢绞线作为上弦构件,H 型钢作为受力梁,与长短不一的 H 型钢撑梁等组成)、对撑、角撑、立柱、横梁、拉杆、三角形节点、预压顶紧装置等标准部件组合并施加预应力,形成平面预应力支撑系统与立体结构体系,支撑体系的整体刚度高、稳定性强。该技术能够提供开阔的施工空间,使挖土、运土及地下结构施工便捷,不仅显著改善地下工程的施工作业条件,而且大幅减少支护结构的安装、拆除、土方开挖及主体结构施工的工期和造价。

工具式组合内支撑技术是在混凝土内支撑技术的基础上发展起来的一种内支撑结构体系,主要利用组合式钢结构构件的截面灵活可变、加工方便、适用性广的特点,可在各种地质情况和复杂周边环境下使用。该技术具有施工速度快,支撑形式多样,计算理论成熟,可拆卸重复利用,节省投资等优点。

二、技术指标

1. 预制地下连续墙

(1) 通常预制墙段厚度较成槽机抓斗厚度小 20 mm 左右,常用的墙厚有 580 mm、780 mm,一般适用于 9 m 以内的基坑。

(2) 应根据运输及起吊设备能力、施工现场道路和堆放场地条件,合理确定分幅和预制件长度,墙体分幅宽度应满足成槽稳定性要求。

(3) 成槽顺序宜先施工 L 形槽段,再施工一字形槽段。

（4）相邻槽段应连续成槽，幅间接头宜采用现浇接头。

2. 预应力鱼腹梁支撑

（1）型钢立柱的垂直度控制在 1/200 以内；型钢立柱与支撑梁托座要用高强螺栓连接。

（2）施工围檩时，牛腿平整度误差要控制在 2 mm 以内，且不能下垂，平直度用拉绳和长靠尺或钢尺检查，如有误差则进行校正，校正后采用焊接固定。

（3）整个基坑内的支撑梁要求保证水平，并且支撑梁必须能承受架设在其上方的支撑自重和来自上部结构的其他荷载。

（4）预应力鱼腹梁支撑的拆除顺序是安装作业的逆顺序。

3. 工具式组合内支撑

（1）标准组合支撑构件跨度为 8 m、9 m、12 m 等。

（2）竖向构件高度为 3 m、4 m、5 m 等。

（3）受压杆件的长细比不应大于 150，受拉杆件的长细比不应大于 200。

（4）进行构件内力监测的数量不少于构件总数量的 15%。

（5）围檩构件为 1.5 m、3 m、6 m、9 m、12 m。

三、适用范围

预制地下连续墙一般仅适用于 9 m 以内的基坑，适用于地铁车站、周边环境较为复杂的基坑工程等。预应力鱼腹梁支撑适用于市政工程中地铁车站、地下管沟基坑工程以及各类建筑工程基坑，适用于温差较小地区的基坑，当温差较大时应考虑温度应力的影响。工具式组合内支撑适用于周围建筑物密集、施工场地狭小、岩土工程条件复杂或软弱地基等类型的深大基坑。

四、工程案例一

1. 工程概况

某综合管廊工程中有 100 m 的施工段周边管线情况较复杂，邻近的工程建设对管廊主体结构影响较大。考虑到这些不利的工程环境因素，该段管廊工程采用预制地下连续墙施工技术。基坑最大挖深为 7.2 m。采用拉森钢板桩、钢筋混凝土导墙、预制地下连续墙以及结合 2 道 H 型钢支撑的围护方案。预制地下连续墙同时也作为管廊的侧墙，管廊的顶板采用预制加现浇的叠合板，底板采用现浇施工。

（1）地质状况

工程范围内土层物理力学性质参数见表 2-6。

表 2-6　土层物理力学性质参数

层号	土层名称	层厚/m	重力密度 γ/(kN/m³)	黏聚力 c/kPa	内摩擦角 φ/(°)
①₁	杂填土	3.05	—	—	—
①₂	浜土	0.5	—	—	—
②	粉质黏土	1.24	18.3	20	17.5

表 2-6(续)

层号	土层名称	层厚/m	重力密度 γ/(kN/m³)	黏聚力 c/kPa	内摩擦角 φ/(°)
③	淤泥质粉质黏土	4.17	17.3	15	15.5
④	淤泥质黏土	10.36	16.9	12	12.0
⑤₁₋₁	黏土	19.47	17.8	17	15.5
⑤₁₋₂	黏土	24.74	17.6	16	15.0
⑥	黏土	30.12	19.7	44	16.0
⑦	粉质黏土	31.16	18.5	19	15.0

（2）水文地质条件

工程的地下水属潜水类型,其补给来源主要为大气降水和地表径流,雨季期间地下水位普遍升高。勘探实测钻孔稳定地下水位埋深为 0.70～1.28 m,相应标高为 2.52～3.40 m。

（3）基坑围护与管廊结构形式

预制地下连续墙在基坑开挖过程中作为挡土止水的围护结构,同时也作为永久使用的管廊侧墙,既需要承受侧向土压力,又要承受由管廊顶板传递而来的上部覆土荷载。预制地下连续墙宽 5.95 m,厚 0.5 m,长 12.2 m,设计标高 -15.50 m,进入⑤₁₋₁层。基坑净宽为 2.9 m,挖深为 -7.20 m,进入④层,采用 2 道型钢支撑,规格为 H400×400×13×21。第 1 道支撑设置在相对标高 -0.3 m,第 2 道支撑设置在相对标高 -3.65 m(暗梁高度处)。第 1 道钢围檩 H400×400×13×21 与围护钢板桩之间的空隙采用细石混凝土填充,第 2 道支撑与预制地下连续墙预埋支撑连接。管廊的底板厚 0.4 m,采用现浇混凝土施工。管廊的顶板采用下层 0.15 m 预制和上层 0.25 m 现浇的叠合板。管廊结构与围护形式横断面见图 2-11。

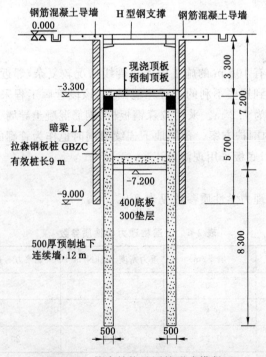

图 2-11 管廊结构及围护形式横断面

（4）预制地下连续墙的接头形式

2 幅预制地下连续墙之间的接头需要满足抗渗和受力的要求，设计采用灌注桩和遇水膨胀止水条（图 2-12）。

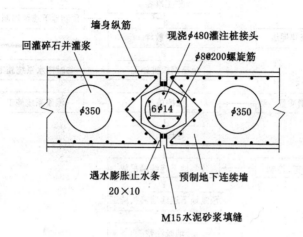

图 2-12　管廊预制地下连续墙接头

（5）管廊底板与预制地下连续墙的连接形式

预制地下连续墙与管廊底板连接处设计有遇水膨胀止水条、钢筋接驳器和起到局部加强作用的预埋插筋。在制作预制地下连续墙时，在剪力槽内填充泡沫塑料，外用网片与钢筋固定。在管廊底板施工前，将泡沫塑料及固定用的网片和钢筋去除。随后，在接驳器内安装底板钢筋，并将原先弯折成 90°的预埋插筋扳至 180°。如此设计保证了管廊底板与预制地下连续墙的接头连接牢固，能够很好地传力，整体性提高，防水效果佳。预制地下连续墙与管廊底板的连接见图 2-13。

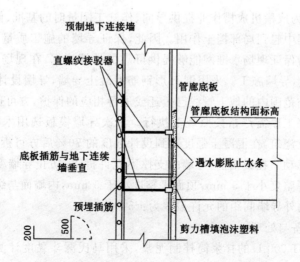

图 2-13　预制地下连续墙与管廊底板的连接

2. 主要施工技术

(1) 施工流程

预制地下连续墙的管廊施工流程见图 2-14。

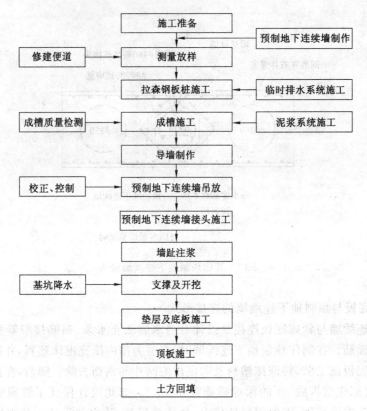

图 2-14 预制地下连续墙的管廊施工流程

(2) 导墙施工

导墙的作用是为成槽机成槽作业提供导向、作施工测量时的基准、储存泥浆并防止槽口坍塌、基坑开挖过程中起到局部挡土作用。因此,保证导墙的施工质量,是保证管廊施工质量的关键。首先,为保证现场水准网能够提供可靠的计算依据,在现场设置了 3 个水准点,间距为 50 m。其次,导墙施工。采用倒 L 形钢筋混凝土导墙,导墙设计深 -2.9 m,在导墙挖土前,需确认影响范围内的地下管线已搬迁或进行相应的保护,方可进行开挖。导墙模板搭设、混凝土浇筑等工序需严格按照规范执行。该次导墙模板选用木模,使用对拉螺栓加固,采用商品混凝土浇筑,在混凝土强度达到设计强度的 70% 后方可拆模,拆除后及时设置支撑,确保导墙不移动。在成槽前,导墙的支撑不允许拆除,防止导墙变位。导墙内墙面要保证垂直,内墙面平整度小于 3 mm,顶面平整度小于 5 mm,内墙面与纵横轴线间距的允许偏差为 ±10 mm,内外导墙间距的允许偏差为 ±5 mm。

(3) 泥浆的制备与处理

施工现场采用 1 000 L 的拌浆筒拌制泥浆,采用马氏漏斗黏度计测量泥浆黏度。泥浆的制备需严格按照操作规程和配合比要求进行,泥浆拌制后应经 24 h 熟化,并在其各种技术指标合格后方可投入使用。在施工中,受到各种因素的影响后,泥浆的质量会降低。为确保护壁效果,应对各槽段被置换出的泥浆进行测试,对不符合要求的泥浆进行相应的处理。回收浆未调整前进行一次测定,当泥浆指标超过时,即作为废浆处理(相对密度>1.2 t/m³,黏度>30 Pa·s);根据泥浆的指标添加羧甲基纤维素钠、膨润土等,调整后再测定一次,直至各项指标符合要求后方可再次使用。

(4) 成槽

预制地下连续墙成槽宽 6 m。由于管廊的走向为直线,故按照跳挖顺序进行施工。成槽深 15.51 m,比预制地下连续墙底设计深度大 0.01 m。预制地下连续墙在厚度方向上的垂直度,即管廊侧墙的垂直度主要由成槽的垂直度来保证,所以成槽质量对管廊的施工质量控制至关重要。成槽施工前,质量员必须对上道工序进行检查,合格后方可批准进行下道工序。成槽施工时,须派专人与成槽机司机配合,严格控制成槽垂直度,专人负责在槽口测量成槽机钢丝绳的对中情况,如有偏差及时指挥成槽机司机纠正,以保证成槽垂直度优于1/300。成槽过程中要轻提、慢放,将掘进速度控制在 15 m/h,当挖至槽底 2~3 m 时,应下放测绳,测量深度,防止超挖和欠挖。在挖槽的过程中,将泥浆直接注入开挖的槽段内,同时一边开挖一边注入,严格控制泥浆的液位,保证泥浆液位在地下水位 50 cm 以上,并且不低于导墙顶面以下 30 cm,液位下落时及时补浆,以防槽孔塌方。

(5) 预制地下连续墙吊放

预制地下连续墙单幅净重约 93 t,吊装设备选用 QUY400 型履带吊。对起重吊装的各个环节进行了周密的计算和验算,使用有限元软件计算出预制地下连续墙在起吊过程中钢索受力最大值为 424.34 kN,竖向变形最大值为 7.2 mm,墙体弯矩最大值为 213.3 kN·m,保证了起吊的安全和质量。在吊放前,槽段底部应均匀回填碎石,回填高度应高出墙段埋置底标高 50 mm。预制地下连续墙竖直方向上的标高,通过导墙上的搁置点和搁置横梁的高度以及临时吊耳的长度进行控制,控制较为方便。

(6) 接头桩施工

接头桩采用灌注桩,灌注桩长 4 m。首先,按设计要求做好钢筋翻样单,制作钢筋笼。在相邻 2 幅预制墙段安放、定位好后,在墙缝接头处进行小钻机配置专用钻头施工,施作旋钻并换浆清孔至孔底,过程中上下冲刷孔壁(墙端面)和扫孔底,用钻杆和浆泵进行一次清孔。验收合格后吊放钢筋笼,钢筋笼下到设计墙底标高后,利用 2 根笼顶主筋与预制地墙顶外留钢筋用电焊焊牢,测正标高,固定好钢筋笼。然后,安放 ϕ165 mm 小导管作二次换浆清孔,根据所测孔深,沉渣厚度小于 30 cm,泥浆指标符合要求,如达不到要求需进行循环清孔。最后,第二次清孔结束验收合格后,安放容量为 1.2 m³ 的混凝土料斗,使用隔水塞放入小导管内,然后进行水下混凝土浇筑,混凝土采用商品混凝土,混凝土坍落度为(20±2) cm。每个接头先浇筑厚 2 m 的混凝土,避免地下连续墙受混凝土挤压偏位。由于是小导管浇筑水下混凝土,为保证翻浆和埋管深度,浇筑过程中要不断抽动及提拔导管,并用测绳测孔内混凝土体上升高度。同时注意混凝土的密实,确保混凝土不产生断层、桩体及与墙端面接缝不渗漏。接头桩施工完毕后,方可进行相邻地下墙的墙侧墙、底压密注浆,并做好接头桩施工与验收的各项记录。

(7) 注浆

预制地下连续墙制作时在墙体内埋设注浆管,注浆管采用 2 根内径 ϕ32 mm 的钢管,管底注浆器采用单向阀式注浆器,用 20 号铅铁丝将注浆管与预制墙的钢筋笼绑扎固定。注浆管埋设之前,计算好尺寸,使注浆管底部埋入槽底以下 30 cm。在墙缝接头桩混凝土浇筑之前,应做好注浆管顶部封口保护工作,防止散落的混凝土堵塞注浆管口。现场注浆采用 SHB6-10 型注浆泵,注浆压力不大于 2 MPa,每根注浆管的水泥用量为 1 t。墙底注浆终止的标准实行注浆压力与注浆量的双控原则,以注浆量(水泥用量)控制为主,注浆压力控制为辅。当注浆量达到设计要求时,或者注浆压力大于 2 MPa 并持荷 3 min 后,注浆量达到设计注浆量的 80% 时,可终止注浆,否则,需采取相应的补救措施。注浆器须具有可靠的密封性及单向阀性能,注浆器安放位置应避免被墙体浇混凝土时破坏,确保注浆管安装过程中的密封性及后续注浆时不漏浆。相邻 2 幅预制地下连续墙接头桩施工完成约 12 h 后,须进行清水劈裂。在开始注浆施工前先进行试注浆,详细记录试注浆时压力的大小和注浆量,观察是否冒浆以及墙顶标高的变化,以此作为注浆施工时的调整依据。注浆应采用低压慢速,在整个注浆过程中加强施工过程监控,详细记录具体情况及各项施工参数。施工过程中,由质量员旁站监控,并报监理做好隐蔽工序的验收。

(8) 基坑

基坑开挖需充分遵循"时空效应",随挖随撑。基坑开挖过程中严禁超挖,开挖面的高差不超过 3 m,坡度不大于 1:2。当挖到垫层设计底标高以上 30 cm 时,禁止挖机往下挖土,剩余土方应采用人工开挖。对局部开挖的洼坑要用砂填实,绝不许用烂泥回填,同时要设集水坑,用泵排除坑底积水。在开挖过程中,设置专人指挥,严禁挖机碰撞支撑、钢围檩和两侧墙体。基坑的暴露时间应严格控制小于 12 h,暴露后尽快浇筑垫层。

(9) 底板(含垫层)与顶板

底板和顶板采用 C35 防水混凝土,抗渗等级为 P6,垫层采用 C20 素混凝土。主体结构主筋净保护层厚度:迎土面取 50 mm,其余取 30 mm。底板及垫层混凝土应沿管廊纵向一次浇筑完成,其间歇时间不大于 2 h,均应一次浇捣完成。浇捣过程中应避免碰撞底板钢筋预埋吊环,与预埋洞口模板保持一定距离。顶板预制部分使用 25 t 汽车吊平移垂直下放,从管廊中间往两边依次吊装搁置于预制墙暗梁上,预制板搁置处伸出长度为 8 cm。顶板现浇部分应做一次性浇捣完成,不留施工缝。浇捣过程中应避免碰撞预埋吊环,以防发生错位。在现浇顶板浇筑前,应凿毛预制墙顶混凝土浇筑面,并设置 400 mm×4 mm 防水钢板。

(10) 结构防水

管廊顶板外侧黏结(冷黏)高分子自黏胶膜防水卷材(覆膜型),厚度不小于 1.2 mm。顶板外侧上表面在防水卷材施工完成后,再进行 50 mm 厚的 C20 细石混凝土保护层施工。管廊底板的防水除了依靠预埋在预制地下连续墙内的遇水膨胀止水条外,还在底板浇筑前预铺反黏(冷黏)1.2 mm 厚的高分子自黏胶膜防水卷材(撒砂型)。

3. 使用效果

(1) 在基坑施工过程中,周边地下管线的累计最大沉降量为 7.5 mm,平均沉降量为 5.43 mm,地下管线的累计最大水平位移为 2.6 mm,平均位移为 1.9 mm。预制地下连续墙在开挖至基坑底部时的最大水平位移为 5.7 mm。对管廊底板的沉降进行观测,累计沉降量为 9.8 mm。

(2) 在管廊主体结构完成后,对管廊内的渗水情况进行检查,对几处轻微的渗水部位采用发泡止水剂处理。该工程的管廊能够满足使用要求。

(3) 与传统现浇施工的管廊相比,应用预制地下连续墙建造的管廊造价虽高了 25%,但考虑到可以减少很多管线搬迁量,节约了管线搬迁费用,也能减少管廊在后期的维修成本,工程建设的总投资能够基本持平,甚至略有降低,综合经济效益好。

因此,预制地下连续墙技术应用于管廊工程有以下优势。

(1) 有效地控制施工质量和施工周期。

(2) 有效地减少管廊的施工周期。预制地下连续墙在现场施工时仅需墙体吊放,节省了常规工艺的现场模板搭设、混凝土浇筑和养护工序。

(3) 减少管线搬迁量。将预制地下连续墙技术应用于管廊工程中,减少了基坑工程常规围护结构的外围尺寸,减轻了繁杂的管线搬迁工作。

(4) 综合考虑,预制地下连续墙应用于管廊工程的综合经济效益较好。由于管廊工程有其独特之处,所以该施工技术还存在一些值得完善和优化的空间。

五、工程案例二

1. 背景资料

某医院地下车库工程地处闹市区内,为单建式单层地下车库,车库埋深 5.8 m,平面尺寸约为 40 m×90 m,总面积约为 3 500 m^2。顶板以上覆土约为 1 m,作为绿化及健身娱乐场所。

该工程采用主体结构与支护结构相结合的方案,利用预制地下连续墙既作为地下车库施工阶段的基坑围护墙,在正常使用阶段又作为地下室结构外墙,即"两墙合一"的功能。该工程地下结构采用逆作法施工,施工阶段利用地下结构梁、板等内部结构作为水平支撑构件,采用一柱一桩即钻孔灌注桩内插型钢格构柱作为竖向支承构件。

2. 背景分析

业主要求在保护绿地周围原有大树的前提下最大限度地利用该地块的地下空间,以满足日益紧张的停车需要,同时由于地理位置的特殊性,必须文明施工,尽可能减少对环境的影响。此外,业主对造价和工期也提出了相应的要求。针对该工程的特点,经反复比较,决定采用预制地下连续墙技术。

墙体设计中采用预制地下连续墙(空心墙后填实)结合现浇钢筋混凝土接头工艺,预制地下连续墙厚度为 600 mm,槽段墙板深度为 12 m,槽段宽度根据建筑周长分配,一般为 3～4.05 m,共有 73 幅槽段。由于采用了与主体结构相结合的结构形式,地下室结构梁、板作为水平支撑,水平刚度大,墙体的变形和内力均大为减小,因而墙体截面设计和配筋较为经济。该工程在每 2 幅墙体的接缝处均设置壁柱,既加强了墙体的整体性,又有利于墙体的抗渗。预制地下连续墙顶部设置贯通圈梁且与顶板整体浇筑。地下连续墙在与底板连接位置设计成实心截面,并在墙段内预埋接驳器与底板主筋相连,同时沿接缝设置一圈水平钢板止水带以防止接缝渗水。预制地下连续墙段剖面如图 2-15 所示。

3. 技术应用

(1) 工艺流程

选择合适的场地,预先制作地下连续墙墙段;同时在施工现场构筑导墙;待预制墙段进入现场后,由液压抓斗挖土成槽、静态泥浆护壁,成槽结束后进行清底、泥浆置换工序;然后采用测壁仪对槽段的深度、垂直度进行检测,最后吊放预制墙段入槽。施工一定幅数的墙段后即对相邻预制墙段接头进行处理,并在墙底和墙背两侧注浆,形成整体地下构筑物的基坑围护墙体。

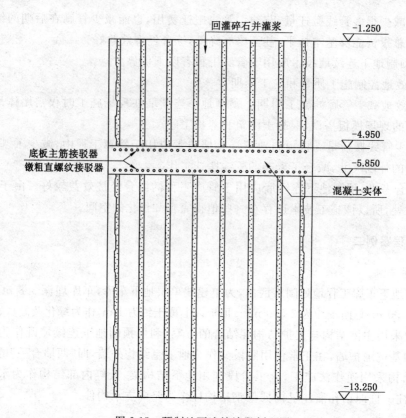

图 2-15 预制地下连续墙段剖面图

施工工艺流程如图 2-16 所示。

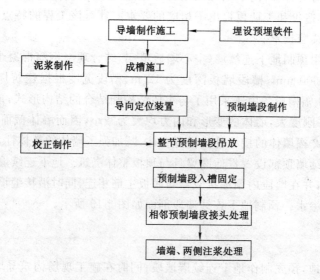

图 2-16 施工工艺流程图

(2) 技术要点

① 截面形式及设计

　　由于采用地面预制,并综合考虑运输、吊放设备能力限制和经济性等因素,预制地下连续墙通常设计成空心截面。目前预制地下连续墙施工需采用成槽机成槽、泥浆护壁、起吊插槽的施工方法,因此墙体截面尺寸受成槽机规格限制。通常预制墙段厚度较成槽机抓斗厚度小 20 mm,墙段入槽时两侧可各预留 10 mm 空隙便于插槽施工。常用设计截面如图 2-17所示。

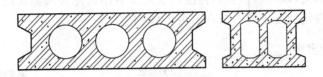

图 2-17　常用设计截面图

　　② 上、下节节点设计

　　在深基坑工程中,当连续墙墙体较深、较厚时,在满足结构受力的前提下,综合考虑起重设备的起重能力以及运输等方面的因素,可将预制地下连续墙沿竖向设计成为上、下两节或多节,分节位置尽量位于墙身反弯点位置。由于反弯点位置剪力最大,因此必须重点进行抗剪强度验算。通常可采用钢板接头连接,即将预埋在上、下两节预制墙段端面处的连接端板采用坡口焊连接并结合钢筋锚接连接。工厂制作墙段时,在上节预制墙段底部实心部位预留一定数量的插筋,在下节墙段上部实心部位预留与上节插筋相对应的钢筋孔。现场对接施工时,先在下节墙段预留孔内灌入胶结材料,然后将上节墙段下放使钢筋插入预留孔中,形成锚接,再将连接端板采用坡口焊连接。钢板连接节点如图 2-18 所示。

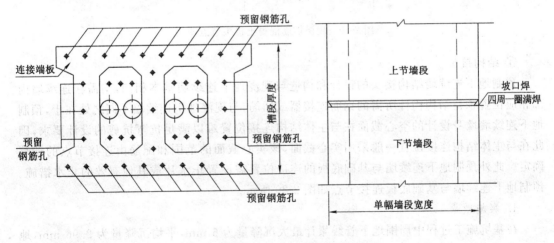

图 2-18　钢板连接节点图

　　③ 幅与幅之间接缝设计

　　由于预制地下连续墙需分幅插入槽内,墙段之间的接头处理既要满足止水抗渗要求,又要满足传递墙段之间的剪力要求,因此是预制地下连续墙设计和施工的关键。预制墙段施工接头可分为现浇钢筋混凝土接头和升浆法树根桩接头。单幅墙段的两端均采用凹口形式。

现浇钢筋混凝土接头施工中2幅墙段内、外边缘尽量贴近,待2幅墙段均入槽固定就位后,在接缝的凹口当中下钢筋笼并浇筑混凝土用以连接2幅墙段,其深度同预制地下连续墙。实践证明现浇接头的止水性能较好。为进一步提高槽段接缝处的止水可靠性,后期结构施工可采取一定的构造措施。

升浆法树根桩接头与现浇钢筋混凝土接头施工方法相似,区别在于树根桩接头是在接缝的凹口当中下钢筋笼,以碎石回填后再注入水泥浆液用以连接两幅墙段。墙体空心部分采用升浆法施工。现浇混凝土接头节点如图2-19所示。

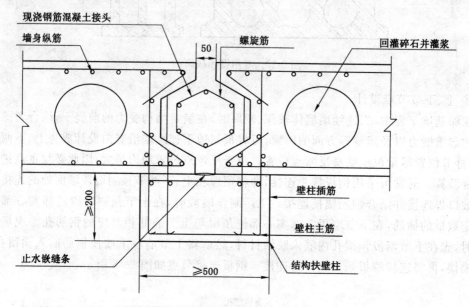

图 2-19　现浇钢筋混凝土接头节点图

④ 结构接头

预制地下连续墙结构接头的设计和构造与现浇地下连续墙基本相同,均需在连续墙内部相应位置预留结构构件所需的钢筋连接器或插筋;与现浇地下连续墙不同之处在于,预制地下连续墙墙身设计的空心截面在与主体结构连接位置难以满足抗弯抗剪的设计要求,因此在与主体结构连接位置一般采用实心截面,该实心截面的范围和配筋由连接节点的计算确定。此外预制地下连续墙与基础底板的连接位置需设置止水片或其他有效的止水措施。预制地下连续墙与基础底板连接节点如图2-20所示。

4. 实施效果

在基坑施工过程中周围地下管线累计最大沉降量为6 mm,平均沉降量为2.96 mm,地下管线水平位移最大为3 mm,平均为1 mm。预制连续墙墙体的水平位移监测从开挖到基坑底部位置的时候位移值最大,为10.84 mm(在地面下约为6.5 m深度)。施工阶段一柱一桩的立柱桩平均隆起量为2.3 mm,最大隆起量为4.6 mm。预制工程结束后经检测,地下连续墙墙身累计沉降量较小,符合设计要求。

基坑工程施工基本未对结构梁、板产生不良影响,在正常使用阶段结构整体状况良好。预制地下连续墙在进行内部防水处理后,基本无渗漏现象产生,完全能够满足地下室的正常使用要求。

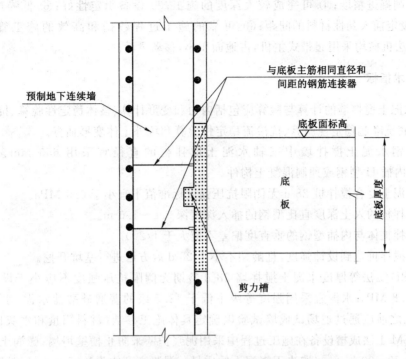

图 2-20　预制地下连续墙与基础底板连接节点图

第三节　型钢(预制混凝土构件)水泥土复合搅拌桩支护结构技术与应用

一、技术内容

型钢(预制混凝土构件)水泥土复合搅拌桩是指通过特制的多轴深层搅拌机自上而下将施工场地原位土体切碎,同时从搅拌头处将水泥浆等固化剂注入土体并与土体搅拌均匀,通过连续的重叠搭接施工,形成水泥土地下连续墙;在水泥土初凝之前,将型钢(预制混凝土构件)插入墙中,形成型钢(预制混凝土构件)与水泥土的复合墙体。型钢水泥土复合搅拌桩支护结构同时具有抵抗侧向土水压力和阻止地下水渗漏的功能。

近年水泥土搅拌桩施工工艺在传统的工法基础上有了很大的发展,TRD工法、双轮铣深层搅拌工法(CSM工法)、五轴水泥土搅拌桩、六轴水泥土搅拌桩等施工工艺的出现使型钢水泥土复合搅拌桩支护结构的使用范围更加广泛,施工效率也大大增加。

其中,TRD工法是将满足设计深度的附有切割链条以及刀头的切割箱插入地下,在进行纵向切割、横向推进成槽的同时,向地基内部注入水泥浆以达到与原状地基土的充分混合搅拌在地下形成等厚度水泥土连续墙的一种施工工艺。该工法具有适应地层广、墙体连续无接头、墙体渗透系数低等优点。

CSM工法,是使用两组铣轮以水平轴向旋转搅拌方式,形成矩形槽段的改良土体的一种施工工艺。该工法的性能特点有:① 具有高铣削掘进性能,地层适应性强;② 高搅拌性

能;③ 高铣削掘进精度;④ 可完成较大深度的施工;⑤ 设备稳定性好;⑥ 低噪声和振动;
⑦ 可任意设定插入劲性材料的间距;⑧ 可靠的施工过程数据和高效的施工管理系统;
⑨ CSM 工法机械均采用履带式主机,占地面积小,移动灵活。

二、技术指标

型钢水泥土搅拌墙的计算与验算应包括内力和变形计算、整体稳定性验算、抗倾覆稳定
性验算、坑底抗隆起稳定性验算、抗渗流稳定性验算和坑外土体变形估算。

(1) 型钢水泥土搅拌墙中三轴水泥土搅拌桩的直径宜采用 650 mm、850 mm、
1 000 mm,内插 H 型钢或预制混凝土构件。

(2) 水泥土复合搅拌桩 28 d 无侧限抗压强度标准值不宜小于 0.5 MPa。

(3) 搅拌桩的入土深度宜比型钢的插入深度深 0.5~1.0 m。

(4) 搅拌桩体与内插型钢的垂直度偏差不应大于 1/200。

(5) 当搅拌桩达到设计强度,且龄期不小于 28 d 后方可进行基坑开挖。

(6) TRD 工法等厚度水泥土搅拌墙 28 d 龄期无侧限抗压强度不应小于设计要求且
不宜小于 0.8 MPa;水泥宜采用强度等级不低于 42.5 级的普通硅酸盐水泥,水泥土搅拌
墙正式施工之前应通过现场试成墙试验以确定具体施工参数(材料用量和水灰比等)。

(7) CSM 工法成槽设备在施工过程中采用泥浆护壁来防止槽壁坍塌;膨润土泥浆的配
合比通常为 70~90 kg/m³(取决于膨润土的质量),泥浆密度约为 1.05 g/cm³,黏度(马氏漏
斗黏度)要超过 40 s。

三、适用范围

该技术主要用于深基坑支护,可在黏性土、粉土、砂砾土中使用,目前国内主要在软土地
区有成功应用。

四、工程案例一

1. 工程概况

昆明市某综合管廊全长约 3.5 km,沿全线道路东侧绿化带下方布置,标准段采用钢筋
混凝土单箱型双室结构,分为综合舱(中水、给水及电信管线)和电力舱(10 kV、110 kV 电力
管线)。综合管廊沿线设有投料口、出仓口、管沟交叉口、通风口及逃生口、检修人员出入口
等。综合管廊基坑宽 6.9~8.3 m,基坑深度 6~14 m。

根据地质调查以及钻探资料,场地主要由杂填土、泥炭质土、粉质黏土、黏土组成(见表
2-7)。泥炭质土属于高压缩性软弱土层,在荷载作用下易产生固结沉降,承载力低,工程性
质差。

拟建地段所处区域地震活动较为频繁,区内有普渡河-滇池断裂分支通过,呈南北向,为
活动断裂,但由于该地段松散地层覆盖厚度较大,对工程的影响不大。根据《建筑抗震设计
规范(2016 年版)》(GB 50011—2010)的规定,场区的抗震设防烈度为 8 度,设计基本地震加
速度值为 0.20g,设计地震分组为第三组。

表 2-7　岩土物理力学参数表

编号	岩土名称	状态	重力密度 γ /(kN/m³)	内摩擦角 φ /(°)	黏聚力 c /kPa
1-1	杂填土	松散	19	15	5
1-2	耕土	软塑	18.5	10	10
2-1	粉质黏土	可塑-硬塑	19	8	40
2-2	黏土	可塑	17.2	6	25
3-1	泥炭	流塑	11.3	4	14
3-2	泥炭质黏土	软塑	14.7	6.5	24
3-2-1	黏土	可塑	18	6	32
3-3	粉土	稍密	18.4	18	24
4-1	黏土	可塑	18.3	6	34
4-2	粉土	稍密	18.4	18	26
4-3	泥炭质黏土	软塑	11.9	4	28
5-1	黏土	可塑	18	6	30
5-2	粉砂	中密	19	12	30
5-3	泥炭	软塑	11	5	20
6-1	粉质黏土	软塑	18.1	8	35
6-2	泥炭质黏土	软塑	12	4	28

2. 基坑设计方案

(1) 基坑支护设计方案

根据本基坑工程所处地质情况、基坑深度、工期、造价等因素,采用劲性水泥土搅拌桩工法(SMW 工法桩)[$\phi850@600$ mm 三轴搅拌桩内插 HN700×300×13×24 型钢(插一跳一)]＋内支撑支护,基坑安全等级为二级,基坑支护设计见表 2-8、图 2-21。

表 2-8　基坑支护设计一览表

基坑深度/m	支护形式
6～8	SMW 工法桩＋1 道 600 mm×600 mm 混凝土支撑＋1 道 $D325$ mm×14 mm 钢管支撑
8～10	SMW 工法桩＋1 道 600 mm×600 mm 混凝土支撑＋2 道 $D325$ mm×14 mm 钢管支撑
10～14	SMW 工法桩＋1 道 600 mm×600 mm 混凝土支撑＋3 道 $D325$ mm×14 mm 钢管支撑

(2) 基坑计算

根据地质资料,选取具有代表性的断面进行验算。

计算模式:基坑底上部主动侧按朗肯土压力进行计算,并在被动侧计算一组弹性支撑。

计算水位线:地面以下 1 m。

地面荷载:施工荷载 $q_1=20$ kPa。

基坑设计计算见表 2-9。

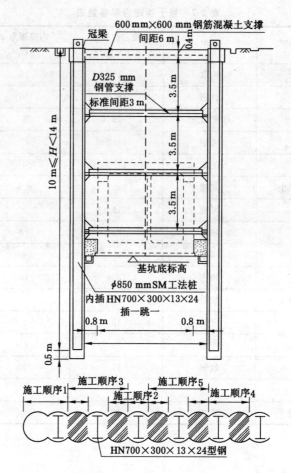

图 2-21　基坑支护示意图

表 2-9　基坑设计计算一览表

序号	代表性位置	基坑深度/m	嵌固深度/m	参考钻孔	第一道支撑	第二道支撑	第三道支撑	第四道支撑	整体稳定性系数	抗倾覆稳定性系数	钢支撑最大轴力/kN	最大水平位移/mm	最大竖向位移/mm
1	K4+835.0	8	7	Gzk93	0.4	4	—	—	1.729	1.922	759	19.87	21
2	K5+412.0	10	8	Gzk102	0.4	3	3	—	3.214	2.206	877	18.02	17
3	K4+230.0	14	10	Gzk84	0.4	3.5	3.5	3.5	2.032	1.328	1455	34.94	31

（3）坑底加固设计

综合管廊基坑底位于深厚泥炭质土时采用 $\phi850@600$ mm 三轴搅拌桩满堂加固,加固深度 3 m。

2. 技术要求

SMW 工法桩施工前先测量放线,开挖沟槽,采用套接一孔法方式施工,四喷四搅工艺。施工前,应通过成桩试验确定搅拌下沉和提升速度、水泥浆液水灰比、喷浆压力等工艺参数和成桩工艺。施工顺序见图 2-22。

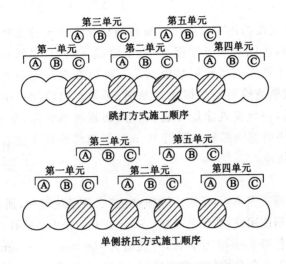

图 2-22　三轴搅拌桩施工顺序示意图

（1）水泥土配合比

根据 SMW 工法的特点,水泥土配比的技术要求如下:设计合理的水泥浆液及水灰比,使其确保水泥土强度的同时,在插入型钢时,尽量使型钢靠自重插入。若型钢靠自重仍不能顺利到位,则略微施加外力,使型钢插入规定位置。水泥掺入比的设计,必须确保水泥土强度,降低土体置换率,减轻施工时环境的扰动影响。水泥土和涂有隔离层的型钢具有良好的握箍力,确保水泥土和型钢发挥复合效应,起到共同止水挡土的效果,并创造良好的型钢上拔回收条件,即在上拔型钢时隔离涂层易损坏,产生一定的隔离层间隙。水泥掺量不小于25%,28 d 无侧限抗压强度不小于 1 MPa。

（2）制备水泥浆液及浆液注入

在施工现场搭建拌浆施工平台,平台附近搭建水泥库,在开机前按要求进行水泥浆液的搅制。将配制好的水泥浆送入储浆桶内备用。水泥浆配制好后,停滞时间不超过 2 h,搭接施工的相邻搅拌桩施工间隔不超过 10 h。注浆时通过 2 台注浆泵 2 条管路同 Y 形接头从 H 口混合注入。注浆压力为 0.8～1.5 MPa。

（3）钻进搅拌

三轴水泥搅拌桩在下沉和提升过程中均应注入水泥浆液,同时严格控制下沉和提升速度,喷浆下沉速度宜控制在 0.5～1 m/min,提升速度宜控制在 1～2 m/min。围护桩全长采用四喷四搅方式,尤其注意在泥炭土层及上下一段好土范围内,通过好土与泥炭土混合改良泥炭土;在桩底部分重复搅拌注浆,停留 1 min 左右,并做好原始记录。三轴搅拌桩钻进到设计嵌固深度后,应多钻进不少于 50 cm 深度,以保证型钢底处的桩身质量。

（4）清洗、移位

将集料斗中加入适量清水,开启灰浆泵,清洗压浆管道及其他所用机具,然后移位再进行下一根桩的施工。

（5）施工冷缝处理

施工过程中一旦出现冷缝则采取在冷缝处围护桩外侧补搅素桩方案。在围护桩达到一定强度后进行补桩,以防偏钻,保证补桩效果,素桩与围护桩搭接厚度约 10 cm。

(6)涂刷减摩剂

首先应清除型钢表面的污垢及铁锈。减摩剂必须用电热棒加热至完全熔化,用搅棒搅拌时感觉厚薄均匀,才能涂敷于型钢上,否则涂层不均匀,易剥落。如遇雨天,型钢表面潮湿,先用抹布擦干其表面后涂刷减摩剂。不可以在潮湿表面上直接涂刷,否则易剥落。如型钢在表面铁锈清除后不立即涂减摩剂,必须在以后涂料施工前抹去表面灰尘。型钢表面涂上涂层后,一旦发现涂层开裂、剥落,必须将其铲除,重新涂刷减摩剂。浇筑连接梁时,埋设在梁中的型钢部分必须用 10 mm 厚泡沫塑料片包裹好,使型钢与混凝土隔离良好,以利型钢拔除。

(7)插入型钢

三轴水泥搅拌桩施工完毕后,吊机应立即就位,准备吊放型钢,插入前应检查其平整度和接头焊缝质量。型钢使用前,在距其顶端 25 cm 处开一个中心圆孔,孔径约 8 cm,并在此处型钢两面加焊 2 块各厚 2 cm 的加强板,其规格为 400 mm×400 mm,中心开孔与型钢上孔对齐。型钢插入水泥土部分均匀涂刷减摩剂。安装好吊具及固定钩,然后用吊机起吊型钢,用线锤校核其垂直度。在沟槽定位型钢上设型钢定位模具,固定插入型钢平面位置,型钢定位模具必须牢固、水平,而后将型钢底部中心对正桩位中心并沿定位模具徐徐垂直插入水泥土搅拌桩体内,采用线锤控制垂直度。型钢下插至设计深度后,用槽钢穿过吊筋将其搁置在定位型钢上,待水泥土搅拌桩达到一定硬化时间后,将吊筋及沟槽定位型钢撤除。若型钢插放达不到设计标高时,则重复提升下插使其达到设计标高,此过程中始终用线锤跟踪控制型钢垂直度。型钢插入左右误差不得大于 30 mm,宜插在靠近基坑一侧,垂直度偏差不得大于 1/150,底标高误差不得大于 200 mm。

(8)型钢拔除

型钢拔出后留下的主隙应及时注浆填充,并应编制包括浆液配比、注浆工艺、拔除顺序等内容的专项方案。主体结构施作完毕且地面恢复后,开始拔除型钢,采用专用夹具及千斤顶以圈梁为反力梁,起拔、回收型钢。

3. 使用效果

该工程采用 SMW 工法桩(ϕ850@600 mm 三轴搅拌桩内插 HN700×300×13×24 型钢)+内支撑支护,满足基坑支护安全要求,工期短,造价低,取得了很好的效果。在提倡建设节约型社会,实现可持续发展的今天,推广应用该工法更加具有现实意义。

五、工程案例二

1. 背景资料

某会议中心地下车库位于城市中心闹市区,四周均有建筑物,红线外地下管线较多。将来建成的地下车库的上面是开放式的绿地广场,目前下面有建造中的轨道交通线隧道沿东南-西北向对角斜穿。地下车库的建筑面积为 15 250 m²,开挖深度为 7.2 m(局部为 8.8 m)。

该工程所在场地地质条件较差,土质松软且地下水位高。其场地的土层分布从上至下依次为杂填土、砂质粉土、淤泥质黏土、黏土和粉质黏土。

2. 背景分析

该工程基坑面积大,施工工期紧,施工场地复杂,四周均有建筑物,场地土体都是低强度软土,地下水位高,故基坑不可采用放坡开挖方式。深层搅拌重力式挡墙因占用面积大,变形大,也不宜采用。而地下连续墙方式造价高、工期长,综合考虑亦不宜采用。考虑到基坑的安全、技术合理、造价经济等特点,经反复比较、论证,最终选用型钢水泥土复合搅拌桩作为围护结构,周边部分设两道钢支撑,局部深坑部位设 3 道支撑。搅拌桩墙体既可起到基坑围护的作用,又可起到止水帷幕的作用,而其中的 H 型钢可以承受搅拌桩墙体内的大部分拉应力,减小墙体的厚度,工程完工后 H 型钢可以回收,减小投资。

搅拌桩采用进口的 650 mm 三轴搅拌机施工,桩体间隔插入 500 mm×200 mm×10 mm 的 H 型钢,间距 700 mm。型钢长度根据受力的不同和考虑基坑局部深度情况,采用 10 m、14 m 和 20 m 三种形式。

3. 技术应用

（1）工艺流程

工艺流程如图 2-23 所示。

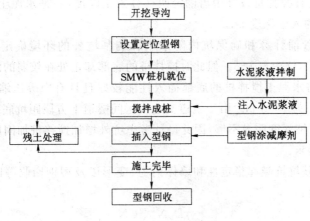

图 2-23　工艺流程图

（2）技术要点

① 在开挖的工作沟槽两侧铺设导向定位型钢,引导设备定向连续工作。

② 三轴水泥搅拌桩在下沉和提升过程中均应注入水泥浆液,使其与原土充分混合,同时严格控制下沉和提升速度。

③ 型钢定位架由槽钢焊制而成,垂直于沟槽定位型钢放置,用于保证 H 型钢插入的位置准确,提高插入垂直度,定位架的尺寸比 H 型钢外轮廓大 10 mm。

④ 型钢吊起后,由铅垂线调整型钢的垂直度,达到垂直度要求后下插 H 型钢,保证 H 型钢的插入深度。

⑤ 施工过程中应避免设备或其他工具碰撞已插入槽体内的 H 型钢。成槽过程及成形后状态,如图 2-24～图 2-25 所示。

（3）计算验算与监测

① 型钢水泥土复合搅拌桩墙体入土深度

图 2-24　成槽过程图

图 2-25　成形后状态图

在型钢水泥土复合搅拌桩设计中需确定两部分入土深度，一是水泥土搅拌桩的入土深度 D_c，二是 H 型钢的入土深度 D_h。

D_c 的长度由抗管涌计算和确保坑内降水不影响基坑外的环境确定。该工程按管涌（$I < i_c$）计算公式确定，$D_c = 8.4$ m。但此时搅拌桩的底部却正处在较弱的淤泥质黏土层中，增加 2 m 左右即可将水泥土搅拌桩的底部插入性能较好且具有中等压缩模量的粉质黏土层中，故搅拌桩取 D_c 为 10.8 m。由于轨道交通线区间隧道上方段距坑底仅 3.3 m（开挖深度为 7.2 m），故搅拌桩深度明显不够，因此设计考虑坑外增加搅拌桩加固所起的作用，经验算能满足抗管涌的要求。

D_h 的长度是由基坑抗隆起稳定性和墙体内力、变形以及型钢回收等因素确定，抗隆起安全系数按下式求得：

$$k_s = \frac{\gamma D_h N_q + C N_c}{\gamma(H + D_h) + q}$$

当型钢实际插入水泥土中的长度为 10 m 时，抗隆起安全系数满足要求。在东侧轨道交通线区间隧道穿越部位，在坑外 6 m，垂直 8.5 m 范围内满堂用搅拌桩加固土体，用于限制因土体隆起带来轨道交通线区间隧道的上抬。

② 内力与变形计算

除局部轨道交通线区间隧道上方采用全位满堂形式外，其余均为全位"1 隔 1"，间距为 700 mm。水泥土墙体厚 650 mm，500 mm×200 mm×10 mm 的 H 型钢，满足抗渗和强度要求。

内力计算采用杆系有限元的方法，型钢水泥土复合搅拌桩刚度按组合截面的刚度 k_c 计算，计算结果如下（一般部位）。

水平位移最大值：$\delta = 21.00$ mm。

弯矩最大值：$M_{max} = 354$ kN·m。

支撑最大轴力第 1 道支撑：$N = 302$ kN/m。

第 2 道支撑：$N = 258$ kN/m。

剪力最大值：$Q_{max}=206\ kN/m$。

③ 水平方向水泥土的强度校核

型钢水泥土复合搅拌桩围护墙结构是由型钢和水泥土共同组成的，为保证两者之间的刚性，必须验算型钢间水泥土的抗压、抗剪强度。

剪应力：

$$\tau_1=\frac{Q_1}{d_{e1}}<\tau_s$$

$$\tau_2=\frac{Q_2}{2d_{e2}}\leqslant\tau_s$$

$$N=\frac{ql_2}{2}$$

$$\sigma=\frac{N}{A}=\frac{ql_2}{B_f}\leqslant f_c$$

式中　B_f——型钢翼宽，m；

　　　f_c——水泥土的设计抗压强度，kPa。

水泥土强度校核计算简图见图 2-26。

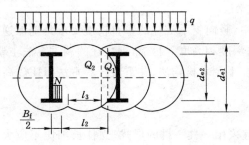

图 2-26　水泥土强度校核计算简图

Q_1—型钢翼缘边的水泥土剪力；Q_2—水泥土搭接处的剪力；L_3—水泥土搭接处间距

④ 监测结果

型钢水泥土搅拌桩的水平位移为 27.6 mm，与计算值 21.0 mm 较为接近，沉降位移为 46 mm。

4. 实施效果

从整个围护结构的实施过程来看，设计采用型钢水泥土搅拌桩作为围护墙体是成功的。通过该工程的实践可以证明，采用三轴搅拌机制作型钢水泥土搅拌桩具有如下优点：止水性能好；对周围地层影响小；施工工期短；产生的废土少；振动小、噪声低；比一般围护墙节省投资。

第四节　逆作法施工技术与应用

一、技术内容

逆作法一般是先沿建筑物地下室外墙轴线施工地下连续墙，或沿基坑的周围施工其他临时围护墙，同时在建筑物内部的预先设计位置浇筑或打下中间支承桩和柱，作为施工期间于底板封底之前承受上部结构自重和施工荷载的支承;然后施工逆作层的梁板结构,作为地下连续墙或其他围护墙的水平支撑,随后逐层向下开挖土方和浇筑各层地下结构,直至底板封底;同时,由于逆作层的楼面结构先施工完成,为上部结构的施工创造了条件,因此可以同时向上逐层进行地上结构的施工;如此地面上下同时施工,直至工程结束。

目前逆作法的新技术有以下几种。

1. 框架逆作法

该法是利用地下各层钢筋混凝土肋形楼板中先期浇筑的交叉格形肋梁,对围护结构形成框格式水平支撑,待土方开挖完成后再二次浇筑肋形楼板。

2. 跃层逆作法

该法是在适当的地质环境条件下,根据设计计算结果,通过局部楼板加强以及适当的施工措施,在确保安全的前提下实现跃层超挖,即跳过地下一层或两层结构梁板的施工,实现土方施工的大空间化,提高施工效率。

3. 踏步式逆作法

该法是将周边若干跨楼板采用逆作法踏步式从上至下施工,余下的中心区域待地下室底板施工完成后逐层向上顺作,并与周边逆作结构衔接完成整个地下室结构。

4. 一柱一桩调垂技术

该法是在逆作施工中,竖向支承桩柱的垂直精度要求是确保逆作工程质量、安全的核心要素,决定着逆作技术的深度和高度。目前,钢立柱的调垂方法主要有气囊法、校正架法、调垂盘法、液压调垂盘法、孔下调垂机构法、孔下液压调垂法、HDC 高精度液压调垂系统等。

二、技术指标

(1)竖向支承结构宜采用一柱一桩的形式,立柱长细比不应大于 25。立柱采用格构柱时,其边长不宜小于 420 mm,采用钢管混凝土柱时,钢管直径不宜小于 500 mm。立柱及立柱桩的平面位置允许偏差为 10 mm,立柱的垂直度允许偏差为 1/300,立柱桩的垂直度允许偏差为 1/200。

(2)主体结构底板施工前,立柱桩之间及立柱桩与地下连续墙之间的差异沉降不宜大于 20 mm,且不宜大于柱距的 1/400。立柱桩采用钻孔灌注桩时,可采用后注浆措施,以减小立柱桩的沉降。

(3)水平支撑与主体结构水平构件相结合时,同层楼板面存在高差的部位,应验算该部位构件的受弯、受剪和受扭承载能力,在结构楼板的洞口及车道开口部位,当洞口两侧的梁板不能满足传力要求时,应采用设置临时支撑等措施。

三、适用范围

(1)大面积的地下工程。

(2)大深度的地下工程,一般地下室层数大于或等于 2 层的项目更为合理。

(3)基坑形状复杂的地下工程。

(4)周边状况苛刻,对环境要求很高的地下工程。

(5)上部结构工期要求紧迫和地下作业空间较小的地下工程。广泛适用于高层建筑地下室、地铁车站、地下车库,市政和人防工程等领域。

四、工程案例一

1. 工程概况

某建筑工程为多层地下室结构,地下室分为地下1层、地下2层,墙体结构采取钢筋混凝土结构,地下连续墙总体长度为240 m,连续墙长度为4.2 m。经过实地调查分析,施工部门决定应用逆作法施工技术,并将整体连续墙分为57个单元槽。该工程墙体厚度在0.8 m左右,开挖深度分别在32 m、26 m、24 m不等。

2. 技术分析

(1) 准备工作

准备工作是保障连续墙施工有序进行的重要基础。首先,准备阶段开展现场环境勘察工作,明确施工土质、岩层分布情况,清除地下障碍物,该地区土质以风化岩石、软土为主。其次,经过地下线路排查,地下无给排水管道、通信线路以及电力线路,无须采取翻槽施工方法。此外,根据设计要求,安排设备进场,对施工区域进行维护。在此过程中,对混凝土的运输方式进行明确,对进场的材料进行质量、参数检验,使其能够满足基础工程施工需要,并对设备、机械进行调试,避免设备应用过程中造成损坏,影响整体施工效率。最后,该施工部门对连续墙施工起始位置进行划分,将单元槽槽段进行明确。

(2) 连续墙导墙施工技术

导墙施工工艺如下。

① 保持施工现场的平整度,整体施工不会受到场地因素影响。

② 对导墙施工位置、参数大小进行测量,对整体工程进行定位。

③ 对地下室进行挖槽施工,处理多余的弃土。

④ 钢筋绑扎支模施工,建立墙体施工模板。

⑤ 对模板进行混凝土墙体浇筑。

⑥ 对其进行拆模处理。根据设计方案,整体为L形导墙,深度保持在1 m,导墙的高度离地10 cm,能够避免地下水对导墙造成影响。明确导墙厚度为0.2 m上下,墙趾深度为1.5 m左右,并保持其与连续墙保持平行,导墙断面允许偏差在2 cm以内。地下连续墙导墙施工示意如图2-27所示。

图2-27　地下连续墙导墙施工示意

（3）泥浆制备工艺

泥浆制备工作包括泥浆配比、搅拌和储存。在科学配比的基础上，在搅拌器材中投放基础原料，分别为清水、土、分散剂等，并在搅拌设备中投入用羧甲基纤维素钠溶液，需要在膨润土投入之后进行该作业，避免出现影响膨润土溶胀程度，影响泥浆制备的质量的问题。在原料溶胀之后，对泥浆进行均匀、充分的搅拌；在混合搅拌之后，将原料储存 3 h 左右，储藏采用地下室储浆池，并利用储浆罐，可以使泥浆自动送浆、补浆；在储藏过程中，由于在地下进行作业，需要避免地下水流入储藏池中，对泥浆质量造成影响。在泥浆制备以及应用过程中，泥浆原料中需要融合大量的其他材料，包括水、土、添加剂等，会导致一部分材料出现消耗，甚至导致泥浆中含有大量的土质渣滓、电离子等从而影响泥浆质量，造成泥浆出现严重污染。在此，可以采取分离法，也可以对泥浆进行化学处理，可以实现污染泥浆的回收再利用。连续墙成槽施工需对形状进行明确，并采取跳跃开挖技术，对开幅槽段进行施工，并在成槽机设备下垫一块钢板。在明确分幅线基础上，利用全站仪进行定位，并利用液压抓斗对其进行跳挖施工，先挖两端，后挖中间。在此过程中，要尽可能保障成槽的深度，并利用超声波设备对垂直精度进行明确。

（4）地下连续墙施工技术

在连续墙单元槽划分之后，利用超声波技术分析槽体的塌陷情况，并对单元槽进行数字编号，在编号的基础上开展钢筋笼吊放作业。按照工程测量结果，对导墙进行标高，进行控制线的放置作业，同时利用型钢材料，将其放置在导墙的上口处，避免笼子出现上浮情况。在此基础上，进行锁口管的安装作业，将管体垂直插入槽底区域，并明确钢筋笼与锁口管之间的间距，避免混凝土溢出，且用填充砂对其进行封死保护。在此之后，需要垂直下放混凝土导管，保障下放间距小于 3.5 m，导管距离槽下端位置约 40 cm。最后，要对混凝土进行浇筑作业，灌注混凝土工作需要在导管下放之后进行，时间需要控制在 4 h 以内。在初期阶段，采取一次灌注的方式，并对导管的深度、灌注量进行明确，然后应用连续灌注的方法，避免导管在灌注过程中出现横向移动的情况。灌注结束之后，需要拔除锁口管，以均匀的力度缓慢拔出，并进行下一阶段的开挖作业。

（5）桩基础施工

桩基础施工需应用预应力管桩。该工程设计管桩数量为 1 420 根，直径为 0.6 m，管长 20 m。在基础施工时，需要按照设计方案内容进行，由于管桩会改变土质结构，连续墙施工需要在管桩施工后进行，避免结构性压力对连续墙质量造成影响。在管桩施工之后，对支撑柱进行钻孔、灌浆，整体支撑柱结构为环梁结构支撑柱、顶板支撑柱、基坑钢梁支撑格构柱。由于不同结构施工位置差异较大，导致整体工程存在长度不同、应力不同情况。在基础埋设作业中，混凝土灌注的深度均为 2.5 m。

（6）逆作法土方开挖技术

在土方开挖中应用逆作法施工技术，主要原理是根据不同的结构，挖土至设计标高时，进行主体结构的施工，并继续向下进行开挖作业，属于封闭式的土方开挖技术。在具体施工中应用逆作法施工，主要体现在连续墙基础施工上。在帽梁与注浆施工中，在土方开挖之前进行，明确帽梁的规格为 0.8 m×1.2 m，并按照设计要求，清除连续墙顶端位置的多余混凝土。在连续墙结构施工时，在帽梁位置预埋好钢筋，同时埋设好高压注浆管道。当进行帽梁位置的混凝土施工时，将管道与注浆泵进行连接，应用高压注浆技术，提高连续墙基础荷载力。在土方开挖作业中，按照顺序作业，到结构顶板位置之后，对其进行标高，并对其余部位进行夯实作业。与此同时，按照设计方案，采取人工开挖方式，对结构梁的模型进行构建，按照砌模、隔离层、涂抹隔离剂、垫板焊接、钢筋环梁绑扎、混凝土浇筑的顺序进行施工，在经过试验之后得出此方案浪费了大量的资源，甚至还存在一定安全隐患的结论。该施工队伍对施工技术进行了改善，在原有基础上，向下挖深 2.5 m，并进行弹墨线、建支模、钢筋连接、混凝土作业。在浇筑结束后，对模板进行拆除作业，对地下负一层位置进行挖方，利用小型挖掘机，使其开挖至方案中的位置，并对其进行标高。在土方运输过程中，应用垂直运输装置，并利用长臂挖掘机，实现对土方的回转作业。在土方垂直运输作业，利用运输车辆将开挖土运输至指定位置，对底部位置进行标高。在接缝施工中，应用超灌法保障混凝土墙柱的密实度。在逆作法接缝施工过程中，由于该工程属于横向结构施工法，应高度重视结构竖向裂缝。超灌法是指应用浇捣孔的工艺，在超出施工缝一定高度的位置进行浇筑。此方法在结构连续墙裂缝处理中具有成本投入低、可靠性能高等特点，需要对材料、操作工艺给予高度的重视，使其能够满足具体施工需要。

（7）基础分部施工

在地下连续墙施工中，应用逆作法施工技术，需要从整体角度出发，并做好基础分部的防渗工作。

① 在基础分部施工中，施工人员对单元槽进行整理、清除，并应用垫层混凝土，对其进行结构性固定。

② 做好分部的防水施工，科学设置防水层和保护层，并利用弹墨线的方式，对钢筋预埋位置进行明确。此外，进行基础混凝土施工，并以连续墙接缝处为主安装橡胶止水带。

③ 进行管桩插筋、钢筋绑扎作业，对钢筋进行混凝土浇筑。在地下 2 层结构柱施工中，先进行钢筋的连接、焊接、绑扎作业，并对整体进行支模。在此基础上进行混凝土浇筑，在混凝土柱中干拌膨胀砂浆，对结构柱柱脖位置进行处理。此外，在对环梁以内进行施工时，预留顶端位置与钢筋进行对接，并进行混凝土的浇筑施工。

3. 使用效果

逆作法施工是指沿着建筑物轴线、连续墙、支护结构进行施工，并在指定位置进行混凝土浇筑，使其能够在施工过程中承受结构的自重，强化结构的荷载支撑。此方法在地下连续墙施工中应用得比较广泛，在多层结构地下室中具有很强的应用价值，对提升建筑结构刚度具有重要的示范意义。

五、工程案例二

1. 工程概况

某工程为武汉市重大项目，位于武汉市江汉北路与解放大道交汇处核心区，北邻武汉市二十八中学，东邻江汉北路，南距运营中地铁 2 号线仅 12.2 m，西为规划路。工程包括 R2 住宅楼和 T1、T2 办公楼，总建筑面积约为 $1.5 \times 10^5 \text{ m}^2$，最大高度为 146.4 m。地下室建筑面积为 27 859.71 m²，地下 3 层，为车库＋人防＋设备用房，最大深度为 19.95 m，B0 板地下1 层层高为 5 m，B1 板地下 2 层层高为 3.8 m，B2 板地下 3 层层高为 5.05 m。工程占地面积为 9 286 m²，近似于三角形，南北宽 95 m，东西长 170 m，底边因地铁向内收呈圆弧形（图 2-28）；基坑工程重要性等级为一级，裙房底板厚度为 1 m，主楼底板厚度为 2.8 m。

图 2-28　地下室逆作模型

场地地下水主要为上层滞水和承压水。上层滞水赋存于杂填土中,主要由地表水源、大气降水和生活用水补给,无统一自由水面。承压水主要赋存于下部砂类土层中,与长江有一定的水力联系,水量丰富。二者之间通过不透水层(黏土)及弱透水层(粉砂夹粉土)阻隔。场区混合水水位在地面以下 3.9～12.2 m。场地地貌单元属长江Ⅰ级阶地,为第四纪全新统长江冲洪积层,地形较为平坦,覆盖层厚 43.5～51.0 m。场地除表层分布有厚度不一的杂填土和淤泥质土外,其下均为第四系全新统冲积成因的黏性土和砂土层。下伏基岩为志留纪中志留统坟头组砂岩、砂质泥岩。

该工程为深基坑,体量大、周边环境复杂,且距离运营的地铁较近,逆作法施工组织难度大;承压水处理复杂,施工降水难度大;对基坑变形及水位沉降要求严格;出土条件恶劣;节点处理难度大,柱、墙等竖向构件施工方法不同。因此,总体施工方案为地下室采用"半逆作法"施工,即裙房地下室逆作,主楼地下室顺作,支撑体系如表 2-10 所列。

表 2-10　逆作法支撑体系

项目		内容
支撑体系	水平支撑	逆作区:永久结构的钢筋混凝土结构楼板顺作区;临时钢筋混凝土内支撑
	竖向支撑	逆作区:钢管柱(柱内灌注 C50 高强混凝土)顺作区;钢格构柱

逆作阶段先行施工裙房区域 B0 板,依次进行 B1 板、B2 板及底板施工,主楼区域施工钢筋混凝土临时内支撑并形成整体,待 3 层内支撑及整体底板施工完成后进入顺作阶段,自下向上拆除临时内支撑并同步施工主楼区域结构。逆作阶段梁板施工流程:土方开挖→浇筑混凝土垫层→测量放线—搭设满堂脚手架、安装梁板底模板→混凝土施工缝处理→梁板钢筋绑扎→梁板混凝土浇筑→混凝土养护→模板及脚手架拆除→进入下层施工。

2. 逆作法施工关键技术

(1)基坑土方开挖

主楼区域分 5 个阶段均采用明挖,为大开孔;裙房区域分 4 个阶段,第 1 阶段为明挖,其余 3 阶段采用暗挖(图 2-29)。施工采用由主楼区域大开孔向裙房区域分层退挖,按照"时空效应"和"先撑后挖"指导挖土支撑,做到"分层、分块、对称、平衡、限时"开挖。

图 2-29　基坑土方开挖现场鸟瞰

土方暗挖在已完成的梁板结构下部进行,分为"开挖、倒运、提升"三个关键步骤,出土效率较高;土方水平运输以小挖机为主,通过挖机"三挖三倒"将土方拨运至取土口下方;土方垂直运输主要通过取土口,最终由轮式抓斗吊将土方吊运至地面,再由渣土车转运至临时堆土场,夜间装车外运。在基坑开挖时做好基坑变形监测工作,保证基坑开挖安全;严格控制降水深度,保证地铁 2 号线的正常运营,降水深度能够满足土方开挖需要即可;做好对灌注桩、格构柱、钢管桩的成品保护工作,邻近桩基的土体采用人工开挖方式。

(2) 组合式塔式起重机基础

地下室逆作法采用钻孔灌注桩＋型钢格构柱＋H 型钢承台组合式塔式起重机基础。钢格构柱之间焊接水平支撑和对角斜撑,提高了稳定性,解决了现有塔式起重机基础钢格构柱在施工过程中存在倾斜的问题。钢格构柱穿越地下室顶板和底板中部预埋止水钢板,钢格构柱与地下室结构板整体浇筑,止水效果好,无渗水隐患。钢承台拆除方便,只需拆卸螺栓进行吊运;拆除的钢承台可回收多次重复利用,节省了施工成本(图 2-30)。

图 2-30　组合式塔式起重机基础

地下室永久结构与塔式起重机基础结合成一个整体,解决了逆作法条件下地下室结构需要预留孔洞、洞口安全隐患及洞口结构二次施工的问题,在保证地下室永久结构本身安全的前提下,同时保证塔式起重机安全正常使用。在基坑开挖前及时安装、使用塔式起重机,其受力明确,施工方便;保证了基坑土方开挖时,地下室钢筋混凝土结构施工等大宗材料的水平、垂直运输,极大提高劳动生产率,减轻工人劳动强度,加快施工进度。该方法适用于大部分地下室逆作法施工中塔式起重机基础施工及需设置于地下室基坑范围内的塔式起重机基础施工。

（3）竖向结构施工

在逆作阶段做好结构的预留预埋,逆作区竖向结构施工的各楼层柱、墙的纵筋均需在柱底或梁底插预埋钢筋,同时在上层楼板对应位置预留二次浇筑混凝土下料口;将竖向结构顶浇筑成"喇叭口"形式,可使混凝土浇筑完成面高出竖向结构顶面,能有效保证新浇竖向结构顶部与原有结构结合紧密。如图 2-31 所示,在框架柱位置设置钢管叠合柱,即在下层楼板或底板结构施工完毕后,在钢管柱外侧另外浇筑混凝土形成永久的框架柱。

图 2-31　钢管叠合柱施工现场实景

（4）地下室内衬墙

基坑围护采用 800 mm 厚"两墙合一"地下连续墙,兼作地下室外墙,在地下连续墙内侧设置 400 mm 厚现浇钢筋混凝土内衬墙。内衬墙在顺作阶段施工,在地下连续墙内壁安装止水螺杆,止水螺杆的一端与地下连续墙钢筋焊接,另一端通过螺母对内衬墙厚度进行定位,同时用于内衬墙单面支模加固(图 2-32),完善了内衬墙模板支撑体系的施工方法,使内衬墙模板支撑更加简单、实用、稳固;同时节约了支撑、安拆及人工材料费用,提高了工效。浇筑口设置在内衬墙模板支撑体系的顶部,通过对浇筑口进行浇筑形成内衬墙;浇筑口兼作混凝土的振捣口。混凝土浇捣是混凝土经泵管输送到卸料斗,通过浇筑孔、浇筑口向内衬墙进行下料;逆作施工时楼板在靠近内衬墙的一侧预埋有浇筑孔,方便浇捣施工操作,使混凝土能直接从地下室上层楼板输送到下层内衬墙,在输送的同时直接开始浇捣作业,大大提高内衬墙浇捣施工速度,避免先将混凝土向下运送到内衬墙所在楼层,再由人工抬升到浇筑口浇捣的缺点。

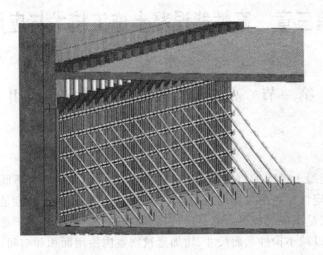

图 2-32　内衬墙顺作施工结构

3. 使用效果

该工程地下室采用逆作法施工,整个施工过程中基坑完全处于安全的可控状态。

随着城市地下空间的开发利用,基坑工程还将向大面积、超深度方向发展,逆作法适合市区建筑密度大,邻近建筑物、地铁、地下管线及周围环境对沉降变形敏感的情况,将在城市综合地下空间施工中发挥更大作用。

第三章 高性能混凝土施工技术与应用

第一节 高强高性能混凝土技术与应用

一、技术内容

高强高性能混凝土(HS-HPC)是具有较高的强度(一般强度等级不低于 C60)且具有高工作性、高体积稳定性和高耐久性的混凝土("四高"混凝土),属于高性能混凝土(HPC)的一个类别。其特点是不仅具有更高的强度且具有良好的耐久性,多用于超高层建筑底层柱、墙和大跨度梁,可以减小构件截面尺寸、增加建筑物室内使用面积和空间。

超高性能混凝土(UHPC)是一种超高强(抗压强度可达 150 MPa 以上)、高韧性(抗折强度可达 16 MPa 以上)、耐久性优异的新型超高强高性能混凝土,是一种组成材料颗粒的级配达到最佳的水泥基复合材料。用其制作的结构构件不仅截面尺寸小,而且单位强度消耗的水泥、砂、石等资源少,具有良好的环境效应。

HS-HPC 的水胶比一般不大于 0.34,胶凝材料用量一般为 480~600 kg/m³,硅灰掺量不宜大于 10%,其他优质矿物掺合料掺量宜为 25%~40%,砂率宜为 35%~42%,宜采用聚羧酸系高性能减水剂。

UHPC 的水胶比一般不大于 0.22,胶凝材料用量一般为 700~1 000 kg/m³。超高性能混凝土宜掺加高强微细钢纤维,钢纤维的抗拉强度不宜小于 2 000 MPa,体积掺量不宜小于 1.0%,宜采用聚羧酸系高性能减水剂。

二、技术指标

1. 工作性

新拌 HS-HPC 最主要的特点是黏度大。为降低混凝土的黏性,宜掺入能够降低混凝土黏性且对混凝土强度无负面影响的外加剂,如降黏型外加剂、降黏增强剂等。UHPC 的水胶比更低,黏性更大,宜掺入能降低混凝土黏性的功能型外加剂,如降黏增强剂等。

混凝土拌和物的技术指标主要是坍落度、扩展度和倒坍落度,筒混凝土流下时间(简称倒筒时间)等。对于 HS-HPC,混凝土坍落度不宜小于 220 mm,扩展度不宜小于 500 mm,倒置坍落度筒排空时间宜为 5~20 s,混凝土经时损失不宜大于 30 mm/h。

2. HS-HPC 和 UHPC 的配制强度

HS-HPC 的配制强度可按公式 $f_{cu,0} \geqslant 1.15 f_{cu,k}$ 计算;UHPC 的配制强度可按公式 $f_{cu,0} \geqslant 1.1 f_{cu,k}$ 计算。

3. HS-HPC 和 UHPC

因其内部结构密实,孔结构更加合理,通常具有更好的耐久性,为满足抗硫酸盐腐蚀性,宜掺加优质的掺合料，或选择低 C3A 含量（＜8％）的水泥。

4．自收缩及其控制

（1）自收缩与对策

当 HS-HPC 浇筑成形并处于绝湿条件下，由于水泥继续水化，消耗毛细管中的水分，使毛细管失水，产生毛细管张力（负压），引起混凝土收缩，称之自收缩。通常水胶比越低，胶凝材料用量越大，自收缩情况会越严重。

对于 HS-HPC，一般应控制粗细骨料的总量不宜过低，胶凝材料的总量不宜过高；通过掺加钢纤维可以补偿其韧性损失，但在氯盐环境中，钢纤维不太适用；采用外掺 5％饱水超细沸石粉的方法，或者内掺吸水树脂类养护剂、外覆盖养护膜以及其他充分的养护措施等，可以有效地控制 HS-HPC 的自收缩。

对于 UHPC，一般通过掺加钢纤维等控制收缩，提高韧性；胶凝材料的总量不宜过高。

（2）收缩的测定方法

参照《普通混凝土长期性能和耐久性能试验方法标准》（GB/T 50082—2009）进行。

三、适用范围

HS-HPC 适用于高层与超高层建筑的竖向构件、预应力结构、桥梁结构等混凝土强度要求较高的结构工程。

UHPC 由于高强高韧性的特点，可用于装饰预制构件、人防工程、军事防爆工程、桥梁工程等。

四、工程案例一

1．工程概况

某医院健康园建设项目地处兴庆区银佐路北、兴庆区检察院东侧，总占地面积为 29 722.04 m²，总建筑面积为 122 705.45 m²，分两期建设。一期建设医疗楼 65 401 m²，其中住院楼 17 层 21 964 m²，门诊医技楼 6 层 17 804 m²，后勤办公楼 8 层 7 686 m²，产科楼 6 层 12 432 m²，医疗楼 4 层 3 296 m²，分诊门厅 3 层 2 219 m²，地下 2 层 27 087.8 m²，一期建设约投资 4.5 亿元人民币；二期建设地上老年康复公寓 23 764 m²，地下 6 452 m²。项目总投资约 7 亿元人民币，该项目已被兴庆区政府列为重点招商引资项目，项目拟建成以骨科为特色的三级甲等专科医院。该工程住院楼 17 层，从－2 层至 3 层墙、柱、核心筒混凝土设计强度等级为 C70。

该工程的难点包括：混凝土强度等级高，柱子体积大，截面尺寸为 1 000 mm、1 200 mm，会导致水化热温度很高，所以预防温度应力引起的裂缝和避免过大的收缩是该工程的一个难点；混凝土供应单位和建筑施工方均少有 C70 混凝土施工经验，高强度等级混凝土的生产、浇筑和养护等是很大的挑战。

2．C70 高强混凝土的配合比设计与确定

C70 高强混凝土配合比设计必须满足以下两个条件：第一是新拌混凝土要有良好的工作性；第二是硬化后的混凝土要有较高的强度和体积稳定性。根据《高强混凝土应用技术规程》（JGJ/T 281—2012）的规定，高强混凝土配制强度应按公式 $f_{cu,0} \geqslant 1.15 f_{cu,k}$ 确定，对于高强混凝土配合比的确定，必须按理论计算与试验相结合的方法，而且还要综合考虑各种原材

料的影响因素。通常采用"优质水泥＋超细矿物掺合料＋高效减水剂＋优质骨料"的技术路线进行高强混凝土配合比设计和生产。C70 高强混凝土的水胶比宜在 0.25～0.30 内选取。胶凝材料总量控制在 600 kg/m³ 以下，水泥用量小于或者等于 450 kg/m³，且在保证强度的基础上尽量降低水泥用量，同时选用优质矿物掺合料，如 I 级粉煤灰、S95 矿渣粉、硅灰等，用水量控制在 150～165 kg/m³。为了最大限度地降低水化热，建议采用混凝土的 60 d 强度为结构验收强度，但 28 d 强度不低于相应强度等级标准值的 100%，这样可充分利用矿物掺合料后期强度持续发展的特点，在提高强度保证率的同时也提高混凝土的体积稳定性。

设计思路如下所列。

(1) 确定 W/B：利用聚羧酸减水剂具有较高的减水率来降低混凝土的 W/B，提高混凝土的密实性和耐久性。

(2) 确定矿物掺合料：用于高强混凝土的矿物掺合料可包括粉煤灰、粒化高炉矿渣粉、硅灰、钢渣粉和磷渣粉。使用优质的高活性矿物掺合料可以改善混凝土中粉体材料的颗粒级配，特别是微硅粉能够填充水泥颗粒间的空隙，同时可以与水化产物、碱性材料反应生成凝胶体，是高强混凝土的必要成分。

(3) 选择聚羧酸高效减水剂：利用聚羧酸减水剂具有优异的坍落度保持性来改善混凝土的塑性指标，提高混凝土的和易性和施工性。

(4) 温度控制：采取的措施主要从降低水泥用量和降低水泥、粉煤灰温度着手从而达到降低拌和物的入模温度和控制绝热温升。

3. C70 高强混凝土所用原材料选择与质量控制及配合比设计方案

(1) 材料选择与质量控制

① 水泥：配制高强混凝土宜选用硅酸盐水泥或普通硅酸盐水泥。重点从水泥强度、标准稠度用水量、质量稳定性及与外加剂相容性好等方面考虑，水泥中的碱含量低于 0.6%，氯离子含量不应大于 0.03%，经过试验比选最终选定质量较稳定的宁夏瀛海天琛建材有限公司生产的瀛海牌 42.5R 水泥，氯离子含量为 0.015%，其他检测结果见表 3-1。

表 3-1　试验用水泥检测结果

比表面积 /(m²/kg)	标准稠度用 水量/%	凝结时间/min		抗折强度/MPa		抗压强度/MPa	
		初凝	终凝	3 d	28 d	3 d	28 d
369	26.6	165	226	6.6	9.6	31.9	50

② 粉煤灰：配制高强混凝土宜选用 I 级或 II 级的 F 类粉煤灰。充分利用粉煤灰颗粒的微集料效应和形态效应，在混凝土中更为突出地起到填充、润滑、解絮等致密作用，选择需水量比较低的粉煤灰可以减少拌和用水，经过试验比选选定华电宁夏灵武发电有限公司产的 I 级粉煤灰，细度 45 μm 方孔筛余为 8.5%，需水量比为 93%，烧失量为 2.6%。

③ 矿渣粉：选定宁夏和亿达建材有限公司生产的 S95 矿渣粉，7 d 活性为 75%，28 d 活性为 99%，化学成分见表 3-2。

表 3-2　矿渣粉成分

SiO₂	Al₂O₃	Fe₂O₃	CaO	MgO	LOSS
35.69%	12.7%	2.28%	38.3%	8.73%	0.54%

④ 微硅粉：采用银川金福宝建材有限公司生产的 SiO_2 含量为 90% 的微硅粉,比表面积为 $(15\sim20)\times10^3$ m^2/kg。

⑤ 细骨料：宁夏青铜峡产天然水洗砂,细度模数为 2.9,Ⅱ区中砂,含泥量为 1.6%,表观密度为 2 640 kg/m^3。

⑥ 粗骨料：由于银川地区缺乏强度较高的花岗岩或玄武岩等高强度岩石,只能使用石灰岩碎石来生产配制 C70 高强混凝土。选用贺兰山石灰岩,5~20 mm 连续粒径,含泥量不大于 0.5%,泥块含量不大于 0.2%,针片状含量不大于 8%,母岩抗压强度为 70 MPa。

⑦ 高效减水剂：宜采用减水率高、保坍效果好、适当引气,与水泥相容性好的聚羧酸减水剂,选用宁夏新华轩高新技术有限公司生产的聚羧酸高效减水剂,含固量 11%。

⑧ 水：地下水。

（2）配合比设计方案

选用总胶凝材料用量、水胶比、微硅粉掺入比例、粉煤灰掺入比例和矿粉掺入比例等 5 个作为正交试验因素,各因素的水平数位 3 个,故选择 $L_9(3^5)$ 正交表,即五因素三水平的正交试验设计。按 $L_9(3^5)$ 安排的试验方案如表 3-3 所列。

表 3-3　试验方案

试验号	因素				
	A（总胶凝材料用量/kg）	B（水胶比）	C（微硅粉掺入比例/%）	D（粉煤灰掺入比例/%）	E（矿粉掺入比例/%）
1	540	0.26	5	15	15
2	540	0.26	6	20	10
3	540	0.26	7	25	0
4	565	0.27	5	15	15
5	565	0.27	6	20	10
6	565	0.27	7	25	0
7	590	0.28	5	15	15
8	590	0.28	6	20	10
9	590	0.28	7	25	0

在初次试配过程中,遇到一些问题,使用聚羧酸减水剂和粉煤灰、矿渣粉及微硅粉进行试配时,混凝土发黏,坍落度损失大,但如果配合比中不掺加矿渣粉以上现象消失,这说明是聚羧酸和矿渣粉之间产生了相容性问题。高强混凝土的胶凝材料之间的相容性非常重要,会对混凝土的强度和拌和物的黏度产生显著影响。因此,在配合比设计时要进行充分的试验,寻找最佳组合。最终设计人员决定放弃使用矿渣粉,C70 高强混凝土只掺加粉煤灰与微硅粉进行试配。经过正交试验分析,经多次试配调整后设计出了 3 组配合比,如表 3-4 所列。C70 高强混凝土的绝热温升可达 50 ℃左右,其浇筑的构件体积大,因此内部温度很高,温差也大。为防止温度裂缝的产生,需要控制混凝土的温升。该医院健康园住院楼柱子截面尺寸较大,为了有效控制混凝土的温升,设计人员对表 3-4 中的配合比进行了水化热温升测量,混凝土搅拌完成的初始温度、升温时间及最高温度如表 3-5 所列。

表 3-4　优选配合比

配比 编号	强度 等级	材料用量/(kg/m³)						
		水	水泥	微硅粉	粉煤灰	砂	碎石	聚羧酸减水剂
PB-1	C70	137	390	35	140	840	900	18
PB-2	C70	137	410	35	120	840	900	18
PB-3	C70	137	440	25	100	840	900	18

表 3-5　混凝土的水化热

配比 编号	水化热/℃													
	24 h	26 h	28 h	30 h	32 h	34 h	36 h	38 h	40 h	42 h	44 h	46 h	48 h	50 h
PB-1	54	56.5	60	61	61.5	61.5	61.5	61.5	60.5	60	59	58	57	56
PB-2	69	72	73	73.5	73.5	73	72	71	70.5	69.5	68.5	68	67	65.5
PB-3	70	70	70	70	69	68	67	66	65	64	63.5	63	62.5	62

注:出机温度为 28 ℃。

根据表 3-5 的测温记录最终选定水化温升较低的 PB-1 为生产配合比,见表 3-6。为了保证混凝土的质量,对配合比 PB-1 进行了 6 次以上的试配,C70 高强混凝土的工作性能与抗压强度统计见表 3-7。由表 3-7 可知,C70 高强混凝土的工作性能较好,早期强度较高。C70 高强混凝土的流动性较好,坍落扩展度较大,倒置坍落度筒排空时间为 10～12 s。C70 混凝土的早期强度发展不是很高,3 d 强度达到设计强度的 72%,7 d 强度达到设计强度的 81%,28 d 强度达到设计强度的 114%,60 d 强度达到设计强度的 118%,后期强度发展缓慢,但能满足设计强度要求。

表 3-6　C70 生产配合比

配比 编号	强度 等级	材料用量/(kg/m³)						
		水	水泥	微硅粉	粉煤灰	砂	碎石	聚羧酸减水剂
PB-1	C70	137	390	35	140	840	900	18

表 3-7　C70 高强混凝土的工作性能与抗压强度

坍落度 /mm	扩展度 /mm	倒置坍落度筒 排空时间/s	凝结时间(h:min)		抗压强度/MPa			
			初凝	终凝	3 d	7 d	28 d	60 d
260	580	10 月 12 日	10:00	11:30	50.5	56.6	79.8	82.8

4. 高强混凝土的生产控制与施工

(1) 生产控制

C70 混凝土质量受生产、运输、浇筑、养护等因素影响较大,首先要做好生产前的准备工作,包括技术交底、原材料的检验与准备。搅拌站提前存储水泥和粉煤灰,使水泥温度小于 60 ℃,粉煤灰温度小于 50 ℃;搅拌站平时使用聚羧酸和萘系两种减水剂生产混凝土,由于聚羧酸外加剂和萘系外加剂接触时会发生急凝现象,为了确保 C70 高强混凝土质量的稳定,之前装过萘系外加剂生产的混凝土的搅拌车在装料前必须用清水清洗干净;决定单独使用一条独立的生产线集中生产搅拌 C70 混凝土;为了保证混凝土各原材料搅拌均匀,每盘混凝土的搅拌时间延长至 120 s,生产过程中及时根据水洗砂的含水率变化(每隔 1 h 测定一次料仓中水洗砂的含水率)再调整混凝土的生产配合比;质检员密切监测出机混凝土拌和物的状态,满足要求的才可出站。

(2) 浇筑前准备工作

浇筑前必须召开 C70 混凝土浇筑交底会议,业主方、监理方、施工方、搅拌站一起参加,针对 C70 混凝土浇筑过程需要准备和注意的问题进行有效沟通,制订可行的浇筑方案并严格按照方案执行。

(3) 施工过程控制

搅拌站要派专人配合施工方管理人员进行现场协调工作,并对到场混凝土进行检测,确认混凝土工作性能满足要求后方可浇筑,并及时将混凝土质量波动反馈回搅拌站。施工人员应熟悉各楼层构件混凝土的强度等级,为了避免各标号混浇现象的发生,需要施工方根据浇筑标号制定混凝土浇筑顺序,浇筑中严格执行,监理方需派人 24 h 旁站,做好高低标号的分隔的监督控制工作。由于 C70 高强混凝土流动性较好,具有一定的自密实性能,容易自流平,所以在浇筑过程中要避免过振。搅拌站根据泵车浇筑速度和现场施工情况控制发车速度,保证混凝土连续浇筑,在混凝土达到初凝前各节点结合完好,避免出现冷缝。

(4) C70 高强混凝土的养护控制

因为 C70 高强混凝土的水化热高,容易产生裂缝,所以必须加强浇筑后的养护工作。在查阅大量资料、文献和请教业内专家后,基本确定了 C70 混凝土的养护办法:用 1 cm 厚的海绵包裹柱体,海绵外包裹塑料薄膜,然后把海绵用水浇透进行保湿养护,再用模板和钢管进行加固。实践证明,混凝土裂缝得到了有效的控制。

5. 使用效果

通过一系列试验研究数据积累和 C70 高强混凝土在该医院健康园工程中实际生产应用,可以得到以下结论:① 采用现有的普通材料和生产工艺通过合理的配合比设计生产 C70 高强混凝土是可行的;② 各种原材料质量综合控制,是生产优质高强混凝土的前提保障;③ 聚羧酸类高效减水剂具有良好的减水率、优良的保塑性能、良好的增强效果,是生产高强混凝土的关键。

五、工程案例二

1. 工程概况

某超高层建筑总建筑面积 7.4×10^5 m²,其中主楼部分由三栋超高层塔楼构成,高度分别为 251 m、275 m 和 274 m,主楼结构形式为钢管混凝土外框+钢支撑筒体+钢筋桁架楼层板体系。主楼钢管混凝土外框-钢支撑筒体结构采用 C60、C70 高强度、高性能混凝土,用量以 C60 为主,C70 主要适用于 1～6 层的部分钢管柱。

2. 核心要点分析

该工程中的高性能混凝土除了高强度以外,还要求有很高的自密实性能、高体积稳定性和高耐久性。

高强度性能:根据《普通混凝土配合比设计规程》(JGJ 55—2011),确定 C70 混凝土标养到 28 d 配制强度不小于 80.5 MPa。

自密实性能:C70 钢筒柱内腔由于有加劲横隔板,混凝土浇筑时不能完全保证振捣棒全面振捣到位,为使混凝土浇筑后达到最大密实度,其工作性能应达到一定的自密实混凝土工作性能。

高体积稳定性:高强混凝土水泥用量偏高,自收缩较大,而钢筒为 120 cm×120 cm 方筒,若不严格控制 C70 混凝土的收缩尤其是自收缩,筒内浇筑混凝土易与钢筒壁脱离,因此需采取有效措施控制混凝土的自收缩。

高耐久性:该项目主要构件设计使用年限应大于 50 年。

C70 自密实混凝土工作性能指标见表 3-8。

表 3-8   C70 自密实混凝土工作性能指标

倒坍时间 /s	坍落扩展度 /mm	扩展时间 T_{500}/s	坍落扩展度与 J 环之差 /mm	U 形箱高度差 /mm	V 形漏斗通过时间 /s	初凝时间 /h	终凝时间 /h	3 h 损失 /mm	3 d 收缩率 /%
≤8	>650	≤5	≤50	≤30	≤25	10～12	14～16	≤30	≤3×10⁻⁴

3. 实施方案

为达到上述性能指标要求,从混凝土原材料选用、配合比等方面进行了反复试验,并进行了实体破坏性验证。

(1) 原材料选用

原材料技术性能见表 3-9～表 3-14。

表 3-9   水泥主要项目检测数据

碱含量 /%	氯离子含量 /%	抗折强度/MPa		抗压强度/MPa	
		3 d	28 d	3 d	28 d
0.72	0.02	5.3	7.4	28.4	49.3

表 3-10   磨细粉煤灰主要项目检测数据

细度/(m²/kg)	需水量比/%	碱含量/%	氯离子含量/%	烧失量/%	三氧化硫含量/%
465	101	1.68	0.01	2.8	0.9

表 3-11   矿粉主要项目检测数据

活性指数/%	氯离子含量/%	比表面积/%	三氧化硫含量/%
95	0.02	0.7	1.7

表 3-12   细骨料主要项目检测数据

细度模数	含泥量/%	泥块含量/%	氯离子含量/%	坚固性/%
3.0	1.8	0.3	0.01	3

表 3-13　粗骨料主要项目检测数据

筛分配料	含泥量/%	泥块含量/%	压碎指标/%	针片状颗粒含量/%	坚固性/%
5～20 mm	0.4	0.1	3	3	1

表 3-14　高性能聚羧酸减水剂主要项目检测数据

含固量/%	减水率/%	总碱量/%	氯离子含量/%
15.58	34.1	0.51	0.07

（2）C70 自密实混凝土配合比

C70 自密实混凝土配合比计算见表 3-15。

表 3-15　C70 自密度混凝土配合比计算表

配合比编号	水泥/(kg/m³)	磨细粉煤灰/(kg/m³)	矿粉/(kg/m³)	砂/(kg/m³)	碎石(5～20 mm)/(kg/m³)	聚羧酸高性能减水剂/%	水/(kg/m³)
1	439	43	60	601	1 116	2.5	141
2	458	45	62	593	1 101	2.5	141
3	476	47	65	585	1 086	2.5	141

（3）第一阶段试验

试验目的是验证配合强度的合理性,对应上述配合比,其强度试验结果见表 3-16。

表 3-16　试验配合强度表

配合比编号	3 d	抗压强度达到设计强度等级值/%	7 d	抗压强度达到设计强度等级值/%	14 d	抗压强度达到设计强度等级值/%	28 d	抗压强度达到设计强度等级值/%
	标准要求	检测结果	标准要求	检测结果	标准要求	检测结果	标准要求	检测结果
1	37.4	53	54.1	77	68.2	97	75.4	108
2	45.8	65	64.1	92	76.9	110	81.4	120
3	50.2	72	70.0	100	79.5	114	87.8	125

（4）第二阶段试验

试验目的是进行配合比调整并测定力学性能是否满足设计要求,使试验配合比在设计的基础上进行胶凝材料用量调整。试验配合比见表 3-17。

表 3-17　试验配合比表

配合比编号	水泥/(kg/m³)	磨细粉煤灰/(kg/m³)	矿粉/(kg/m³)	砂/(kg/m³)	碎石(5～20 mm)/(kg/m³)	聚羧酸高性能减水剂/%	水/(kg/m³)
4	449	49	67	593	1 101	2.5	141
5	458	45	62	593	1 101	2.5	141
6	466	52	70	585	1 086	2.5	141
7	476	47	65	585	1 086	2.5	141

试验结果见表 3-18。

表 3-18 第二阶段配合比调整后强度情况

配合比编号	3 d		抗压强度达到设计强度等级值/%	7 d		抗压强度达到设计强度等级值/%	14 d		抗压强度达到设计强度等级值/%	28 d		抗压强度达到设计强度等级值/%
	标准要求	检测结果		标准要求	检测结果		标准要求	检测结果		标准要求	检测结果	
4	42.2	60		59.2	85		73.2	104		79.4	112	
5	44.9	64		63.1	90		75.8	108		82.2	117	
6	47.2	67		65.0	93		78.9	113		84.5	121	
7	48.1	69		67.4	96		79.5	114		85.6	122	

（5）第三阶段试验

试验目的是验证 5、6、7 号配合比力学性能,调整外加剂组分和混凝土工作性能,验证混凝土非接触法测试早期收缩情况。

试验配合比见表 3-19。

表 3-19 第三阶段配合比调整表

配合比编号	水泥/(kg/m³)	磨细粉煤灰/(kg/m³)	矿粉/(kg/m³)	砂/(kg/m³)	碎石(5～20 mm)/(kg/m³)	聚羧酸高性能减水剂/%	水/(kg/m³)
5	458	45	62	593	1 101	2.5	141
6	466	52	70	585	1 086	2.5	141
7	476	47	65	585	1 086	2.5	141

试验结果见表 3-20 和表 3-21。

表 3-20 第三阶段配合比调整后强度情况

配合比编号	3 d		抗压强度达到设计强度等级值/%	7 d		抗压强度达到设计强度等级值/%	28 d		抗压强度达到设计强度等级值/%
	标准要求	检测结果		标准要求	检测结果		标准要求	检测结果	
5	44.2	63		62.1	89		82.4	118	
6	48.2	69		65.4	93		83.9	120	
7	49.5	71		66.8	95		85.1	122	

表 3-21 第三阶段配合比调整混凝土工作性能

配合比编号	倒坍/s	U 形仪的扩展度/mm	T_{500}/s	坍落扩展度/mm	J 环的扩展度/mm	V 形漏斗通过时间/s	收缩率/10⁻⁴	3 h 经时损失/mm	初凝/min	终凝/min
5	4.1	20	4.2	700	680	20	2.60	30	685	900
6	5.0	30	5.0	710	695	23	2.72	30	650	850
7	7.1	32	7.2	705	685	31	2.94	45	590	790

得出结论:5、6 号配合比力学性能工作性能均满足设计要求,但从非接触法收缩结果可以看出 5 号配合比 3 d 收缩量更低,且具有更好的经济性。因此选定 5 号配合比为推荐配合比。C70 自密实混凝土推荐配合比见表 3-22。

表 3-22　C70 自密实混凝土每立方米推荐配合比

水泥 /kg	粉煤灰 /kg	矿粉 /kg	砂 /kg	碎石 (5~20 mm) /kg	水 /kg	聚羧酸高性能减水剂 /%
458	45	62	593	1101	141	2.5

(6)钢管柱实体试验

2017 年 5 月 11 日,该工程进行了钢管柱试验柱混凝土浇筑试验,混凝土出罐温度为 26 ℃,坍落度为 260 mm,扩展度为 600 mm,倒筒时间为 5.1 s。

4. 实施效果

在该工程中自密实高性能混凝土技术的应用,不仅满足了强度、耐久性等结构性要求,而且由于高性能混凝土的良好的工作性能,尤其是较高自密实性能的发挥,克服了钢管混凝土柱隔板等死角部位易形成气腔、空洞或不易密实的施工难题,同时,由于高性能混凝土在配合比中通过调整掺合料用量,降低了混凝土的收缩率,将混凝土 14 d 收缩率控制在 0.03% 之内,有效地解决了钢柱混凝土"脱筒缺陷"。钢管柱切割检测切割剖面状况如图 3-1 所示。

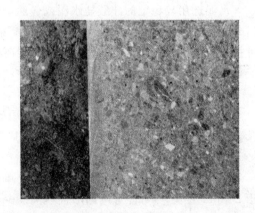

图 3-1　钢管柱切割检测切割剖面状况图

第二节　自密实混凝土技术与应用

一、技术内容

自密实混凝土(SCC)是具有高流动性、均匀性和稳定性,浇筑时无须或仅需轻微外力振捣,能够在自重作用下流动并能充满模板空间的混凝土,属于高性能混凝土的一种。自密实混凝土技术主要包括:自密实混凝土的流动性、填充性、保塑性控制技术;自密实混凝土配合比设计；自密实混凝土早期收缩控制技术。

1. 自密实混凝土流动性、填充性、保塑性控制技术

自密实混凝土拌和物应具有良好的工作性，包括流动性、填充性和保水性等。通过骨料的级配控制、优选掺合料以及高效（高性能）减水剂来实现混凝土的高流动性、高填充性。其测试方法主要有坍落扩展度和扩展时间试验方法、J 环扩展度试验方法、离析率筛析试验方法、粗骨料振动离析率试验方法等。

2. 自密实混凝土配合比设计

自密实混凝土配合比设计与普通混凝土有所不同，有全计算法、固定砂石法等。自密实混凝土配合比设计时，应注意以下几点要求：① 单方混凝土用水量宜为 160～180 kg；② 水胶比根据粉体的种类和掺量有所不同，不宜大于 0.45；③ 根据单位体积用水量和水胶比计算得到单位体积粉体量，单位体积粉体量宜为 0.16～0.23；④ 自密实混凝土单位体积浆体量宜为 0.32～0.40。

3. 自密实混凝土自收缩

由于自密实混凝土水胶比较低、胶凝材料用量较高，导致混凝土自收缩较大，应采取优化配合比、加强养护等措施，预防或减少自收缩引起的裂缝。

二、技术指标

1. 原材料的技术要求

（1）胶凝材料

水泥选用较稳定的硅酸盐水泥或普通硅酸盐水泥；掺合料是自密实混凝土不可缺少的组分之一。一般常用的掺合料有粉煤灰、磨细矿渣、硅灰、粒化高炉矿渣粉、石灰石粉等，也可掺入复合掺合料，复合掺合料宜满足《混凝土用复合掺合料》（JG/T 486—2015）中易流型或普通型Ⅰ级的要求。胶凝材料总量宜控制在 400～550 kg/m³。

（2）细骨料

细骨料质量控制应符合《普通混凝土用砂、石质量及检验方法标准》（JGJ 52—2006）以及《混凝土质量控制标准》（GB 50164—2011）的要求。

（3）粗骨料

粗骨料宜采用连续级配或 2 个及以上单粒级配搭配使用，粗骨料的最大粒径一般以小于 20 mm 为宜，尽可能选用圆形且不含或少含针、片状颗粒的骨料；对于配筋密集的竖向构件、复杂形状的结构以及有特殊要求的工程，粗骨料的最大公称粒径不宜大于 16 mm。

（4）外加剂

自密实混凝土具备的高流动性、抗离析性、间隙通过性和填充性等四个特征都需要以外加剂为主的手段来实现。减水剂宜优先采用高性能减水剂，减水剂的主要要求为：与水泥的相容性好，减水率大，并具有缓凝、保塑的特性。

2. 自密实性能主要技术指标

对于泵送浇筑施工的工程，应根据构件形状与尺寸、构件的配筋等情况确定混凝土坍落扩展度。对于从顶部浇筑的无配筋或配筋较少的混凝土结构物（如平板）以及无须水平长距离流动的竖向结构物（如承台和一些深基础），混凝土坍落扩展度应满足 550～655 mm；对于一般的普通钢筋混凝土结构以及混凝土结构，坍落扩展度应满足 660～755 mm；对于结

构截面较小的竖向构件、形状复杂的结构等,混凝土坍落扩展度应满足 $760\sim850$ mm;对于配筋密集的结构或有较高混凝土外观性能要求的结构,扩展时间 T_{500} 应不大于 2 s。其他技术指标应满足《自密实混凝土应用技术规程》(JGJ/T 283—2012)的要求。

三、适用范围

自密实混凝土适用范围包括:浇筑量大,浇筑深度和高度大的工程结构;配筋密集、结构复杂、薄壁、钢管混凝土等施工空间受限制的工程结构;工程进度紧、环境噪声受限制或普通混凝土不能实现的工程结构。

四、工程案例一

1. 工程概况

某工程主体工程为引水隧洞工程,引水隧洞主洞全长 4.39 km。该隧洞属于小断面隧洞。在主洞桩号 $0+565$ 处布置一条施工支洞辅助施工,从支洞、主洞出口两个作业面进行开挖、衬砌等施工作业,单掌子面独头施工距离长达 1.9 km。在断面如此小的情况下,单掌子面进行近 2 km 的衬砌施工,对施工带来极大的困难。隧洞衬砌原设计采用普通泵送混凝土,混凝土性能指标均为 C35W12F200。由于隧洞洞内空间狭小,且混凝土衬砌厚度大部分为 25 cm,衬砌厚度薄,混凝土入仓及人工振捣困难,采用常规泵送混凝土很难保证仓内混凝土完全密实。为了保证混凝土内在和外观质量,在工程施工后经研究,将原设计普通泵送混凝土变更为自密实混凝土,自密实混凝土具有高流动性,能不经振捣依靠自重流平填充结构和包裹钢筋。自密实混凝土具有良好的施工性能,而且不离析、不泌水,混凝土硬化后能够满足规范要求的力学性能和耐久性能;在狭小空间内,有助于减少作业人员的劳动强度,提高劳动生产率;同时能消除因作业空间狭小、视线受限而产生的安全隐患。由于小断面隧洞衬砌经验缺乏,因此选择前 20 仓作为试验段,为作对比,前 2 仓采用常规混凝土,第 3～第 18 仓采用自密实混凝土进行浇筑。根据现场实际情况,这次试验位置选择在隧洞出口 S2+431.971～S2+611.971 段,衬砌试验段长 180 m,每仓为 9 m。其中,Ⅴ类围岩为 16 m,Ⅳ类围岩为 18 m,Ⅲ类围岩为 146 m。

2. 衬砌混凝土原材料要求

(1) 常规泵送混凝土

混凝土生产原材料除应遵守《通用硅酸盐水泥》(GB 175—2007)、《混凝土泵送施工技术规程》(JGJ/T 10—2011)、《水工混凝土施工规范》(DL/T 5144—2015)、《混凝土用水标准》(JGJ 63—2006)的有关规定外,还应满足以下要求。

① 水泥。采用水泥强度等级不低于 42.5 级,水泥 28 d 龄期实测抗压强度不宜低于 46 MPa。

② 粗骨料。骨料可当地采购,亦可利用开挖出的洞挖碎石加工成混凝土用粗骨料。

③ 细骨料。应采用河砂,细度模数为 2.5～3.0 的中砂。

④ 掺合料。选择Ⅱ级以上、F 类的粉煤灰。掺加具有防水、抗裂双重功能的抗裂防水剂。

⑤ 泵送剂。选择高性能减水剂配制的泵送剂。

(2) 自密实混凝土

自密实混凝土生产原材料除应遵守《自密实混凝土应用技术规程》(JGJ/T 283—2012)的有关规定,还应满足以下要求。

① 水泥。采用水泥强度等级不低于 42.5 级,水泥 28 d 龄期实测抗压强度不宜低于 46 MPa。

② 粗骨料。级配 5～20 mm、含泥量不大于 1.0%、泥块含量不大于 0.5%、针片状颗粒含量不大于 8%。

③ 细骨料。2 级配区中砂,含泥量不大于 3.0%、泥块含量不大于 1.0%。

④ 掺合料。选择 II 级以上、F 类的粉煤灰;矿渣粉为 S95 级;掺加聚羧酸高性能减水剂外掺引气剂(含气量不低于 1.5%)。

⑤ 掺加增稠剂、絮凝剂等外加剂时,应通过充分试验进行验证,其性能应符合国家现行有关标准的规定。因增稠剂会导致混凝土内部气泡难以自排除,应尽量避免使用增稠剂。自密实混凝土除应满足常规泵送混凝土拌和物对凝结时间、黏聚性和保水性的要求外,还应满足自密实性能的要求。该工程自密实混凝土拌和物自密实性能及要求参见表 3-23。

表 3-23　自密实混凝土拌和物自密实性能及要求

自密实性能	填充性		间隙通过性	抗离析性	
	塌落扩展度/mm	扩展时间 T_{500}/s	塌落扩展度与 J 环扩展度差值/mm	离析率/%	粗骨料振动离析率/%
性能等级	SF2	VS2	PA1	SR2	FM
技术要求	660～755	<2	25≤PA1≤50	≤15	≤10

3. 混凝土配合比试验

(1) 常规泵送混凝土配合比。根据合同文件及设计技术,常规泵送混凝土配合比主要技术要求见表 3-24。

表 3-24　常规泵送混凝土配合比技术要求

混凝土部位	龄期/d	混凝土设计等级	石子级配	骨料级配/mm	入仓方式	备注
隧洞衬砌	28	C35W12F200	50 : 50	5～20、20～40	泵送	2 级配

配合比试验分别试拌 0.34、0.37、0.40 三个水胶比,用水量选用 155 kg/m³,粉煤灰掺量为 20%,抗裂防水剂掺量为 6%,砂率为 43%,减水剂掺量为 1%,引气剂掺量为 0.01%。通过对拌和物抗压、抗渗、抗冻结果检测,确定了最终选用水胶比为 0.36 的混凝土配合比。确定的常规泵送混凝土配合比见表 3-25。

表 3-25　常规泵送混凝土配合比

水胶比	水泥/kg	粉煤灰掺量/kg	抗裂防水剂掺量/kg	用水量/kg	砂子/kg	碎石(5～20 mm)/kg	碎石(20～40 mm)/kg	减水剂/kg	引气剂/kg
0.36	310	84	25.1	155	764	506	506	4.19	0.041 9

(2) C35W12F200 自密实混凝土配合比。自密实混凝土采用一级配混凝土,主要技术要求见表 3-26。

表 3-26　自密实混凝土配合比技术要求

混凝土部位	龄期/d	混凝土设计等级	石子级配	骨料级配/mm	入仓方式	备注
隧洞衬砌	28	C35W12F200	—	5～20	泵送	自密实

这次配合比试验分别选取 0.34,0.37,0.40 三个水胶比进行试配。试配试验结束后,根据混凝土强度试验结果,绘制强度和胶水比的线性关系图,确定略大于配制强度对应的胶水比并进行调整。配合比调整后根据选定的的水胶比进行复核试验,最终确定出满足设计和施工要求的混凝土配合比。根据试验情况,不同水胶比、不同粉煤灰掺量的混凝土拌和物及力学性能试验结果见表 3-27 和图 3-2。

表 3-27　混凝土拌和物及力学性能试验结果表(自密实混凝土)

水胶比	砂率/%	每立方米混凝土材料用量/(kg/m³)								实测坍落度/mm	坍落扩展度/mm	实测含气量/%	实测密度/(kg/m³)	7 d抗压强度/MPa	28 d抗压强度/MPa
		水	水泥(69%)	粉煤灰(25%)	抗裂防水剂(6%)	砂	碎石(5～20 mm)	减水剂(1%)	引气剂/10⁻⁴						
0.34	46	165	335	121	29.1	782	918	4.85	0.048 5	245	640	4.6	2 340	36.0	46.4
0.37	46	165	303	116	26.8	800	939	4.46	0.044	244	652	4.7	2 340	31.4	42.0
0.40	46	165	284	103	24.7	816	957	4.12	0.041 2	243	650	4.9	2 330	27.5	37.6

根据混凝土强度试验结果,绘制强度和胶水比的线性关系图,见图 3-2。

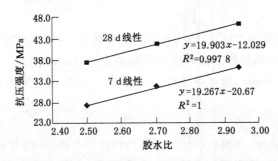

$y=19.903x-12.029$
$R^2=0.997\,8$

$y=19.267x-20.67$
$R^2=1$

图 3-2　混凝土胶水比与抗压强度曲线图

根据对试验结果进行各性能综合分析、验证,确定施工用自密实混凝土配合比,见表 3-28。

表 3-28　混凝土推荐施工配合比成果表

水胶比	水泥/kg	粉煤灰掺量/kg	抗裂防水剂掺量/kg	用水量/kg	砂子/kg	碎石/kg	减水剂/kg	引气剂/kg
0.36	316	114	27.5	165	794	933	4.58	0.045 8

4. 混凝土衬砌生产性试验

为检验常规泵送混凝土和自密实混凝土在现场施工时的适宜性,决定开展生产性试验,生产性试验共计 20 仓。根据现场的实际情况，现场生产性试验分类进行，首先进行常规泵送混凝土浇筑试验，然后进行自密实混凝土浇筑试验。在浇筑过程中，详细记录出机口温度，坍落度，入仓温度，坍落度，含气量，洞内风速等参数，以便于总结分析。拆模后，检查混凝土外观质量，重点检查混凝土是否密实、黏模气泡出现情况，以及光泽度等方面。根据混凝土衬砌试验段的浇筑情况，前两仓(S2＋431.971～S2＋449.971)使用常规泵送混凝土浇筑，由于常规泵送混凝土流动性差，加之洞径小，施工人员无法使用插入式振捣器振捣，导致混凝土衬砌有未充满及混凝土疏松现象，外观质量差。第 3 仓至第 20 仓(S2＋449.971～S2＋611.971)使用自密实混凝土浇筑，自密实混凝土流动性良好，浇筑过程中能够自流平、自密实，在流动状态下不泌水、不起泡、无粗骨料离析现象，混凝土外观明显优于常规泵送混凝土外观。

5. 使用效果

根据工程实际情况，采用对比试验进行分析，其中第 1 仓至第 2 仓采用常规泵送混凝土浇筑；第 3 仓至第 20 仓采用自密实混凝土浇筑。经过对比分析，第 3 仓至第 20 仓(自密实混凝土)混凝土衬砌浇筑时间明显少于第 1 仓至第 2 仓(常规泵送混凝土)，施工机械、劳动力功效也明显提高。

通过对混凝土 28 d 抗压强度进行检测，常规泵送混凝土和自密实混凝土均能满足设计强度指标，但在混凝土的流动性、和易性、外观质量、施工功效方面，自密实混凝土明显强于常规泵送混凝土，故在该工程长距离小断面隧洞混凝土施工中改用自密实混凝土。推荐其他类似工程参考使用。

五、工程案例二

1. 背景材料

某大厦工程，建筑高度为 220 m，结构形式为钢管混凝土柱、钢结构梁框架-型钢混凝土核心筒结构，外框共 17 根钢管柱。钢管柱直径随高度变化，分别为 1 300 mm、1 200 mm、1 100 mm、1 000 mm、900 mm，钢管壁厚最大为 35 mm，混凝土等级为 C60、C50，全部采用自密实混凝土。

2. 背景分析

钢管混凝柱内的加劲板、环板会在柱头范围内形成多个环，环板下方混凝土浇筑不易振捣密实，且部分钢管柱内放置钢筋，空间较小，浇筑混凝土时无法下振捣棒振捣。如何控制钢管内混凝土质量是钢管混凝土施工的关键点。若采用普通混凝土，环板下面等部位无法振捣，会导致混凝土质量存在问题。自密实混凝土适用于薄壁、钢筋密集、结构形状复杂、振捣困难的结构。因此，该工程钢管混凝土选用自密实混凝土。

3. 技术应用

(1) 工艺流程

自密实混凝土配置流程：确定配置强度→水胶比确定→用水量确定→胶材、水泥、掺合料、外加剂用量确定→砂率确定→砂石用量确定→调整混凝土和易性尤其是黏度的经时变化率→确定满足技术指标要求的一组或几组配合比为试验室最佳配合比→模拟泵送顶升→确定最终施工配合比。

(2) 技术要点

① 自密实混凝土原材料要求

水泥:优先选择普通硅酸盐水泥。一般水泥用量为 $350\sim450$ kg/m³。水泥用量超过 500 kg/m³ 会增大混凝土的收缩,如低于 350 kg/m³,则需掺加其他矿物掺和料,如粉煤灰、磨细矿渣等来提高混凝土的和易性。

石粉:石灰石、白云石、花岗岩等的磨细粉,粒径小于 0.125 mm 或比表面积在 $250\sim800$ m²/kg,可作为惰性掺合料,用于改善和保持自密实混凝土的工作性能。

粉煤灰:火山灰质掺合料,选用优质Ⅱ级以上磨细粉煤灰,能有效改善自密实混凝土的流动性和稳定性,有利于硬化混凝土的耐久性。

磨细矿渣:火山灰质掺合料,用于改善和保持自密实混凝土的工作性,有利于硬化混凝土的耐久性。

硅灰:高活性火山灰质掺合料,用于改善自密实混凝土的流变性和抗离析能力,可提高硬化混凝土的强度和耐久性。

细骨料:自密实混凝土一般选用中砂或偏粗中砂,砂细度模数 $2.5\sim3.0$ 为宜,砂中所含粒径小于 0.125 mm 的细粉一般不低于 10%。

粗骨料:最大粒径不宜超过 $16\sim20$ mm。碎石有助于改善混凝土强度,卵石有助于改善混凝土流动性,一般选用 $5\sim16$ mm 或 $5\sim20$ mm 连续级配碎石。

高效减水剂:目前国内常用的高效减水剂为聚羧酸减水剂。

膨胀剂:宜加入 $8\%\sim10\%$ 的膨胀剂,补充混凝土的收缩,减少混凝土开裂的可能性。

水:采用饮用水。

② 自密实顶升混凝土的配合比设计

混凝土性能的控制是通过对比最初设计的混凝土配合比下的混凝土性能,调整混凝土配合比以实现的。混凝土的性能控制主要是为了满足现场施工要求而设定的,控制混凝土的性能达到以下几个要求:

a. 为了获得充足的施工时间,钢管混凝土初凝时间控制在 $8\sim10$ h,实际情况基本满足要求;

b. 为了获得混凝土较好的流动性,以实现混凝土的自密实要求,将混凝土的坍落度控制在 250 ± 20 mm 范围内;

c. 为了达到较好的自密实效果,严格控制混凝土的含气量,混凝土的含气量为 $2\%\sim3\%$;

d. 为了保证混凝土有较高的安全储备,根据要求,混凝土在灌满标准试模且未振捣的情况下进行 28 d 标准养护,在达到龄期时混凝土的立方体抗压强度标准值不低于设计要求,且混凝土基本无孔洞。配合比及试验结果见表 3-29。

表 3-29　C60 泵送顶升自密实钢管混凝土配合比及试验结果

混凝土配合比/(kg/m³)							
水泥	粉煤灰	硅粉	膨胀剂	砂	$5\sim20$ mm 石	水	外加剂
350	160	20	50	820	850	170	9.4

拌合物性能(出机后 1 h 时)				抗压强度/MPa				干缩/(×10⁻⁶ m/m)						
含气量	坍落度	扩展度	V形漏斗试验	3 d	7 d	28 d	60 d	3 d	7 d	14 d	28 d	60 d	90 d	180 d
3.2%	255 mm	700 mm	14 s	39.5	54.8	78.9	86.7	−79	−176	−237	−305	−378	−412	−431

注:本配比混凝土 4 h 内坍落度基本无损失,初凝时间在 760 min,终凝时间在 930 min。其他控制指标试验结果未在本表中列出。

③ 泵送顶升法浇筑钢管混凝土

泵送顶升法工艺能一次性将钢管混凝土柱内的混凝土顶升至所需高度,可减少工序环节,降低劳动强度,加快施工进度;与高位抛落免振捣法相比,可有效避免钢管柱内混凝土不密实、离析等缺陷,确保混凝土质量符合设计要求。因此该工程采用泵送顶升法工艺进行钢管混凝土浇筑。

(3) 钢管柱混凝土试验及检测

① 钢管混凝土的试验

a. 钢管壁浇筑应变测试

采用电阻应变片对关键部位进行了横向和竖向的应变检测,从混凝土泵送阶段、浇筑 3 d 内的结果来看,在这两个阶段,钢管的横向和竖向的应变值均未超过 $100\ \mu\varepsilon$,说明钢管所受应力较小,如图 3-3 和图 3-4 所示。

图 3-3 应变片布置示意图

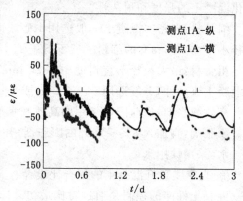

图 3-4 钢管应变(ε)-时间(t)关系图

b. 混凝土的水化热测试

考虑钢管柱的尺寸和混凝土的强度等级,有必要对核心混凝土内部温度进行测试,为控制温差提供数据。采用 WZP-Pt100 铠装铂热电阻对混凝土和环境温度进行测试,具体测点布置方式如图 3-5 所示(测点 5 对应的是大气温度和湿度)。因钢管混凝土散热面较大,且环境温度较低,混凝土内部实际最大温升在 23 ℃ 左右,而且在达到温度峰值后 5 d 内的降温速率大于 2 ℃/d,如图 3-5 和图 3-6 所示。

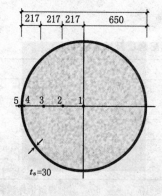

图 3-5 截面测点布置示意图

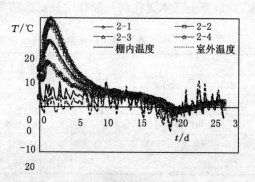

图 3-6 核心温度(T)-时间(t)关系图

c. 混凝土收缩

核心混凝土的收缩性能是评价混凝土配合比选择的重要参数,较大的收缩可能引起钢管内壁或隔板与核心混凝土之间产生缝隙。因此有必要测量混凝土的收缩变形,采用 BGK-4210 型埋入式大体积应变计测试钢管混凝土的纵向和横向收缩变形。试件截面测点布置如图 3-7 所示。钢管核心混凝土实测横向收缩值为 $200\sim350\ \mu\varepsilon$,如图 3-7 和图 3-8 所示。

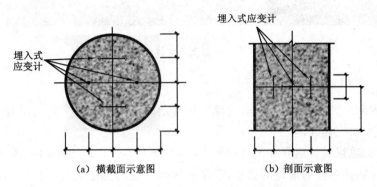

(a) 横截面示意图　　　　　(b) 剖面示意图

图 3-7　混凝土收缩变形实验装置布置示意图

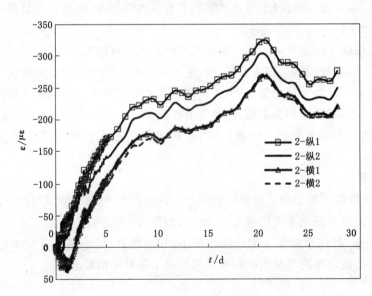

图 3-8　核心混凝土收缩变形曲线图

d. 切割破损检验法

在模拟浇筑完成养护 28 d 后,通过有步骤地剖开模型柱的钢管壁,直观地检查核心混凝土质量和浇筑质量。重点检查模型柱核心混凝土的密实度情况,比较实际观察到的现象与敲击法、超声波检测结果是否一致,从而对检测检验结果作出评价。钢管割开后,检查项目包括:混凝土是否有离析、分层现象,是否有孔洞等缺陷存在;检查钢管和其核心混凝土之间,内环板、穿心梁、栓钉与核心混凝土结合面之间的黏结情况等。若核心混凝土与钢管壁或隔板之间有缝隙,则用塞尺(又称测微片或厚薄规)来检测其缝隙大小。

切割破损检测结果显示,混凝土浇筑质量基本正常,均匀质较好,如图 3-9 所示。

图 3-9　钢管柱模拟浇筑实体切割剖面图

（4）钢管混凝土的检测

目前钢管混凝土尤其是钢板较厚、内部结构复杂的钢管混凝土实体质量检测技术尚不完善,有待进一步研究和提高。

红外热像法:热辐射普遍存在于自然界中,具有绝对零度以上温度的物体,都能从其表面辐射红外线。物体热辐射能量的大小,直接和物体表面的温度相关。利用热辐射的这个特点,可以对物体进行无接触温度测量,即利用探测仪测定目标物体的热辐射能量,得到目标物体的表面温度分布,通过显示器显示为形象直观的热图像,进而可由热图像推测目标物体内部的缺陷分布。

另外,在使用红外热像仪时要尽量避免大气的影响。红外辐射通过大气会导致衰减,主要是由大气分子的吸收、散射,以及云雾、雨、雪等其他微粒的散射作用所造成。试验测量结果表明,在接近地平线的低仰角情况下,大气辐射几乎等于处于环境温度下的黑体辐射。当大气含有较多的水蒸气时,如在雨前、潮湿季节和潮湿地区等,会在水蒸气发射带的光谱范围内有比较高的天空背景辐射。因而,在阴雨潮湿天气不适宜使用红外热像仪进行露天检测。

4. 实施效果

该技术成功解决了复杂内隔板设计的钢管柱内混凝土的浇筑质量问题,加快了施工进度,并克服了高强度混凝土水泥用量高,黏度大,坍落度、泵送损失大等不利因素,研制出了强度高、流动性好、超高超远泵送坍落度损失小、和易性好、能满足顶升要求的自密实混凝土,为国内高强高流动性的混凝土研制和应用提供了很好的借鉴意义。

第三节　超高泵送混凝土技术与应用

一、技术内容

近年,超高层建筑越来越多。对于超过 200 m 的建筑混凝土浇筑需要采用超高泵送技术,超高泵送混凝土技术已成为现代建筑施工中的关键技术之一。超高泵送混凝土技术是一项综合技术,包含混凝土制备技术、泵送参数计算、泵送设备选定与调试、泵管布设和泵送过程控制等内容。

1. 原材料的选择

水泥宜选择 C_2S 含量高的,对于提高混凝土的流动性和减少坍落度损失有显著的效果;粗骨料宜选用连续级配,应控制针片状含量,而且要考虑最大粒径与泵送管径之比,对于高强混凝土,应控制最大粒径范围;细骨料宜选用中砂,因为细砂会使混凝土变得黏稠,而粗砂容易使混凝土离析;矿物掺合料采用性能优良的,如矿粉、Ⅰ级粉煤灰、Ⅰ级复合掺合料或易流型复合掺合料、硅灰等;高强泵送混凝土宜优先选用能降低混凝土黏性的矿物外加剂和化学外加剂,矿物外加剂可选用降黏型增强剂等,化学外加剂可选用降黏型减水剂,可使混凝土获得良好的工作性;减水剂应优先选用减水率高、保塑时间长的聚羧酸系减水剂,必要时掺加引气剂,减水剂应与水泥和掺合料有良好的相容性。

2. 混凝土的制备

通过原材料优选、配合比优化设计和工艺措施,使制备的混凝土具有较好的和易性;混凝土流动性高,虽黏度较小,但无离析泌水现象,因而有较小的流动阻力,易于泵送。

3. 泵送设备的选择和泵管的布设

泵送设备的选定应参照《混凝土泵送施工技术规程》(JGJ/T 10—2011)规定的技术要求,先进行泵送参数的验算,包括混凝土输送泵的型号和泵送能力,水平管压力损失、垂直管压力损失、特殊管的压力损失和泵送效率等。对泵送设备与泵管的要求如下所列。

(1)宜选用大功率、超高压的 S 管阀结构混凝土泵,其混凝土出口压力满足超高层混凝土泵送阻力要求。

(2)应选配耐高压、高耐磨的混凝土输送管道。

(3)应选配耐高压管卡及其密封件。

(4)应采用高耐磨的 S 管阀与眼镜板等配件。

(5)混凝土泵基础必须浇筑坚固并固定牢固,以承受巨大的反作用力,混凝土出口布管应有利于减轻泵头承载。

(6)输送泵管的地面水平管折算长度不宜小于垂直管长度的 1/5,且不宜小于 15 m。

(7)输送泵管应采用承托支架固定,承托支架必须与结构牢固连接,下部高压区应设置专门支架或混凝土结构以承受管道重量及泵送时的冲击力。

(8)在泵机出口附近设置耐高压的液压或电动截止阀。

4. 泵送施工的过程控制

应对到场的混凝土进行坍落度、扩展度和含气量的检测,对混凝土入泵温度和环境温度进行监测,如出现不正常情况,及时采取应对措施;泵送过程中,要实时检查泵车的压力变化、泵管有无渗水、漏浆情况以及各连接件的状况等,发现问题及时处理。泵送施工控制要求如下所列。

(1)合理组织,连续施工,避免中断。

(2)严格控制混凝土流动性及其经时变化值。

(3)根据泵送高度适当延长初凝时间。

(4)严格控制高压条件下的混凝土泌水率。

(5)采取保温或冷却措施控制管道温度,防止混凝土摩擦、日照等因素引起管道过热。

(6)弯道等易磨损部位应设置、加强安全措施。

（7）泵管清洗时应妥善回收管内混凝土，避免污染或材料浪费。泵送和清洗过程中产生的废弃混凝土，应按预先确定的处理方法和场所，及时妥善处理，不得将其用于浇筑结构构件。

二、技术指标

（1）混凝土拌和物的工作性能良好，无离析泌水，坍落度宜大于 180 mm，混凝土坍落度损失不应影响混凝土的正常施工，经时损失不宜大于 30 mm/h，混凝土倒置坍落筒排空时间宜小于 10 s。泵送高度超过 300 m 的，扩展度宜大于 550 mm；泵送高度超过 400 m 的，扩展度宜大于 600 mm；泵送高度超过 500 m 的，扩展度宜大于 650 mm；泵送高度超过 600 m 的，扩展度宜大于 700 mm。

（2）硬化混凝土物理力学性能符合设计要求。

（3）混凝土的输送排量、输送压力和泵管的布设要依据准确的计算，并制订详细的实施方案，进行模拟高程泵送试验。

（4）其他技术指标应符合《混凝土泵送施工技术规程》（JGJ/T 10—2011）和《混凝土结构工程施工规范》（GB 50666—2011）的规定。

三、适用范围

超高泵送混凝土技术适用于泵送高度大于 200 m 的各种超高层建筑混凝土泵送作业，长距离混凝土泵送作业参照超高泵送混凝土技术。

四、工程案例一

1. 工程概况

某大厦（图 3-10）位于上海陆家嘴金融贸易区中心，是一座集办公、商业、酒店、观光于一体的摩天大楼，大楼总建筑面积约 5.8×10^5 m²，地下 5 层，地上 127 层，高 632 m。桩基采用超长钻孔灌注桩，结构为钢-混凝土结构体系，竖向结构包括钢筋混凝土核心筒和巨型柱，水平结构包括楼层钢梁、楼面桁架、带状桁架、伸臂桁架以及组合楼板，顶部为屋顶皇冠。

图 3-10　某大厦

其中,混凝土结构施工时,不同高度采用不同强度等级的混凝土,核心筒全部采用C60混凝土浇筑,巨型柱混凝土37层以下为C70,37~83层为C60,83层以上为C50,楼板混凝土强度等级为C35。其中,核心筒混凝土实体最高泵送高度达582 m,楼板混凝土泵送高度达610 m。

2. 超高混凝土泵送施工重难点

该大厦建筑结构极其复杂,垂直高度高,混凝土泵送高度大于600 m,混凝土超高泵送施工控制和浇筑难度极大:① 采用一次连续浇筑施工工艺,现有混凝土拖泵已无法满足600 m级超高泵送压力要求,对混凝土拖泵出口压力和输送管道抗爆耐磨性能提出新挑战;② 高强高性能混凝土胶凝材料用量多、混凝土黏度大,对混凝土的流动性、离析泌水性能等提出新要求;③ 建筑核心筒体形变化大,竖向结构多,泵管布设难;④ 混凝土泵送高度高、输送管道长、累计管道摩阻力大,超高超长混凝土输送管道的密封性、稳定性和安全性控制难;⑤ 混凝土泵送方量大、机械设备多,现场混凝土供应、施工与管理难度大。

3. 基于泵送压力损失的设备选型

(1) 泵送压力测算

高性能混凝土在管道内输送时,混凝土流体接近牛顿流,其压力损失如式(3-1)所示:

$$p = \frac{8\mu L Q}{\pi R^4} \tag{3-1}$$

由式(3-1)可得,混凝土泵送压力损失主要与混凝土工作性能、输送管道管径、输送流量有关。在流量和管道长度固定的前提下,可通过改善混凝土塑性黏度、增大输送管径的方式降低混凝土的泵送压力损失。在该大厦工程建设时,采用ϕ125 mm输送管,分析其泵送压力实测数据可得,混凝土压力损失为0.018 MPa/m,据此结果对该大厦工程进行压力测算。根据工程建设需要,管道布设长度取750 m,混凝土泵送高度按600 m考虑,混凝土密度按2 500 kg/m³考虑。共布设25个弯管、1个锥管、2个截止阀。每个90°弯管、锥管压力损失为0.1 MPa,S分配阀压力损失为0.2 MPa。基于此,采用式(3-2)计算混凝土泵送压力:

$$p = p_1 + p_2 + p_3 \tag{3-2}$$

式中:p_1为混凝土自重引起的压力损失;p_2为混凝土沿程压力损失;p_3为混凝土其他损失。

$$p_1 = pgh = 2\,500 \times 9.8 \times 600 \times 10^{-6} = 14.7 \text{ (MPa)}$$

$$p_2 = 750 \times 0.018 = 13.5 \text{ (MPa)}$$

$$p_3 = (25 + 1) \times 0.1 + 0.2 = 2.8 \text{ (MPa)}$$

泵送混凝土预估压力损失为:

$$p = p_1 + p_2 + p_3 = 14.7 + 13.5 + 2.8 = 31 \text{ (MPa)}$$

混凝土泵送压力预估值达到31 MPa,已接近HBT90CH-2135D型泵的上限,需要降低混凝土的泵送压力损失值。混凝土泵送压力损失可通过改善混凝土的工作性能,即适当增大混凝土扩展度,但扩展度过大易引起离析。通过该大厦工程的试验可得,0.018 MPa/m已是压力损失的极限值,进一步改善混凝土的工作性能已无法降低压力损失。由式(3-1)可知,输送管径增大也可降低混凝土压力损失,因此该大厦采用ϕ150 mm输送管,1 m压力损失值按ϕ125 mm输送管的压力损失值的70%折算,即混凝土沿程压力损失值为9.45 MPa,可得总压力损失为26.95 MPa。由此可见,ϕ150 mm输送管可满足600 m级超高混凝土泵送需求。

（2）设备选型

泵送设备选型时，采用 $\phi 150$ mm 输送管，突破 $\phi 125$ mm 输送管泵送压力极限，将混凝土泵送至 600 m 高度所需压力估算值为 26.95 MPa，若继续采用 HBT90CH-2135D 型泵进行泵送，其压力储备值仅为 22% 左右，难以应对实际泵送过程中混凝土出现的异常情况。考虑到该工程可为千米级建筑建造技术作一定的铺垫性研究，采用创新研发的新型 HBT90CH-2150D 型输送泵，其混凝土输送压力可达 50 MPa，压力储备值接近 50%，可保障混凝土超高 600 m 级泵送施工。通过该泵的实际工程使用，为千米级泵送设备的研发储备基础数据。输送管采用超高压耐磨抗爆输送管，使用寿命较常规管道提高约 10 倍。选择输送管时，考虑到该工程的混凝土输送量巨大，对混凝土输送管的耐磨性能要求较高，故输送管道壁厚采用 10 mm，最大输送压力按 50 MPa 考虑，计算得到管道材料的抗拉强度最小值：

$$\sigma_b = \frac{p_{max} D}{2t} = \frac{50 \times 150}{20} = 375 \text{（MPa）} \tag{3-3}$$

式中：p_{max} 为混凝土最大输送压力，MPa；t 为管道壁厚，mm；D 为管道直径，mm。基于此，最终选用内径为 150 mm 的双层复合管，内层耐磨，外层抗爆；材料抗拉强度为 980 MPa，满足工程建设要求。在选择布料杆时，从拆装便利性、机动性、自重等因素考虑施工综合效益最优，开发了新型 HGY-28 混凝土布料杆，如图 3-11 所示。HGY-28 混凝土布料杆既可安装在建筑物上，也能安装在钢平台上，最大回转半径达 28.1 m，解决了布料杆高空转场难题，大幅提高混凝土浇筑速度，提高大型工程的施工工效，降低建设成本。

图 3-11　HGY-28 混凝土布料杆

4. 混凝土性能控制

（1）可泵性控制区间

混凝土工作性能控制是保障混凝土顺利泵送的关键，现有工程做法是以坍落度或扩展度来表征混凝土工作性能。研究发现高性能混凝土随着流动性增大，其在管道内的流动可视为宾汉姆体，影响宾汉姆体流动的主要是流变参数，仅仅采用测试坍落度或扩展度来表征混凝土泵送性能存在一定不足。结合工程实际提出两阶段控制，即在实验室配制阶段采用"塑性黏度＋扩展度"的双指标控制方法，塑性黏度的控制区间为 24～40 Pa·s，对应扩展度区间为 600～850 mm。根据《混凝土泵送施工技术规程》（JGJ/T 10—2011）给出的坍落度或扩展度与泵送高度的关系表,建议 400 m 以上要保证扩展度在 600~740 mm。考虑实际泵送过程中混凝土坍落度经时损失和管壁受热升温影响,在确保水胶比不变的前提下,通过调整高性能减水剂掺量调整混凝土扩展度,并给出不同高度对应的扩展度指标:高度为 300 m 时扩展度为(650±50) mm,高度为 400 m 时为(700±50) mm,高度为 500 m 时为(750±50) mm,高度为 600 m 时为(800±50) mm。

(2) 材料配制技术

该工程对混凝土工作性能要求极高,因此在原材料选择上较为严格。设计配合比时,除考虑强度要求外,还需以工作性能为控制指标进行调整。该工程采用的 5~20 mm 精品石是通过 5~<10 mm 精品石和 10~20 mm 精品石复配得到。首先研究了两种级配不同比例下的紧密空隙率,如表 3-30 所列。根据混凝土泵送高度分为 4 个泵送区间,不同的泵送高度区间调整级配比例,具体调整情况如表 3-31 所列。由表 3-31 可得,随着泵送高度的增加,不断增加细颗粒(5~<10 mm)在整个骨料体系的占比,当泵送高度大于 500 m 后,将粗骨料级配调整为 5~16 mm。同时,也要调整混凝土胶凝材料总量和掺和料品种,以期进一步改善混凝土工作性能。

表 3-30　不同比例的精品石紧密空隙率

项目	5~<10 mm 和 10~20 mm 复合比例				
	3∶7	4∶6	5∶5	6∶4	7∶3
紧密空隙率/%	38	36	36	37	38

表 3-31　精品石随高度调整情况

高度区间	5~<10 mm 和 10~20 mm 复合比例
300 m 以下	4∶6
300~393.4 m	5∶5
398.9~407 m	6∶4
501.3 m 以上	级配调整为 5~16 mm

为改善混凝土流动性,并保证混凝土输送过程中不发生离析,需研究高性能外加剂复配技术。首先确定外加剂的主要组分和不同组分的主要作用。不同组分作用主要有减水、保坍、黏度调节,根据混凝土工作性能需要,通过试验确定复合比例。该工程中要求 C35、C50、C60 混凝土拌和物性能 4 h 内扩展度保持 600~750 mm,无泌水、工作性能波动小,此外对 C50、C60 混凝土要求升温至 60 ℃所需要的时间 T_{60} 满足 3 s<T_{60}<8 s。通过上述配制方法得到的混凝土工作性能优良,C60 混凝土扩展度如图 3-12 所示,可满足 600 m 级混凝土超高泵送施工要求。

5. 超高混凝土泵送施工

(1) 混凝土泵送设备布置

为保障大方量混凝土顺利输送,该工程共布设 3 路泵管,其中 1 路为备用泵管。当工作管路无法正常工作时,可采用备用管路暂时替代,避免影响浇筑进度。考虑到混凝土浇筑方量沿建筑物高度区间变化较大,该工程 500 m 以下高度的混凝土浇筑施工采用 2 台

图 3-12　C60 混凝土扩展度

HBT90CH-2150D 型混凝土固定泵,另外配备 1 台备用泵;500 m 以上高度采用 1 台 HBT90CH-2150D 型混凝土固定泵,另外配备 1 台备用泵。混凝土输送时,为避免超高压作用下管路内部的安全隐患,对管道采取相应固定措施来避免超高压作用下管路的不合理摆动。针对水平管道,通过在混凝土墩预埋连接件进行固定,如图 3-13 所示;针对竖直管,固定前在指定位置预埋高强钢板,然后将管道连接装置焊在钢板上进行固定,如图 3-13 所示。此外,为应对重力作用下竖直管道内混凝土回流问题的产生,通过在管路关键部位,如固定泵出口附近、竖直管和水平管转换处的水平管上,设置单向截止阀控制混凝土回流冲击;在管路竖直方向上布置转向弯管来降低垂直压力。以上措施提高了泵送设备的工作性能,保障了混凝土高效安全输送。

图 3-13　混凝土管道固定

（2）混凝土浇筑施工

混凝土泵送施工时,结合混凝土可泵性和结构密集程度要求,核心筒混凝土采用分区段配制。在核心筒底部区域,由于钢筋密布,采用自密实混凝土,有效降低了施工浇筑难度;在核心筒高段区域,考虑到混凝土可泵性要求,采用自密实混凝土,其扩展度不小于 700 mm;在核心筒中段区域,采用高流态混凝土,其扩展度不小于 650 mm。同时,严格控制在混凝土工作性能良好的时间段内完成泵送作业,并对入泵扩展度、有效泵送时间等关键性能指标进行界定,具体如表 3-32 所列。

表 3-32 入泵扩展度及有效泵送时间

强度等级	入泵扩展度/mm	有效泵送时间/h		
		$T<30\ ℃$	$30\ ℃\leqslant T<35\ ℃$	$T\geqslant 35\ ℃$
C60	≥600	3.5	3.0	2.5
C35	≥400	3.0	3.0	2.5

现场浇筑施工时,核心筒混凝土浇筑采用"两管两布"方案,布料机设置在钢平台顶部,布料机型号为 HGY-28,2 台布料机回转半径为 28 m。巨型柱和主楼楼板混凝土均采用一次连续浇筑方法,先浇筑巨型柱混凝土,然后浇筑楼板混凝土,在巨型柱混凝土终凝前完成楼板混凝土浇筑。超高混凝土浇筑施工如图 3-14 所示。巨型柱和组合楼板采用"两管四布"方案,核心筒内楼板与核心筒外楼板同时施工。上述措施显著提升混凝土结构的施工效率,实现了综合性能最优,保障了混凝土结构浇筑施工的顺利完成。

图 3-14 超高混凝土浇筑施工

(3)管道拆换技术

该工程混凝土泵送方量大,管道磨损大,当管道磨损严重时,需及时更换。水平管大多铺设在地面或者楼面上,其更换、拆卸比较简单;但对于竖向管道的拆换,目前多是采用人工拆卸方法。由于操作空间有限,拆卸难度大、耗时长,混凝土泵送中止时间过长,易引起混凝土流动性过大损失,再次泵送时易引发堵泵。该工程中研制出的特殊顶升装置主要由千斤顶和 2 个托管组成,先将 2 个托管安装到要顶升管道 1,将千斤顶置于托梁上,松开管道 1、管道 2 的连接螺栓组,托管 1 顶住管道 1 的法兰,千斤顶将管道 1 顶起,换下管道 2,将顶升装置拆除,即完成更换管道工作,更换流程如图 3-15 所示。同时,为方便检修竖向管道,从核心筒第 14 框起,每隔 3 层设 1 个检修平台。

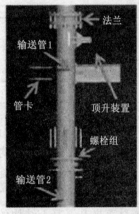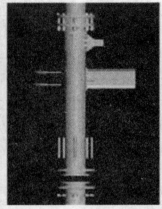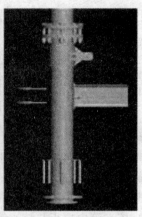

图 3-15　管道顶升装置工作示意

（4）绿色水洗技术

全程采用水洗技术，最大限度地利用输送管内混凝土，设置水洗废料承接架，回收残留的废弃混凝土和砂浆，达到绿色、文明施工要求；在泵车出口位置设置截止阀，避免输送管内混凝土回落带来的冲击，在 8 层位置设置分流阀，便于管道切换和水洗。混凝土水洗装置如图 3-16 所示。混凝土泵送水洗技术能够达到泵送多高水洗多高，最大限度利用混凝土，减少管道内残余混凝土浪费。水洗技术的应用显著提高了混凝土的利用率，该工程约节约混凝土材料 1 000 m³。

图 3-16　混凝土泵送水洗装置

6. 使用效果

该大厦工程形成了综合性能指标协同控制的超高泵送混凝土施工成套技术，攻克了 600 m 级混凝土泵送难题，保障了工程高品质完成，工程应用成效显著。① 该成套技术综合应用可使泵送阻力减少 50% 以上，成功将 C60 混凝土一次泵送至 582 m 的实体高度、C50 混凝土一次泵送至 606 m 的实体高度、C35 混凝土一次泵送至 610 m 的实体高度，创造了多项混凝土一次连续泵送高度世界纪录。② 自主开发出新型 HBT90CH-2150D 型和 HBT9060CH-5M 型混凝土输送泵，输送压力分别达到 51.2 MPa 和 58.6 MPa，创造了混凝土输送泵泵口压力纪录，可满足千米级超高建筑泵送需求。③ 提出了 600 m 级混凝土超高泵送两阶段工作性能控制方法，揭示了超高混凝土可泵性量化指标有效、合理的控制范围，形成了适用于 600 m 级超高泵送混凝土性能设计与控制关键技术。④ 提出了不同强度混凝土入泵扩展度、有效泵送时间等关键控制指标，开发了管道顶升装置可高效更换管道，采用了绿色高压水洗技术，极大地提高混凝土利用率。

五、工程案例二

1. 背景资料

某超高层建筑，主体结构为钢管混凝土柱框架-钢筋混凝土核心筒混合结构，总建筑面积为 214 388.77 m²，其中地上建筑面积为 162 008.49 m²，地上 71 层，地下 6 层，檐高为 301.6 m，地上总高度为 317.6 m，是一座集商业、酒店、办公、娱乐等功能为一体的综合性超高层建筑。

2. 核心要点分析

该工程的超高泵送混凝土施工核心要点如下所列。

(1) 混凝土良好的工作性能，除满足强度、耐久性等外，还必须有良好的泵送性能和坍落扩展度；

(2) 混凝土须连续供应，且不应出现运输途中坍落度损失过大的情况；

(3) 混凝土泵的输送能力满足要求；

(4) 输送管路设置和固定须满足正常输送不堵管和抵抗输送反力作用的要求。

3. 实施方案

(1) 在混凝土配合比方面，经过多次试配，不仅要满足强度、耐久性等要求，还必须有良好的泵送性能和坍落扩展度。该工程要求坍落扩展度 600 mm 左右。

(2) 混凝土运输车的数量根据当次浇筑的实际情况确定，保证混凝土连续浇筑，混凝土从出机至浇筑的时间不应超过 90 min。混凝土运输搅拌车在运输过程中保持 3～6 r/min 的转速以保证混凝土到场后的各项工作性能。混凝土供应速度：浇筑基础底板时要求 100 m³/h；浇筑顶板混凝土时要求 60 m³/h；浇筑墙柱混凝土时要求 40 m³/h。

(3) 混凝土泵选择：主要参数是混凝土泵的浇筑输出量和浇筑压力，按照主楼的单次最大浇筑量和最大浇筑高度计算并根据经验值调整确定。

主楼单次浇筑时间控制在 10～11 h 内，主楼单次最大浇筑量为 400 m³，根据《混凝土泵送施工技术规程》(JGJ/T 10—2011)和类似工程混凝土浇筑经验，超高层混凝土浇筑时实际浇筑流量为设计浇筑流量的 50% 左右，最终计算得 $Q_{max}=79.4$ m³，选择混凝土供应速度为 90 m³/h 的输送泵。

根据《混凝土泵送施工技术规程》(JGJ/T 10—2011)进行混凝土泵的工作压力计算，得混凝土最大工作阻力 $p_{max}=12.27$ MPa。依据类似工程的实际泵送数据，泵送阻力需在计算值的基础上增加 6 MPa，则该工程 $p_{max}=18.27$ MPa，另外混凝土泵送过程中应预留 30% 左右的储备压力用来应付混凝土泵送性能变化引起的异常情况，避免堵管，同时考虑到该工程泵送距离长，混凝土强度高，更需要预留储备压力，最终结合生产厂家的规格型号选用出口压力为 28 MPa 的 HBT90CH-2128D 型混凝土输送泵。

(4) 泵管布置及固定：输送管的固定对超高层泵送的效果及安全起重要的作用，水平和垂直输送管布置均要求沿地面和墙面铺设，并全程做可靠的固定。① 水平管应采用预埋件固定在混凝土墩上；② 竖向管应每隔 4～5 m 设置一个固定在墙体上的管夹；③ 高压管采用法兰连接。

管路换算长度见表 3-33。

表 3-33　管路换算长度

序号	管路状态	单位	数量	换算比例	换算水平长度/m
1	水平管	m	142	1：1	142
2	垂直向上管	m（$D=125$ mm）	318	1：4	1 272
3	锥形管	根（125～150）	1	1：8	8
4	弯管	只（90°）	11	1：9	99
5	胶管	根	1	—	20
6	总计				1 541

泵管安装节点做法见表 3-34。

表 3-34　泵管安装节点做法

名称	安装方法	示意图
预埋件	在输送管线对应的地面和墙面上采用预埋的方式将约 300 mm× 300 mm、厚度不低于 16 mm 的高强钢板（插焊 4 根直径 20 mm 铆筋，长约 300 mm）植于地面和墙面。铺设管道时将输送管固定装置配焊到预埋钢板上来固定输送管	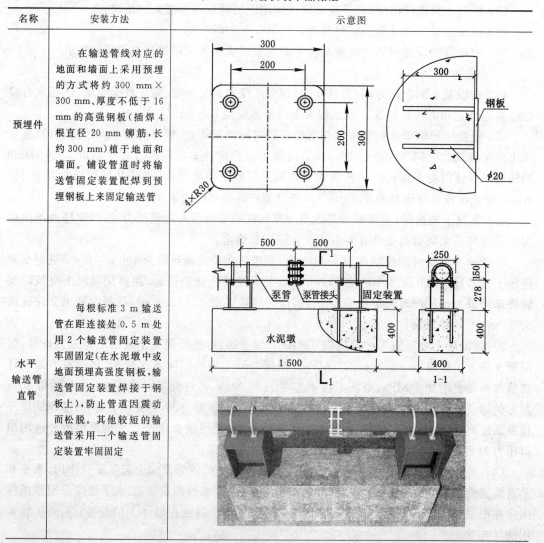
水平输送管直管	每根标准 3 m 输送管在距连接处 0.5 m 处用 2 个输送管固定装置牢固固定（在水泥墩中或地面预埋高强度钢板，输送管固定装置焊接于钢板上），防止管道因震动而松脱。其他较短的输送管采用一个输送管固定装置牢固固定	

表 3-34(续)

名称	安装方法	示意图
水平弯管	90°弯管在距连接处 0.5 m 处用 2 个输送管固定装置牢固固定(在水泥墩中或地面预埋高强度钢板,输送管固定装置焊接于钢板上),防止管道因震动而松脱。其他较短的输送管采用一个输送管固定装置牢固固定	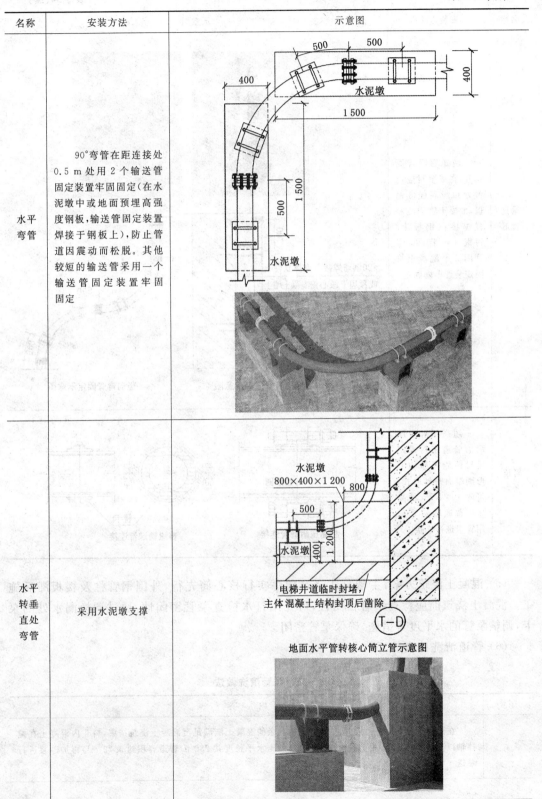
水平转垂直处弯管	采用水泥墩支撑	地面水平管转核心筒立管示意图

表 3-34(续)

名称	安装方法	示意图
垂直管道	输送管沿墙面爬升,在墙壁对应位置处预埋高强度钢板,混凝土管固定装置焊接在钢板上。每根 3 m 管、90°弯管用 2 个混凝土管固定装置牢固固定	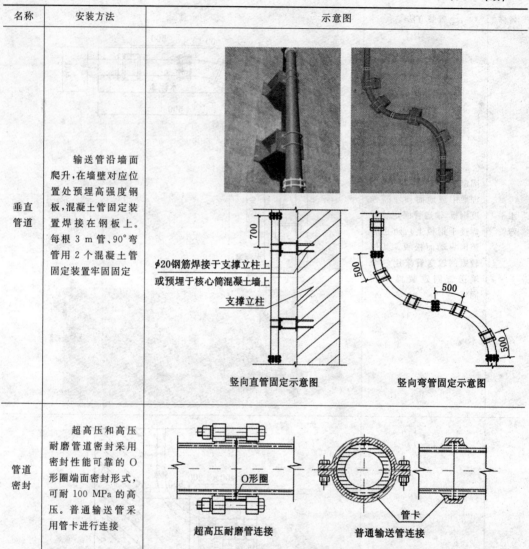
管道密封	超高压和高压耐磨管道密封采用密封性能可靠的 O 形圈端面密封形式,可耐 100 MPa 的高压。普通输送管采用管卡进行连接	

（5）混凝土浇筑方案：主楼总体浇筑顺序实行核心筒先行,外围钢管柱及楼板滞后施工。混凝土浇筑前应检查泵管密闭性,可先用打水检查泵管密闭性,通过调换漏水处的泵卡,调整泵管的水平度等措施,确保泵管密闭。

（6）管道清洗见表 3-35。

表 3-35　泵管清洗做法

序号	内　容
1	在混凝土浇筑即将完成时,估计管道内剩余的混凝土能满足至混凝土浇筑结束,料斗内混凝土在搅拌轴以下时停止泵送,关上截止阀;(垂直高度＋水平长度共 280 m 管道容积约 3.72 m³)再加砂浆进行泵送

表 3-35(续)

序号	内　容
2	当泵送完一料斗砂浆后,往料斗内注水进行泵送→连续泵送水直至布料机出口出水停止 泵送(水源充足,确保泵送连续性)→关上截止阀→立起布料机臂架→拆开泵机出口处三通管的盖板 (或拆除泵机与截止阀之间的弯管)→接管至地面沉淀水池→打开截止阀,管道内的水受重力作用呈喷射状 冲出,并经沉淀水池分级沉淀,以用作循环水洗或排放至污水管 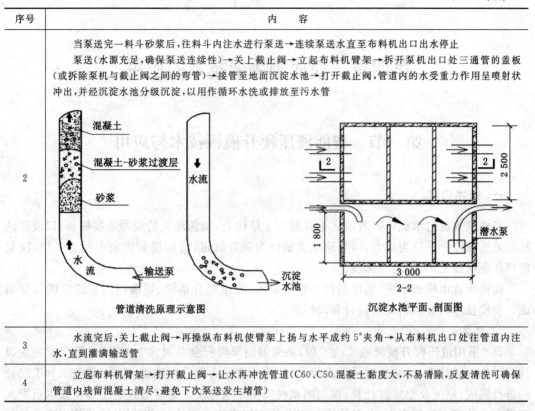 管道清洗原理示意图　　　　　　沉淀水池平面、剖面图
3	水流完后,关上截止阀→再操纵布料机使臂架上扬与水平成约 5°夹角→从布料机出口处往管道内注水,直到灌满输送管
4	立起布料机臂架→打开截止阀→让水再冲洗管道(C60、C50 混凝土黏度大,不易清除,反复清洗可确保管道内残留混凝土清尽,避免下次泵送发生堵管)

4. 效果总结

通过优化混凝土配合比,确保了混凝土的工作性能,在科学计算的基础上确定需要的输送量和工作压力并选择适合的泵型;在管路设计上,合理设置管路的水平长度,通过设置缓冲弯等方式减少阻力并对泵管进行有效的固定;对混凝土生产、运输环节进行了有效控制,在输送和浇筑过程中,通过合理调度,确保混凝土连续供应的同时避免罐车积压;通过严谨、认真的技术工作和现场调试,在整个工程施工过程中未出现过堵管等问题,确保了混凝土施工的连续性,提高了经济效益,取得了良好的工程效果和技术应用效果。

第四章 模板脚手架技术的应用

第一节 智能液压爬升模板技术与应用

一、技术内容

爬模装置通过承载体附着或支承在混凝土结构上,当新浇筑的混凝土脱模后,以液压油缸或液压升降千斤顶为动力,以导轨或支承杆为爬升轨道,将爬模装置向上爬升一层,反复循环作业的施工工艺,简称爬模。

爬模装置由模板系统、架体与操作平台系统、液压爬升系统、智能控制系统等四部分组成。爬模技术内容包括爬模设计和爬模施工。

1. 爬模设计

(1) 采用液压爬升模板施工的工程,必须编制爬模安全专项施工方案,进行爬模装置设计与工作荷载计算,且必须对承载螺栓、导轨等主要受力部件按施工、爬升、停工三种工况分别进行强度、刚度及稳定性计算;编制的爬模安全专项施工方案应通过施工单位技术负责人审批和总监理工程师审查,并且应由施工单位组织进行专家论证,实行总承包的应由总承包单位组织进行专家论证。

(2) 爬模技术可以实现墙体外爬、外爬内吊、内爬外吊、内爬内吊、外爬内支等爬升施工。

(3) 模板可采用组拼式全钢大模板及成套模板配件,也可根据工程具体情况,采用铝合金模板、组合式带肋塑料模板、重型铝框塑料板模板、木工字梁胶合板模板等;模板的高度常为标准层层高。

(4) 模板采用水平油缸合模、脱模,也可采用吊杆滑轮合模、脱模,操作方便安全;钢模板上还可带有脱模器,确保模板顺利脱模。

(5) 爬模装置全部金属化,确保防火、安全。

(6) 爬模机位同步控制、操作平台荷载控制、风荷载控制等均采用智能控制,做到超过升差、超载、失载的声光报警。

2. 爬模施工

(1) 爬模组装从已施工 2 层以上的结构开始,楼板需要滞后 4～5 层施工。

(2) 液压系统安装完成后应进行系统调试和加压试验,确保施工过程中所有接头和密封处无渗漏。

(3) 混凝土浇筑宜采用布料机均匀布料,分层浇筑、分层振捣;在混凝土养护期间绑扎上层钢筋;当新浇筑的混凝土脱模后,将爬模装置向上爬升 1 层。

(4) 模板、爬模装置及液压设备可在其他工程周转使用。

（5）爬模可节省模板堆放场地，在工程质量、安全生产、施工进度和经济效益等方面均有良好的保证。

二、技术指标

（1）液压油缸额定荷载为 50 kN、100 kN、150 kN，工作行程为 150～600 mm。

（2）油缸机位间距不宜超过 5 m，当机位间距内采用梁模板时，间距不宜超过 6 m。

（3）油缸布置数量需根据爬模装置自重及施工荷载计算确定，根据《液压爬升模板工程技术标准》（JGJ/T 195—2018）规定，油缸的额定荷载不应小于最大间距处机位工作荷载的 2 倍。

（4）当爬模装置爬升时，承载体受力处的混凝土强度应满足爬模设计计算要求，且应大于 10 MPa。

三、适用范围

智能液压爬升模板技术适用于高层和超高层建筑剪力墙结构、筒体结构、大型柱、桥墩、桥塔及高耸构筑物等现浇混凝土结构工程的液压爬升模板施工。

四、工程案例一

1. 工程概况

某项目为城市综合体项目，该工程 B 地块南、北侧各有一幢超高层甲级写字楼。南、北超高层写字楼地下室 3 层、地上 66/67 层，建筑高度为 316 m，标准层层高为 4.1 m，结构形式为型钢钢筋混凝土核心筒＋钢管混凝土柱钢梁框架，共有 5 个加强层，分别为 10 层、22 层、34 层、46 层、58 层，其中 10 层设置环带桁架，22 层、34 层、46 层、58 层设置伸臂桁架和环带桁架。其中 34 层加强层结构最复杂，同时核心筒结构出现较大改变，并在 37 层核心筒结构收缩，对液压爬模影响较大。

2. 液压爬模安装和使用

（1）安装和使用

该工程核心筒领先外框结构约 8 层，标准层层高为 4.1 m，核心筒外侧及电梯井道部位采用液压爬模施工。液压爬模由模板系统、架体与操作平台系统、液压爬升系统和电气控制系统组成，包括 7 个操作平台。液压爬模悬挂在核心筒墙体上，混凝土浇筑完成后，通过液压爬升装置将架体爬升到下一施工层，再进行下一施工层的施工作业。该工程北侧超高层建筑共安装爬模机位 47 个，平面布置图如图 4-1 所示。

安装使用流程：预埋件埋设→安装埋件座及埋件挂座→安装承重三脚架及主平台→安装上架体及平台→安装液压控制平台及液压油路→安装吊平台→安装吊平台→整体爬升。

（2）施工工艺

① 预埋件埋设

预埋件埋设正确与否，对整个爬模安装至关重要，在爬锥与高强螺杆连接处应涂抹黄油，在爬锥表面处均匀涂抹黄油，便于埋件拆除。预埋件固定在模板上，而不是固定在钢筋上，这有利于确保预埋件的埋设位置。通过安装螺栓，将预埋件固定在模板上，待墙体混凝土浇筑完成后取出安装螺杆，预埋件仍留在墙体内（图 4-2）。

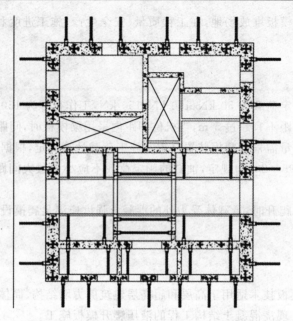

图 4-1　北侧超高层液压爬模平面布置示意图

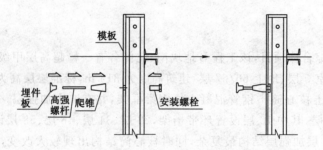

图 4-2　预埋件埋设示意图

预埋件埋设时，为避免与墙体钢筋发生冲突，在绑扎墙体钢筋时应考虑钢筋要避开预埋件位置，可在已浇筑墙体上沿（或底板）标出预埋件垂直投影位置。如果立筋与埋件位置有冲突，需在绑筋时调整立筋位置，也可在预埋件位置断筋，并采取相应加固措施。

② 安装附墙板及双埋件挂座

混凝土浇筑完并达到 15 MPa 后，安装附墙板及双埋件挂座（图 4-3）。

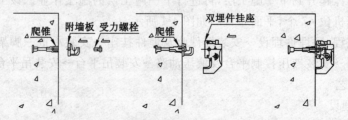

图 4-3　附墙板及挂座安装设示意图

③ 安装承重三脚架及主平台

首先将承重三脚架在地面进行组装，将承重插销插在埋件挂座上，吊装承重三脚架就位,然后用安装插销将承重三脚架固定在埋件挂座上。调整承重三脚架的垂直度,然后用钢管与承重三脚架立杆连接,使其处于稳定状态(图4-4)。

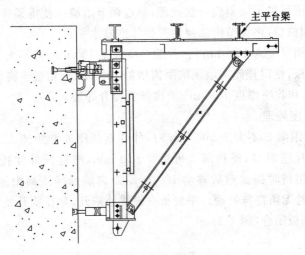

图 4-4　主平台安装设示意图

④ 安装上架体及平台

安装液压控制平台及液压油路,最后安装吊平台,安装完成(图4-5)。

⑤ 整体爬升

a. 提升导轨。上层混凝土浇筑完成并达到 15 MPa,附墙板及双埋件挂座安装完成后提升导轨,将上下换向盒内的换向装置调整为同时向上,换向装置上端顶住导轨进行导轨提升。

b. 整体爬升时上下换向盒同时调整为向下,下端顶住导轨(爬升或提导轨液压控制台由专人操作,每榀架子设专人看管是否同步,若发现不同步,可调液压阀门控制。架体爬升之前沿立柱竖向间距1 m抄平后用2 cm宽胶带标识,安装激光水平仪回转发射激光以快速观测架体是否同步)。

c. 整体爬升就位后拆除下层的附墙装置及爬锥,周转使用。

⑥ 剪力墙厚度变化处理

a. 模板处理。该工程核心筒外墙厚度经过 8 次收缩,由原来的 1 300 mm 收缩为 400 mm,其中每次收缩厚度分别有 100 mm、150 mm 两种。由于液压爬模为大钢模板,不方便现场裁切,采用小块组拼的方法。核心筒四大角的钢模板考虑由 300 mm、400 mm、500 mm、600 mm、650 mm 五种

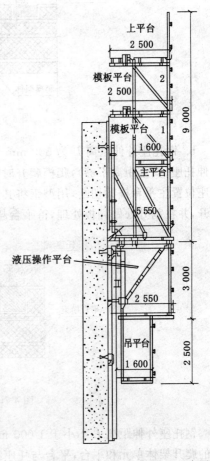

图 4-5　液压爬模安装完成后立面示意图

小块模板组合而成,每两块模板之间用螺栓连接。

b. 剪力墙厚度收缩爬升处理。对于剪力墙收缩厚度为 100 mm 时(收缩厚度不大于100 mm 均可),爬模可采用倾斜爬升法处理:通过调节附墙撑使得架体整体倾斜,并沿着导轨倾斜爬升,爬升到位后,再调节附墙撑使得架体恢复水平。

对于剪力墙收缩厚度为 150 mm 时(收缩厚度大于 100 mm 且不大于 200 mm 均可),爬模可使用加高附墙板,使得挂座离墙面的距离增加 100 mm。相当于将收缩厚度 150 mm 分为收缩厚度 50 mm 和收缩厚度 100 mm 两次倾斜爬升处理。

⑦ 加强层钢托座处理

a. 钢托座外伸距离 L 不大于 500 mm 时,外伸钢托座外伸距离 L 不大于 500 mm 时,模板在托座处预留托座洞口,模板最大可后移 650 mm,能避开外伸托座,无须特殊处理。同时将主平台横梁组拼时提前向后移动 100 mm,距离墙面净距离由原来的 495 mm 变为595 mm,架体爬升时无须特殊处理。平台板在横梁处割开,并在割开处做翻板处理,待平台超过托座后,再将翻板闭合(图 4-6)。

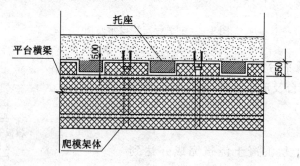

图 4-6　钢托座处理示意图 1

b. 钢托座外伸距离 L 为 500 mm$<L \leqslant$1 000 mm 时,模板最大后移 650 mm,无法避开外伸托座(安全距离不够),爬模爬升时需将模板移开,待爬升过托座后再将模板吊回。将钢托座位置主平台横梁切断,用型钢将其与第二道横梁连接,避免横梁偏心。平台板在横梁处割开,并在割开处做翻板处理,待平台超过托座后,再将翻板闭合(图 4-7)。

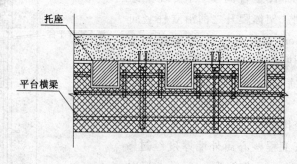

图 4-7　钢托座处理示意图 2

钢托座外伸距离 L 不小于 1 000 mm 时,爬模平台无法避开托座,需在托座间距内做独立的爬升架体单元和平台,平台与托座结合处做翻板避开托座,待爬升平台超过托座后,再将翻板闭合,以达到封闭平台(图 4-8)。

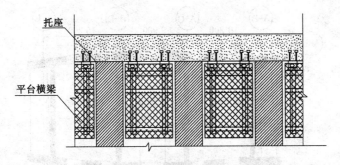

图 4-8 钢托座处理示意图 3

3. 液压爬模拆除

液压爬模拆除主要采用分单元分部吊装法进行，根据液压爬模平面布置图将液压爬模分为独立的稳定单元，将各个独立的稳定单位分为上架体和下架体两部分整体吊装拆除。在拆除作业前，须检查各部分构件和平台横梁与架体之间连接情况，确保连接牢固(图 4-9)。

4. 使用效果

该工程液压爬模架体具有整体性好，安全可靠，爬升灵活，现场施工操作便捷，施工周期短，强度高，周转率高等优点，可有效保证施工安全，降低安全风险。

同时，在液压爬模平面布置阶段，需要充分考虑结构变化情况，加强层钢托座长度及其他特殊情况对液压爬模的影响，以减少爬模平面布置考虑不周的情况。

五、工程案例二

1. 工程概况

某广场主塔楼结构为钢管混凝土框架＋核心筒＋伸臂桁架结构。其中核心筒结构高度为299.4 m，21 层和 42 层设有伸臂桁架加强层。核心筒为剪力墙结构，由内、外墙组成 3 个筒室。具体参见

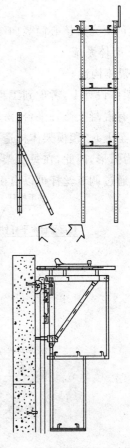

图 4-9 液压爬模拆除示意图

图 4-10。外墙经过 5 次变截面，从 1 200 mm 变至 600 mm；内墙经过 3 次变截面，从 600 mm 变至 400 mm。

2. 液压爬模系统简介

在选用液压爬模系统时，综合考虑了核心筒的结构变化、平面形状、混凝土布料等因素，设计了内外分区独立的爬模体系。该液压爬模系统主要包括分布在核心筒外侧、南北内筒的 SKE50 架体及中间筒 CLIMBING80 架体；各架体相互独立，可各自单独整体爬升。该爬模系统主要由 3 个系统组成，分别为架体系统、爬升系统及模板系统，这 3 个系统相互组合

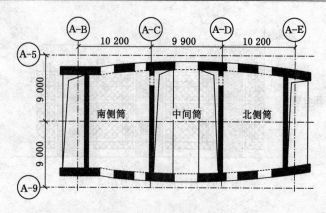

图 4-10　核心筒平面图

成整体,负责完成核心筒竖向结构的施工。

（1）架体系统

① 架体构造

在架体设计上,考虑到工程特点并方便各专业能够安全、有序施工,共设计 5 层操作平台,依次有混凝土修补平台、液压操作平台、退模平台、对拉螺杆操作平台和钢筋绑扎平台组成(由下至上)。爬模架体构造如图 4-11 所示。因该工程结构外沿变化较多,尤其是东西两侧墙体为弧形,因此,在每层架体之间设置平台板连接,平台板之间采用调节丝杆和型钢桁架连接,通过调节丝杆可以自由伸缩,便于调整平台板的平整度和倾斜度。

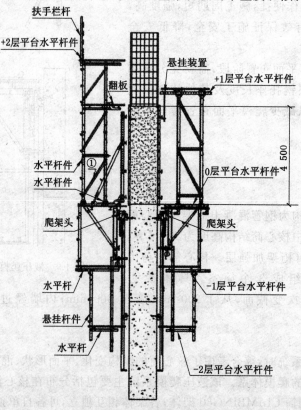

图 4-11　爬模架体构造图

② 爬模架体布料机平面布置

该工程 2 台布料机布置在中间筒内,此处爬模架体选用 CLIMBING80 架体。布料机平面布置图如图 4-12 所示。

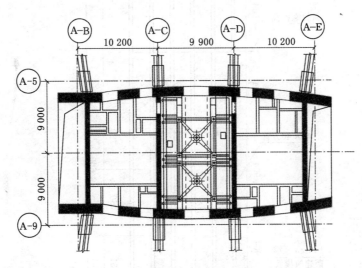

图 4-12　布料机平面布置图

③ 爬模架体通道布置

爬模体系各层操作平台之间设计楼梯,共 6 处,其中电梯井筒内爬梯为下挂爬梯,通过中筒的水平结构层与施工电梯衔接,可通行至施工作业层。

(2) 机位及爬升系统

二层组装时,内外筒共布设 76 个机位,根据核心筒结构变化,位于 25 层、46 层机位作出适当调整,爬升至相应楼层时拆除多余爬模架体,共减少 12 个机位。动力装置、爬升导轨、爬升器、预埋爬锥及悬挂靴等共同组成爬模的爬升系统。采用多组液压千斤顶作为动力装置,通过千斤顶油缸伸缩提升导轨及架体,导轨和架体交替爬升得以完成爬模系统的爬升。

(3) 模板系统

模板结构形式为钢框木模板。钢框围檩采用 Q235 钢板制作,面板采用 18 mm 厚维萨建筑模板;模板尺寸依据标准层高度 4 500 mm 进行配置,长度根据核心筒尺寸进行深化设计。具体见图 4-13。

为保证结构外观成形质量及阴角部位尺寸,结构的转角部位专门设计了转角模板(主要有两种,一种是阴角模板,一种是连接角模),其长度与平面模板相匹配;门洞口侧模板与连梁底模板,首层及非标准层采用木胶合板进行散拼,水平部分采用铝合金模板体系。

3. 液压爬模系统施工工艺

(1) 爬模安装工艺流程

通常在施工完首层后安装液压爬模系统。安装工艺流程:预埋爬锥→吊装下挂平台→安装导轨→吊装上挂平台→绑扎钢筋→吊装钢框木模→加固螺栓→浇筑混凝土。

(2) 爬模爬升工作流程

爬模爬升工作流程如图 4-14 所示。

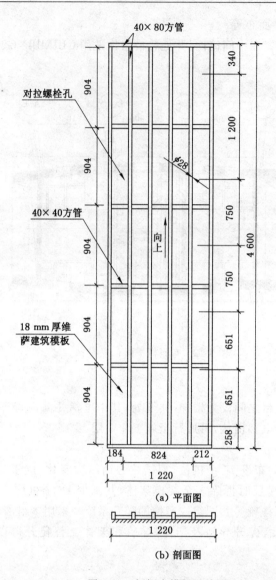

（a）平面图

（b）剖面图

图 4-13　钢框木模板尺寸图

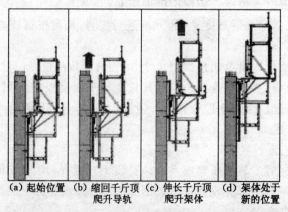

（a）起始位置　（b）缩回千斤顶　（c）伸长千斤顶　（d）架体处于
　　　　　　　爬升导轨　　　爬升架体　　　新的位置

图 4-14　爬模爬升工作流程示意图

（3）动臂塔吊与爬模交替爬升技术

根据爬模爬升规划,该工程爬模共爬升 64 次,其中 21 层和 42 层加强层分别爬升 2 次,其余楼层各爬升 1 次。

该工程采用 2 台动臂塔吊进行作业,塔吊规划爬升 17 次,爬升步距为 18 m,爬模每爬升 4 层约 18 m,根据层高变化和爬模爬升规划,调整动臂塔吊钢梁预埋位置,在牛腿埋件对应部位内侧架体处,设置翻板平台覆盖,塔吊牛腿可在架体－2 层平台进行焊接。塔吊爬升时打开爬架翻板,保证爬模施工与动臂塔吊顶升互不冲突。塔吊爬升和架体爬升必须遵从塔吊优先爬升,保证架体或核心筒内钢结构与塔吊的安全距离。动臂塔吊处翻转平台如图 4-15 所示。

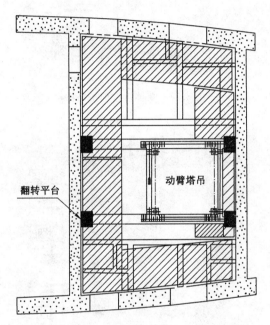

图 4-15　动臂塔吊处翻转平台示意图

（4）结构变化层架体拆改技术

核心筒北侧外墙体翼墙从 25 层由 3 200 mm 收缩为 500 mm,南侧外墙体翼墙垛从 46 层由 3 500 mm 收缩为 500 mm。针对翼墙变化架体进行了局部拆改组装。架体拆改前、后平面如图 4-16 和图 4-17 所示。

架体拆换流程:24 层墙体浇筑完成→拆除旧架体的模板→将拆除的架体与其他架体断开→其他架体爬升至 25 层→拆除的架体吊装至地面→新架体吊装到位→安装架体防护网片→吊装封头钢框木模并安装。

将拆解后的架体材料重新拼装成 2 个单独机位的小架体。

4. 液压爬模系统使用效果

液压爬模系统施工技术在高层建筑施工中,因其安全、快捷、方便操作等特点而应用广泛。但由于建筑结构、架体类型的不同,所遇到的问题也会各种各样。以下通过介绍该工程液压爬模施工技术,针对结构变化和架体特点,提供了一些方法和思路,以期对类似工程提供参考。

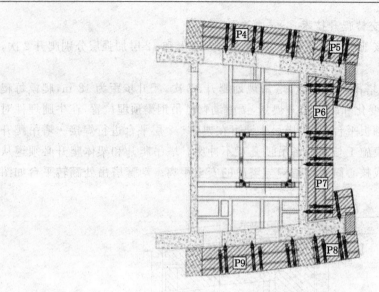

图 4-16　架体拆改前平面图

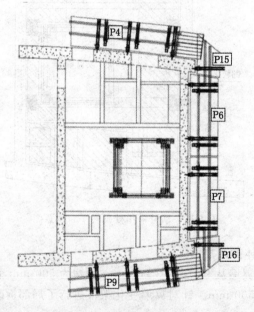

图 4-17　架体拆改后平面图

第二节　清水混凝土模板技术与应用

一、技术内容

1. 清水混凝土概念

清水混凝土是直接利用混凝土成形后自然质感作为饰面效果的混凝土。其外观效果如图 4-18 所示。清水混凝土可分为普通清水混凝土、饰面清水混凝土、装饰清水混凝土。

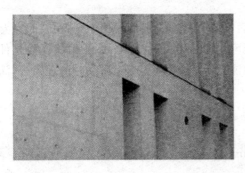

图 4-18　清水混凝土的外观效果

普通清水混凝土：表面颜色无明显色差，对饰面效果无特殊要求的清水混凝土。

饰面清水混凝土：表面颜色基本一致，由有规律排列的对拉螺栓孔眼、明缝、蝉缝、假眼等组合形成的、以自然质感为饰面效果的清水混凝土。

装饰清水混凝土：表面形成装饰图案、镶嵌装饰片或彩色的清水混凝土。清水混凝土模板是按照清水混凝土要求进行设计加工的模板技术。根据结构外形尺寸要求及外观质量要求，清水混凝土模板可采用大钢模板、钢木模板、组合式带肋塑料模板、铝合金模板及聚氨酯内衬模板等。

2. 清水混凝土特点

清水混凝土在配合比设计、制备与运输、浇筑、养护、表面处理、成品保护、质量验收方面应按《清水混凝土应用技术规程》(JGJ 169—2009)的相关规定处理。

3. 清水混凝土模板特点

清水混凝土是直接利用混凝土成形后的自然质感作为饰面效果的混凝土工程，其表面质量的最终效果主要取决于其模板的设计、加工、安装和节点细部处理。

由于对清水混凝土模板有平整度、光洁度、拼缝、孔眼、线条与装饰图案等要求，根据清水混凝土的饰面要求和质量要求，更应重视清水混凝土模板选型、模板分块、面板分割、对拉螺栓的排列和模板表面平整度等技术指标。

4. 清水混凝土模板设计

(1) 模板设计前应对清水混凝土工程进行全面深化设计，妥善解决好对饰面效果产生影响的关键问题，如明缝、蝉缝、对拉螺栓孔眼、施工缝的处理、后浇带的处理等。模板体系选择标准：选取能够满足清水混凝土外观质量要求的模板体系，具有足够的强度、刚度和稳定性；模板体系要求拼缝严密、规格尺寸准确、便于组装和拆除，能确保周转使用次数要求。

(2) 模板分块原则：在起重荷载允许的范围内，根据蝉缝和明缝分布设计分块，同时兼顾分块的定型化、整体化、模数化和通用化。

(3) 面板分割原则：应按照模板蝉缝和明缝位置分割，必须保证蝉缝和明缝水平交圈、竖向垂直。装饰清水混凝土的内衬模板，其面板的分割应保证装饰图案的连续性及施工的可操作性。

(4) 对拉螺栓孔眼排布：应达到规律性和对称性的装饰效果，同时还应满足模板受力要求。

(5) 模板节点处理：根据工程设计要求和工程特点合理设计模板节点。

5. 清水混凝土模板施工特点

模板安装时遵循先内侧、后外侧，先横墙、后纵墙，先角模、后墙模的原则；吊装时注意保护面板，保证明缝和蝉缝的垂直度及交圈；模板配件紧固要用力均匀，保证相邻模板配件受力大小一致，避免模板产生不均匀变形；施工中注意不撞击模板，施工后及时清理模板，涂刷隔离剂，并保护好清水混凝土成品。

二、技术指标

（1）饰面清水混凝土模板表面平整度：2 mm。

（2）普通清水混凝土模板表面平整度：3 mm。

（3）饰面清水混凝土模板相邻面板拼缝高低差：≤0.5 mm。

（4）相邻面板拼缝间隙：≤0.8 mm。

（5）饰面清水混凝土模板安装截面尺寸：±3 mm。

（6）饰面清水混凝土模板安装垂直度（层高不大于 5 m）：3 mm。

三、适用范围

清水混凝土模板适用于体育场馆、候机楼、车站、码头、剧场、展览馆、写字楼、住宅楼、科研楼、学校等，桥梁、筒仓、高耸构筑物等。

四、工程案例一

1. 工程概况

某科技项目总建筑面积为 234 000 m²，地下 3 层，地上由 17 幢 9～11 层单体组成，是集商业、办公、美术馆、秀场等于一体的建筑群。地上 17 幢单体均采用框架-核心筒结构，根据设计要求，其中 15 幢单体的核心筒剪力墙采用清水混凝土现浇结构，强度等级为 C45，建筑面积约为 30 000 m²，以"触感如丝般顺滑，散发出柔和光泽"的感官体验作为清水混凝土的质量评价标准，要求混凝土自身的色泽和触感超过精装修的效果。

2. 混凝土调配

（1）原材料控制

根据过往清水混凝土项目施工经验以及该项目打样试验，常规预拌混凝土中使用的粉煤灰、矿粉等掺合料本身质量控制较难，高质量的粉煤灰及矿粉市场供应量难以保证，且添加了粉煤灰、矿粉等掺合料的混凝土在表观颜色控制方面风险系数较高，因此该项目调配的混凝土在原材料方面只包含黄沙、碎石、水泥。为保证清水混凝土表面成形感观度，对沙、石和水泥等原材进行严格的筛选。黄沙采用国内洞庭湖的天然河沙，粒径控制在 0～5 mm，含泥量按要求控制在 3% 以内；碎石采用同一矿山开采的 5～20 mm 连续级配的碎石；水泥采用海螺牌 52.5R 硅酸盐水泥。为改善混凝土的和易性以及控制墙体的开裂，适当添加减水剂和减缩剂。

（2）现场建立搅拌站

该项目全程采用现场搅拌站供送混凝土，采用意大利西门（SIMEM）品牌 EAGLE 系列搅拌设备，全程自动化，只需一位操作人员即可完成混凝土的搅拌与调试工作。混凝土采用项目前期研制成功的清水混凝土配合比。现场建立搅拌站的优势在于解决了远程搅拌站供送清水混凝土的 3 个难题：混凝土供应的顺畅性；混凝土质量的稳定性；该项目清水混凝土属于早强混凝土，现场建站有利于保证混凝土浇筑的及时性。

3. 模板体系

（1）大模板体系

该项目清水混凝土剪力墙结构采用钢骨大模板体系，即双层厚 2.1 mm 木模板＋"工"字形木楞＋双拼角钢的体系（图 4-19）。实践证明，一方面，双层模板通过拼缝的错位，辅以胶条或玻璃胶填塞拼缝，可以很好地起到防止拼缝处混凝土渗漏的作用，从而实现清水混凝土蝉缝的完美效果；另一方面，双层模板在提高大模板整体刚度方面也能起到一定作用。拼缝密封、错缝措施见图 4-20。

图 4-19　钢骨大模板体系

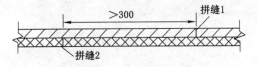

图 4-20　拼缝密封、错缝措施

通过采用大模板体系，将模板的平整度控制在加工棚内实现，减少了模板散拼容易出现的拼缝错台，垂直度、平整度误差大，螺杆、预留洞口定位困难等问题。

（2）模板工程细部节点控制

① 相邻大模板间进行企口连接，内模板间粘贴黑色橡胶带，夹紧安装（图 4-21）。

② 所有竖向拼缝处设置一根工字背楞。

③ 所有模板拼缝处，在模板侧边涂刷防水剂，避免模板侧边吸水。

④ 大模板制作之前，通过 Revit、AutoCAD 等计算机辅助设计软件进行图纸深化设计，综合考虑预留预埋、管线布置、钢筋分布等因素，确保每个细部节点要求及做法通过大样详

图 4-21 相邻大模板间企口连接与橡胶条粘贴

图进行表达,对建筑物表面结构设计尺寸进行复核,重点对明缝、蝉缝以及对拉螺杆的布置进行深化设计并确认后施工。

⑤ 竖向明缝主要设置在墙体水平施工分段处和较长等厚墙体中间分段处。一般情况下,竖向明缝间隔控制在 8 m 左右,明缝条采用宽度 15 mm、截面尺寸为等腰梯形的木条,明缝木条与混凝土接触的三面涂刷防水剂后再使用。

⑥ 对拉螺杆采用五节式螺杆,由止漏环、锥形堵头、镀锌杆件、螺杆、紧固件构成(图 4-22)。大模板吊装前,在螺杆眼处安装止漏环,止漏环与模板间采用防水胶进行密封处理。吊装完成后,封闭前,进行镀锌杆件和锥形堵头的安装,封闭后完成整个五节式螺杆的安装。

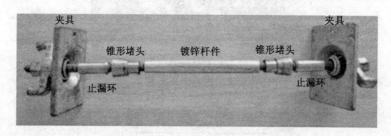

图 4-22 五节式螺杆构件

4. 混凝土振捣

混凝土的浇筑与振捣是清水混凝土成形的最后一道工序,它直接决定了混凝土成形的表面效果。浇筑与振捣的方法至关重要,如何保证在该过程中混凝土各组分的均匀性不受影响是重点考虑的问题。

(1)振动棒的布置

该工程墙体厚度一般不超过 350 mm,所以墙宽度范围内仅居中设置 1 根振动棒,如墙体较厚,设置 3 排钢筋,则振动棒居中放置于相邻 2 排钢筋间。混凝土浇筑高度没过振动棒棒身的同时开启浇筑侧的振动棒,并安排专人记录振动时间(振动时间根据实验确定),时间到立即停止振捣,继续浇筑,每 500 mm 重复 1 次。振动棒的布置原则包括:① 事先策划好振捣点的位置,并做好标记。② 振动棒间距为 1 000～1 200 mm,等间距布置。③ 固定的卸料口位置,距离卸料口侧边 300 mm 布置。④ 门洞口位置,距离洞口侧边 200 mm 布置。⑤ 柱子边,于有空间处布置。

（2）浇筑管设置要求

剪力墙一般一次浇筑高度较高,混凝土出泵后的卸料高度过大,一方面,容易导致混凝土的分散、离析;另一方面,混凝土从钢筋顶部卸料,不可避免地受到钢筋的阻挡,混凝土的均匀性将得不到保证,而且部分浆体碰到模板而滞留在上部模板上,待下部混凝土浇筑上来后,由于浆体的凝结时间差异,故使得泥浆滞留部位的表观颜色有差异。因此,浇筑时需要将泵管伸至剪力墙底部以上 500 mm 内,减小卸料高度对混凝土均匀性的影响,混凝土下料时不应直接冲击模板,应垂直下料。

在泵送的过程中,泵管容易产生不定向抖动,对混凝土浇筑过程中的均匀控制不利,需要将软管变更为同直径的钢管;另外,混凝土从泵管最高点向下流动的过程中,除受到泵压的影响,还受到重力作用,加大了混凝土向下流动的速度,容易引起混凝土的均匀性变化,需要在泵管端部设置弯管缓冲头,起节流缓冲作用。为保证混凝土的整体性,混凝土的浇筑应连续进行。当必须间隔时,间隔时间宜短,并应在下层混凝土凝结之前,将上层混凝土浇筑完毕。混凝土浇筑完毕后,应安排专人清理表层较厚的浮浆。

5. 与水平结构连接工艺

传统工艺采用直接预埋或者使用泡沫板填充、聚氯乙烯（PVC）线槽预埋等形式,用于留置梁板结构在剪力墙处的连接钢筋。对于该工艺,一方面,混凝土浇筑完成后施工缝的轮廓不清晰,经常出现毛边、漏浆等影响清水混凝土观感质量的通病;另一方面,水平框架结构施工时,施工缝处理繁杂,费工费时,且预埋钢筋极易受污染或难以剥离。

该工程提出的在竖向核心筒墙体内置不锈钢钢筋预埋盒的形式,既解决了清水墙的质量通病问题,又使施工缝处理简单易操作,其只需简单的两步——拆除盖板、调直钢筋或清理套筒,因此大大地提高了施工效率和施工质量。预埋件设计阶段主要包含确定埋件的高度、厚度、分段长度,以及钢筋锚固形式、锚固长度、直径、间距等参数,主要有 2 种形式（图 4-23和图 4-24）。

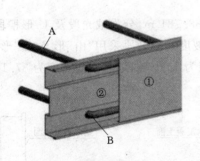

图 4-23　板面钢筋预埋件

图 4-24　框架梁钢筋预埋件

在图 4-23 中,A 为锚固在墙内的梁板钢筋,B 为楼板施工时与二次结构钢筋搭接的钢筋,剪力墙施工时将此预埋件内置在墙面模板内,①面紧贴模板,②面朝向墙内。在图 4-24 中,③为内置螺纹套筒,根据相应梁主筋规格设置,①为安装在②背面的预埋盒盖子,剪力墙施工时将此预埋件内置在墙面模板内,①面紧贴模板,②面朝向墙内。

6. 成品保护措施

该工程采取核心筒结构先施工、水平结构后施工的工艺，其成品保护是在施工完竖向清水墙，拆完模之后立即进行，从而保证清水墙不因外界环境或者人为因素造成破坏。竖向墙体拆模后，只有 700 mm（爬模距外墙）的操作空间进行成品保护工作，因此操作人员需小心谨慎，避免成品保护施工对清水墙体或爬模造成损伤。竖向连续结构清水墙体施工后的成品保护措施如下。

（1）明确需要保护的区域，在待施工水平结构的下方安装倒水片（图 4-25）。

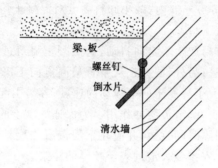

图 4-25　镀锌倒水片示意图

（2）检查墙面和螺杆洞口是否有障碍物（镀锌堵头等）。

（3）将镀锌螺杆穿过螺杆孔洞，并在螺杆洞口两侧安装镀锌螺母和垫片，固定镀锌螺杆。

（4）在清水面距墙 20 mm 以上处安装镀锌螺母和垫片，以保证木梁与墙的间距。

（5）将预打孔的 40 mm×90 mm 的木梁、厚 14 mm 的保护板先后安装至清水面对应螺杆处，使用镀锌钉子将模板钉至木梁上，并使用镀锌螺母和垫片固定。

五、工程案例二

1. 工程概况

某工程隧道敞开段（以下简称敞开段）全长为 288.781 m，分为减光段及 U 形槽段，中心线处于半径 5 500 m 平曲线上，纵向设置 2.98％坡度。敞开段采用"山"形及"U"形结构形式，底板最厚达 3.15 m，侧墙最厚达 2.50 m，中墙为 1.10 m，最大断面宽度为 87.11 m，结构尺寸庞大。其典型断面见图 4-26。

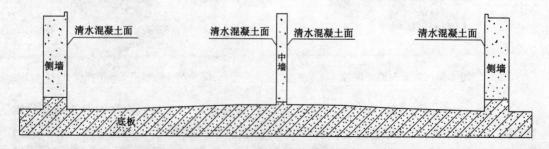

图 4-26　敞开段典型断面示意图

敞开段混凝土等级为C45,底板与墙身部分分两次浇筑,底板采用木工字梁模板体系,墙身部分采用德国派利(PERI)公司设计的模板系统。墙身靠行车道侧为清水混凝土面。

2. 模板设计与拼装

(1) 模板设计

为提高隧道口整体景观效果,敞开段侧墙及中墙墙身采用清水混凝土面,其模板采用德国派利(PERI)公司的台车模板系统,如图 4-27 所示。该系统能减少施工过程中对墙身模板的吊运,避免对模板造成不必要的损坏,且能提高模板支拆速度,从而提高整体施工功效。

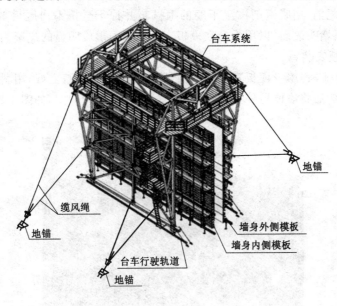

图 4-27　墙身模板系统图

① 面板

侧墙模板内侧、中墙两侧模板面板选用 1 层 21 mm 厚面板及 1 层 21 mm 厚"衬板"。其中,内层 21 mm 厚面板直接与混凝土面接触,采用德国派利(PERI)公司的面板;外层21 mm厚"衬板"选用国产普通胶合板。

② 主次梁

模板次梁采用德国派利(PERI)公司的桁架式木工字梁,此木工字梁高 0.24 m,宽0.08 m,面板通过螺丝钉与木工字梁钉紧。模板主梁采用 20 号双拼槽钢,材质为 Q235,双拼槽钢通过端头钢板及螺栓连接成任意与墙体高度适应的规格尺寸。木工字梁与双拼槽钢之间通过木梁连接器连接成整体,使其受力均匀稳定。

③ 对拉系统

墙体所使用的对拉螺杆采用德国派利(PERI)公司的高强螺杆,直径为 20 mm。中墙对拉螺杆外套一内径 28 mm 的 PVC 管,以确保其周转使用;侧墙不套 PVC 管,对拉螺杆不可重复使用,以确保永久防水。

(2) 模板拼装

清水混凝土模板材料进场后,使用吊车、平板车、塔吊等设备运输至敞开段垫层上。在垫层上设置 3 个模板拼装平台,平台尺寸为 4 m×16 m,平台顶面水平。模板拼装在工作平台上进行。主要拼装流程为：拼装主次梁→安装衬板→安装面板→翻转模板→安装工作护栏→移动台车,与模板加固成整体。

3.清水混凝土模板施工工艺

(1)脱模剂涂刷

涂刷前检查模板清洁度,用干净的擦拭布对表面进行清洁,以用白色的纸巾擦拭模板表面没有污垢或水迹为合格标准。脱模剂涂刷需保证无遗漏之处。脱模剂不得混合使用,否则会影响混凝土外观质量及脱模效果。

在模板合模之前,用脱模剂浸湿干净的擦拭布并拧干至挤不出脱模剂,均匀涂抹至模板、造型条和塑料堵头表面,以用手指在模板表面轻划不形成明显的痕迹为合格标准。

(2)墙身模板安装

第一段(OE1-1 段)墙身模板安装时,先将墙体外侧模板垂直立好,用斜支撑将模板调垂直,安装连接梁,然后将墙体另外一面立好,并安装拉杆,微调加固,如图 4-28 所示。

图 4-28 第一段墙身模板整体加固图

待墙身混凝土浇筑完成后,将台车移至该段与模板连成一体。

第二段(OE1-2 段)及之后节段直接使用台车连同模板一起移动至设计位置,并安装加固,如图 4-29 所示。

图 4-29 墙身模板与台车整体加固图

随着施工的推进,需将台车移位。以 OE1 段台车移动为例,OE1-1 段模板拆除、清理、脱模剂喷涂完成,待 OE1-2 段钢筋验收合格后,将台车连同模板沿滑轨移动至 OE1-2 段,进行 OE1-2 段模板安装加固、混凝土浇筑等作业。

(3)端头模板安装

由于端头模板需加固止水带,且涉及内侧止浆,加固材料选用德国派利(PERI)模板系统,面板采用 18 mm 胶合板,端头中间部分对拉螺杆与纵向钢筋焊接固定,两侧对拉螺杆通过单头拉杆与墙身模板的横向连接梁固定,实现对拉固定。端头模板安装俯视图如图 4-30 所示。

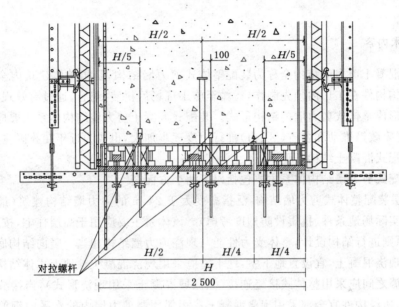

图 4-30　端头模板加固示意图

(4)模板拆除

墙身混凝土浇筑完成并达到拆模时间要求后进行模板拆除。拆模时,先拆除对拉螺杆,调节水平向伸缩杆及台车顶部的伸缩杆,使侧模板与墙身表面分开间隔 70 cm 左右。模板拆除完成后,对模板表面进行清理、涂刷脱模剂,待下一节段钢筋验收完成后,将模板与台车一起移至下一节段进行模板安装作业。

4. 使用效果

该工程工期紧,结构尺寸庞大,墙身清水混凝土质量要求高,模板设计时需充分考虑结构特点、施工工艺等。该工程采用德国派利(PERI)公司模板系统,与国内目前使用的清水混凝土模板施工工艺有诸多不同,采用模板台车体系,减少了频繁吊装对模板造成的损坏,提高了可操作性及施工功效,成品外观达到了预期的清水混凝土效果。

第五章　装配式混凝土结构技术与应用

第一节　装配式混凝土剪力墙技术与应用

一、技术内容

装配式混凝土剪力墙结构全称为装配整体式剪力墙结构,是指单体建筑内全部结构构件或部分结构构件在工厂内预先制作,运输至施工现场后拼装、组合,通过有效现浇节点、套筒灌浆连接形成整体式剪力墙的结构形式。装配式混凝土剪力墙结构体系主要应用于住宅工程,随着国家政策推动和各省(区、市)推行力度逐步加大,也成为近年在我国应用最多、发展最快的装配式混凝土结构类型。

国内装配式剪力墙结构体系主要包括以下两个方面。

(1)高层装配整体式剪力墙结构:泛指高度大于 24 m 的剪力墙结构建筑(最大适用高度需要结合实际场地条件、抗震设防烈度考虑)。该体系主要应用于高层住宅,按照"等同现浇"的设计原则进行结构设计,整体受力性能与现浇剪力墙结构相当。竖向结构底部加强区部位宜采用现浇混凝土,宜设置地下室,地下室应采用现浇混凝土。地上主体结构楼层内相邻预制剪力墙之间应采用整体式接缝连接(该区域混凝土采用现浇形式),当接缝位于边缘构件区域时,边缘构件宜全部采用现浇混凝土。相邻预制剪力墙内的水平向钢筋在现浇节点部位实现可靠连接或锚固;预制剪力墙水平接缝位于楼面标高处,水平接缝处钢筋可采用套筒灌浆连接、浆锚搭接连接或在底部预留后浇区内搭接连接的形式。水平构件可用于叠合楼板、预制楼梯和叠合板式阳台。各层楼面位置,应设置连续的水平后浇带并配置连续纵向钢筋;屋面以及立面收缩的楼层,应在预制剪力墙顶部设置封闭的后浇钢筋混凝土圈梁,圈梁应与现浇或者叠合楼、屋盖浇筑成整体。预制构件节点及接缝处后浇混凝土强度等级不应低于预制构件的混凝土强度等级。

(2)多层装配式剪力墙结构:泛指高度大于 10 m、小于 24 m 的剪力墙结构建筑,结构计算阶段可采用弹性方法进行结构分析。应综合考虑地勘条件、结构实际情况、装配式结构计算特点等,建立具有针对性的结构分析模型,从而完成建筑结构分析。构造连接措施可简化处理,墙体及边缘构件配筋率、配箍率可弱化考虑,允许采用全预制楼盖做法。水平接缝用坐浆料的强度等级应高于被连接构件的混凝土强度等级。

二、技术指标

高层装配整体式剪力墙结构和多层装配式剪力墙结构的设计应符合国家现行标准《装配式混凝土结构技术规程》(JGJ 1—2014)和《装配式混凝土建筑技术标准》(GB/T 51231—2016)的规定。上述标准中装配整体式剪力墙结构的最大适用高度比现浇结构适当降低。

装配整体式剪力墙结构的高宽比限值,与现浇结构基本一致。

作为混凝土结构的一种类型,装配式混凝土剪力墙结构在设计和施工中应该符合现行国家标准《混凝土结构设计规范(2015年版)》(GB 50010—2010)、《混凝土结构工程施工规范》(GB 50666—2011)、《混凝土结构工程施工质量验收规范》(GB 50204—2015)的各项基本规定;若房屋层数为10层及10层以上或者高度大于28 m,还应该参照《高层建筑混凝土结构技术规程》(JGJ 3—2010)中关于剪力墙结构的一般性规定。

针对装配式混凝土剪力墙结构的特点,结构设计中还应该注意以下几点。

(1)应采取有效措施加强结构的整体性。装配整体式剪力墙结构是在选用可靠的预制构件受力钢筋连接技术的基础上,采用预制构件与后浇混凝土相结合的方法,通过连接节点的合理构造措施,将预制构件连接成一个整体,其整体性主要体现在预制构件之间、预制构件与后浇混凝土之间的连接节点上,包括接缝混凝土粗糙面及键槽的处理,钢筋连接锚固技术,各类附加钢筋、构造钢筋的设置位置和数量等。

(2)装配式混凝土结构的材料宜采用高强钢筋与适宜的高强混凝土。预制构件在工厂生产,混凝土构件可实现蒸汽养护,对于混凝土的强度、抗冻性及耐久性有显著提升,方便高强混凝土技术的采用,且可以提早脱模,提高生产效率;采用高强混凝土可以减小构件截面尺寸,便于运输吊装。采用高强钢筋,可以减少钢筋数量,简化连接节点,便于施工,降低成本。

(3)装配式结构的节点和接缝应受力明确、构造可靠,一般采用经过充分的力学性能试验研究、施工工艺试验和实际工程检验的节点做法。节点和接缝的承载力、延性和耐久性等一般通过对构造、施工工艺等的严格要求来满足,必要时单独对节点和接缝的承载力进行验算。

(4)装配整体式剪力墙结构中,预制构件合理的接缝位置、尺寸及形状的设计是十分重要的,应以模数化、标准化为设计工作基本原则。

三、适用范围

装配式混凝土剪力墙结构适用于6度至8度抗震设防区建筑,装配整体式剪力墙结构可用于高层居住建筑,多层装配式剪力墙结构可用于低层和多层居住建筑。

四、工程案例一

1. 工程概况

济南某产业化试点工程项目是全国住宅产业现代化的又一个试点工程。工程建筑面积为18 984.41 m²,地上21层,地下2层。设计使用年限为50年,防火等级为2级。

2. 工艺原理与设计

原设计:剪力墙的内、外墙被拆分后预制成带套筒和保温的三明治预制墙体;加气混凝土砌块的内墙被拆分设计为填充墙体,外墙被拆分为带保温的三明治围护墙体。

(1)叠合构件:预制构件(叠合梁、叠合板)装配完成后,上部现浇混凝土使之成为整体受力构件,被称为叠合构件。其中大部分的叠合梁下部预制到墙体构件中,上部预留环型箍筋,供梁上排筋穿过。

(2)墙板结构说明:预制墙板(图5-1)形式之一是受力墙板,主要应用于外墙和部分受水平剪力影响的内墙。外墙结构形式是外墙墙板采用三明治构造结构形式,即 200 mm 厚外墙板,外侧加 70 mm 厚聚苯保温板和 50 mm 厚细石混凝土保护层,用塑料锚件连接(图 5-2)。

图 5-1　墙板形式　　　　　　图 5-2　外墙板与保温板用塑料螺栓
连接外墙三明治保温结构

(3)叠合梁大部分预制于墙板内,上部同板厚的范围内梁箍筋预留出,与叠合板上楼板混凝土同时浇筑。部分受水平剪力影响的内墙结构形式是 200 mm 厚的混凝土预制墙板,内配 HRB40012@200 单层双向钢筋,墙体下侧预埋双排 HRB40014 套筒间距 400 mm(视具体拆分设计而定),双层单向 HRB40012 钢筋固定在套筒内。

(4)空调板的装配形式之一是外墙楼层中部的空调板与外墙预制到一起。

(5)PK 板由两部分组成:30 mm 厚底板,底板上是 65 mm 高肋,肋中预留 50 mm×200 mm 椭圆形空洞,供穿底排筋和管线用。底板内配 HRB400 预应力钢筋,替代平行于底板的底排筋(图 5-3)。

图 5-3　PK 板实物

(6)墙体安装工序分为两种类型:不受水平荷载剪力作用的墙体,可直接吊装至铺设的座浆料上;受水平荷载剪力作用的墙体,是将墙体下部的套筒套在预留钢筋之上的。暗梁大部分隐藏于墙板中,墙板顶端预留箍筋,供穿梁筋和板筋使用。

3．现场放置与吊装

（1）现场放置

① 墙板放置：预制墙板宜对称插放或靠放，支架应有足够的刚度，并支垫稳固。预制外墙板宜对称靠放，且饰面朝外，与地面倾斜角度不宜小于800 mm。

② PK 板的放置：板类构件可采取叠放方式存放，板与板之间应垫牢垫平，最下一层板应通长设置，叠放层数不宜超过 7 层。

③ 楼梯的放置：预制成品楼梯是预应力蒸养构件，如在放置过程中被破坏，修补将很困难，所以在放置、装配过程中及装配完成后，要对其面层进行保护。

现场放置见图 5-4。

图 5-4　现场放置

（2）吊装

① 墙板吊装工具：墙板的吊装需用钢制的扁担，在扁担的底部有一排圆孔，要求吊索穿入圆孔的间距和墙体预留吊装挂环的间距同宽。

② PK 板吊装工具：PK 板的吊装需用吊索和夹具，要求将夹具卡入 PK 板肋下的椭圆形孔中，起吊时要卡入牢固。

4．施工工艺

（1）工艺流程

现场构件检测→作业面铺浆→墙板吊运至作业面→墙板安装（部分受水平荷载剪力的墙体套筒套入预埋插筋内，不受水平荷载剪力的预制墙板直接坐落在轴线位置上）→轴线及墙体垂直平整测定→墙体加固→墙筋敷设→部分受水平荷载剪力的墙体注浆→墙筋验收→墙模板支设→外挂架搭设→PK 板吊装底排筋和管线敷设→梁筋敷设→上排筋敷设→钢筋验收→混凝土浇筑→预制楼梯吊装。

（2）操作要点

① 转换层插筋预留：为了抵抗水平剪力，装配式结构的下面要设置一至两层混凝土框架—剪力墙结构形式的楼层，其与装配式结构层相邻的一层被称为转换层。在转换层，要准确预留插入上层墙体套筒的插筋。可采取焊接钢板预留孔的方式进行。

② 预制构件的进场检测：这是整个装配式结构工程施工至关重要的环节，如果预制构件有尺寸偏差或者有缺陷，整个装配过程将难以实施。

③ 楼地面放线：装配式结构施工作业比较精细，要求放线准确，并多次复核。

④ 墙板下坐浆：采取的是套筒内注浆和墙板下后塞缝的施工工艺。在铺浆工艺中，要求对轴线及其控制线进行仔细复核，务必准确。因坐浆料固化较快，故坐浆料铺设不宜过长，一般以满足一块内墙板安装要求长度为宜。坐浆料铺设成三角形，以高出设计标高20 mm为宜。

⑤ 墙体加固：墙体轴线、垂直度及标高测定完毕后，要及时进行加固。加固时，竖向可采取一道支撑的方法，也可采取两道支撑的方法，视施工条件而定。斜向支撑上端与墙体预留带丝套筒用螺丝连接，下端与楼地面连接处用膨胀螺栓连接。

⑥ 预制构件安装临时斜支撑：应满足以下条件——每个预制构件斜支撑不少于2道；预制墙板斜向支撑与墙体的距离不宜小于墙高的2/3，且不应小于墙高的1/2；可通过斜向支撑对墙体垂直度进行微调。应注意斜向支撑的地锚螺栓不应与地面管线发生冲突。

（3）注浆工艺

灌浆施工时，环境温度不应低于5 ℃，必要时应对连接处采取保温加热措施，保证浆料在48 h凝结硬化过程中连接部位温度不低于10 ℃；每次拌制的灌浆料拌和物应进行流动度的检测，且流动度应满足《装配式混凝土结构技术规程》(JGJ 1—2014)的规定；灌浆作业应采用压浆法从下口灌注，当浆料从上口流出应及时封堵；灌浆料拌和物应在制备后30 min内用完。灌浆料进场时应对其拌和物30 min流动度、泌水率及1 d强度、28 d强度、3 h膨胀率进行检验，检验结果应符合建筑工业行业标准《钢筋连接用套筒灌浆料》(JG/T 408—2013)的有关规定。

（4）模板支设及吊装施工

装配式结构的柱墙模板支设只有两面封堵，部分外墙只能一面封堵。可利用特殊辅助工具进行操作。因PK板厚度过小，对于跨度大于3.3 m的房间，为保证浇筑混凝土加荷后支撑体系应有的刚度，应在中间易产生挠度下垂的部位增加一道竖向立杆支撑，适当加以水平横杆横向连接为宜（图5-5）。

图5-5　墙体模板支设

PK板吊装前，一定要对板的底面平整度和板长、板厚进行检测。PK板长以放置于墙体上1 cm为宜。PK板吊装就位后，可用撬棍进行适当调整，尽量使板缝达到最小。

　　(5) 钢筋敷设叠合板肋孔筋敷设：预制到 PK 板底板内的 HRB4006 钢筋替代平行于 PK 板的底排筋，另一排底排筋将从 PK 板肋中的椭圆形圆孔中穿过。叠合梁上部钢筋敷设：梁筋敷设前，应对墙体内梁箍筋进行调整，预制构件中的预制梁筋和现浇混凝土部位钢筋冲突的，可对梁筋进行小范围调整，但不得超过主筋直径的两倍。负弯矩筋(上排筋)敷设：负弯矩筋下的分布筋放置要求平行于板长的分布筋放置于负弯矩筋下，垂直于板长的分布筋放置于负弯矩筋之上。钢筋敷设与管线布置见图 5-6。

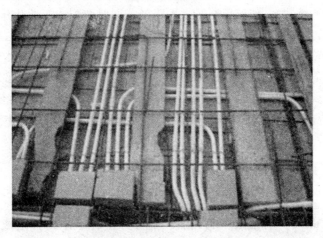

图 5-6　钢筋敷设与管线布置

　　(6) 混凝土浇筑

　　混凝土浇筑的浇筑顺序、坍落度控制及振捣、抹压等操作同传统混凝土浇筑工艺。混凝土浇筑工序应注意的要点是，随着楼层的不断升高，汽车泵高度达不到施工要求时，就需用地泵或者车载泵了。PK 板和墙板的有效连接仅为 1 cm，地泵强大的坐力很容易破坏此节点的稳定性，所以必须采取有效的保证措施。即应在浇筑 12 h 后对混凝土进行养护；混凝土养护时间不少于 7 d，叠合部位养护时间不少于 14 d；混凝土面层以始终保持湿润状态为养护标准；混凝土抗压强度值低于 1.2 MPa 前不应在其上进行其他工序施工。

　　(7) 楼梯装配

　　楼梯装配是最后一道工序。装配之前，要求混凝土抗压强度值达到设计值的 75%。楼梯下端用套筒和丝扣与休息平台相连接，上端预留 2 cm 缝隙，使之成为滑动铰支座，以缓冲预制楼梯可变荷载引起的颤动。

　　(8) 其他附属施工工艺

　　预制楼梯与预制板墙间缝隙的处理：装配式结构楼梯和楼梯两侧的墙体皆为预制构件，弹性变形大，且有 A 级防火要求。为避免弹性楼梯挠动引起裂缝，此处处理应在缝隙中部填塞防火保温岩棉，上、下部位填塞橡胶棒后，用装配式外墙专用密封胶封闭。施工质量要求：岩棉填塞要密实，岩棉上、下表面与楼梯底板及台阶踏步的距离要均匀；密封胶封堵要密实、顺直，接槎位置不能有拔台或凸起。施工电梯附着：在施工开始前，要充分考虑施工电梯的安装位置和附着拉节点的位置，提前考虑好施工做法。一般是在预制构件梁上预留丝杠螺栓孔，将施工电梯的附着固定在预制结构梁上。装配式结构工程使用外墙外防护脚手架，施工工序如下：将外墙脚手架的三脚预制成品脚手板铺设于外墙脚手架倒三角的上表面上，并用螺栓与三脚架固定;三脚架体通过穿墙螺丝牢固地固定在墙体上;将两道拦水安装在外墙三脚架体上,并固定牢固;用钢板网进行密闭。

5. 使用效果

该工程是装配整体式剪力墙的结构形式,即用预制的构件在施工现场装配而形成的建筑形式。新型装配式结构对于建筑企业而言,建造速度快,工人的劳动强度大幅减少,交叉作业方便、有序,物料堆放场地减少,有效地降低了施工现场的噪声,有利于保护环境。工厂化的生产和现场的标准装配,使房屋制造成本降低。同时装配式工业化建造技术将绝大部分构件、部品甚至节点和连接件在工厂工业化预制,现场采用流程化、工法化的连接、安装技术,可不受建造季节气候影响,大幅提高部品的制作质量,稳定结构的整体建造技术水平,保障结构的整体建造质量。按照该工法要求施工,有效提高了预制墙板的吊装质量,降低了工程造价和后期运行、维护费用,较好完成了工程建设任务,取得了良好的经济效益和社会效益。在国家大力倡导节能减排的外部环境背景下,装配式建筑适宜在城市建设中大量采用、推广。

五、工程案例二

1. 背景材料

该工程为北京市某住宅建筑项目,由 3 栋同类型的单体工程组成,总建筑面积为 63 072.14 m²,其中地上 39 822 m²。工程地下 2 层至地上 3 层为现浇混凝土剪力墙结构,地上 4 层及以上为装配式剪力墙结构,预制构件类型分为预制墙板(外墙板、内墙板)、预制 PCF 板、预制女儿墙、预制空调板、预制楼梯、预制叠合板共 6 种构件,满足预制率不低于 40%,装配率超 50%的要求。平面布置如图 5-7 所示。

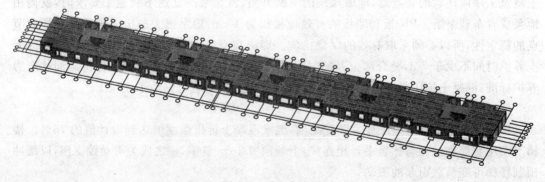

图 5-7 平面布置图

2. 背景分析

该工程从现场情况、施工难度、周边环境、设计协调、总承包管理等方面进行简要分析。

(1)预制构件在全过程中的精细化管理难度大。该工程 1# ~3# 楼采用水平、竖向预制混凝土构件施工,预制构件的深化设计、运输、堆放及吊装是确保工程施工质量和使用功能的关键,也是该工程的重点之一。

(2)塔吊在施工过程中能否以最大效率作业是施工组织的重点和难点。该工程总建筑面积为 63 072.14 m²、单体为 3 栋住宅,现场布置了 6 台塔吊。塔吊作业区域均有不同程度的交叉,如何保证塔吊在施工过程中不发生碰撞,且以最大效率作业,是施工组织的重点和难点。

（3）装配结构设计协调工作难度大。就目前阶段而言，所获得的施工图纸深度还不足以支持施工，该工程有部分工程需要二次设计，需要深入、细致地将有关做法、节点形式形成详细图纸。

技术路线：该工程在施工前期组织过程中，针对以上重点、难点进行专项方案策划，制订预制构件监造管理方案、安装专项方案、群塔施工方案等专项策划内容；针对 3 个装配式建筑单体，配备 6 台塔吊，保障预制混凝土构件的吊装；并设置装配式混凝土结构（PC）专项管理人员，落实精细化管理制度与措施。

3．技术应用

（1）工艺流程

该工程地上结构施工阶段的每栋楼划分 2～3 个流水段，每个流水段以 6 天为一周期，其施工顺序如下：放线、竖向构件吊装→灌浆→竖向模板安装→独立支撑安装、叠合板吊装→机电管线铺设、上部钢筋绑扎→混凝土浇筑。

下面主要以预制外墙板和叠合板为例讲述其安装工艺流程。

① 预制外墙板安装流程：测量放线→预留钢筋定位钢板调节→墙体标高垫片安装→起吊→安装就位→临时支撑固定→墙体垂直度校正→墙体封缝→套筒灌浆→钢筋绑扎→模板施工→浇筑混凝土→拆除支撑。部分环节如图 5-8～图 5-10 所示。

图 5-8　预制墙板起吊图　　　图 5-9　预制墙板就位图　　　图 5-10　安装斜支撑图

② 叠合板安装工艺流程：吊装准备（安装独立支撑等）→起吊→就位→校正→钢筋绑扎→双向板钢筋放置→混凝土浇筑。部分环节如图 5-11～图 5-13 所示。

图 5-11　安装独立　　　图 5-12　叠合板起吊图　　　图 5-13　钢筋绑扎
　　支撑图　　　　　　　　　　　　　　　　　　　　　及管线铺设图

（2）技术要点

该工程预制构件包括 6 种类型,每种类型又有多种型号,截面尺寸相同,但墙面的预留孔位置、数量不等。在存放时,应按照规格、品种、吊装顺序分别设置堆放,现场堆放场应尽量设置在吊车工作范围内,避免二次倒运、吊运,宜为正吊,堆垛之间宜设置通道,保证构件安装的顺利进行。构件的堆放及吊装技术要点如下。

① 堆放技术要点

a. 做好存放保护措施;

b. 根据构件类型、重量、尺寸、受力方式确定构件存放方式和距离塔吊的位置;

c. 堆放场地应进行硬化处理,避免不均匀沉降,致使构件受损;

d. 堆放场地面积应满足构件存放需求。

② 吊装技术要点

a. 明确现场平面布置;

b. 塔吊作业区域划分;

c. 确定吊装施工顺序;

d. 选择合理吊装方式。

该工程在安装前,对塔吊方案进行 PC 吊装专项分析,从吊次、吊重多方面进行复核,根据该项目单体特点,采用"一个单体两台塔吊"布置,单个塔吊覆盖范围控制在 800 m² 以内。同时,考虑竖向、水平构件的吊装要求,对吊点、吊件等进行标准化设置。

4. 计算验算与检测

装配式混凝土结构施工前应对预制构件、吊装设备、支撑体系等进行必要的施工验算。施工验算应包括以下内容。

（1）预制构件应按运输、堆放和吊装工况进行构件承载力验算。

（2）吊装设备的吊装能力验算。

（3）预制构件安装过程中施工临时荷载作用下,预制构件支撑系统和临时固定装置的承载力验算。

（4）卸料平台进行施工过程的承载力验算。

（5）根据构件特点采用不同的运输方式,托架、靠放架、插放架应进行专门设计,并进行强度、稳定性和刚度验算。

在项目实施前期,根据预制构件特点、堆放要求、吊装工艺等方面要求,应完成预制构件吊点布置计算、预制构件堆放架强度及稳定性和刚度验算、支撑体系布置专项方案(计算)等多项计算书。

5. 实施效果

在该项目实施过程中,应用多项施工技术与措施,保证在人、材、机消耗量最少的情况下,保质保量完成工程施工任务、节约施工成本。下面以质量和工期两个角度说明工程项目实施效果。

该工程选用独立支撑体系(图 5-14),操作简单、施工便捷,对比传统顶板满堂架(碗扣架)支撑,减少人工、增加工效,仅支模和拆模工艺方面,每层提效 0.5 d。

定位钢板对竖向钢筋进行校正,保证插筋精度,提高安装质量,减小现场安装误差至2 mm内。竖向插筋定位钢板如图 5-15 所示。

图 5-14　独立支撑体系图　　　　　　　　图 5-15　竖向插筋定位钢板图

　　窗洞口上、下鹰嘴的预留,可防止雨水顺墙面向下流时进入阳台内或流到玻璃上,提高了防水性能。窗洞口上、下鹰嘴预留如图 5-16 所示。

　　预制构件预留企口,宽度 50 mm,深度 5 mm,减少了模板与构件接触位置平整度差而导致的胀模等质量问题。叠合板拼缝部位企口构造如图 5-17 所示。

图 5-16　窗洞口上、下鹰嘴预留图　　　　图 5-17　叠合板拼缝部位企口构造图

第二节　装配式混凝土框架技术与应用

一、技术内容

　　装配式混凝土框架结构包括装配整体式混凝土框架结构及其他装配式混凝土框架结构。装配整体式混凝土框架结构是指全部或部分框架梁、柱采用预制构件通过可靠的连接方式装配而成,连接节点处采用现场后浇混凝土、水泥基灌浆料等将构件连成整体的混凝土结构。其他装配式混凝土框架主要指各类干式连接的框架结构,主要与剪力墙、抗震支撑等配合使用。

装配整体式混凝土框架主要包括框架节点后浇和框架节点预制两大类：前者的预制构件在梁柱节点处通过后浇混凝土连接，预制构件为一字形；而后者的连接节点位于框架柱、框架梁中部，预制构件有十字形、T形、一字形等，由于预制框架节点制作、运输、现场安装难度较大，现阶段国内工程较少采用。

设计装配整体式混凝土框架结构连接节点时，应合理确定梁和柱的截面尺寸以及钢筋的数量、间距及位置等，钢筋的锚固与连接应符合国家现行标准相关规定，并应考虑构件钢筋不同方向的碰撞问题以及构件的安装顺序，确保装配式结构的易施工性。

二、技术指标

装配式框架结构的构件及结构的安全性与质量应满足国家现行标准《装配式混凝土结构技术规程》(JGJ 1—2014)、《装配式混凝土建筑技术标准》(GB/T 51231—2016)、《混凝土结构设计规范（2015 年版）》(GB 50010—2010)、《混凝土结构工程施工规范》(GB 50666—2011)、《混凝土结构工程施工质量验收规范》(GB 50204—2015)以及《预制预应力混凝土装配整体式框架结构技术规程》(JGJ 224—2010)等有关规定。当采用钢筋机械连接技术时，应符合现行行业标准《钢筋机械连接技术规程》(JGJ 107—2016)的规定；当采用钢筋套筒灌浆连接技术时，应符合现行行业标准《钢筋套筒灌浆连接应用技术规程》(JGJ 355—2015)的规定；当钢筋采用锚固板的方式锚固时，应符合现行行业标准《钢筋锚固板应用技术规程》(JGJ 256—2011)的规定。

装配整体式混凝土框架结构的关键技术指标包括以下几点。

(1) 装配整体式混凝土框架结构房屋的最大适用高度与现浇混凝土框架结构基本相同。

(2) 装配整体式混凝土框架结构宜采用高强混凝土、高强钢筋，框架梁和框架柱的纵向钢筋尽量选用大直径钢筋，以减少钢筋数量，拉大钢筋间距，有利于提高装配施工效率，保证施工质量，降低成本。

(3) 当房屋高度大于 12 m 或层数超过 3 层时，预制柱宜采用套筒灌浆连接，包括全灌浆套筒和半灌浆套筒。

(4) 采用预制柱及叠合梁的装配整体式框架中，柱底接缝宜设置在楼面标高处，且后浇节点区混凝土上表面应设置粗糙面。柱纵向受力钢筋应贯穿后浇节点区，柱底接缝厚度宜为 20 mm，并应用灌浆料填实。

三、适用范围

装配整体式混凝土框架结构可用于 6 度至 8 度抗震设防地区的公共建筑、居住建筑以及工业建筑。除 8 度外，装配整体式混凝土结构房屋的最大适用高度与现浇混凝土结构相同。其他装配式混凝土框架结构，主要适用于各类低多层居住、公共与工业建筑。

四、工程案例一

1. 建筑概况

某中学项目建设地点位于上海市闵行区，东至都庄路、西至规划道路、南至梅州路、北至规划消防站地块内。工程总用地面积为 43 290 m²，总建筑面积为 49 193.07 m²。该项目包

括 $1^\#\sim3^\#$ 教学楼、多功能综合楼、风雨走廊、学生公寓、开关站、10 kV 变电站、运动场主席台、门卫值班室、钟楼、垃圾房等建筑,其中主体建筑为装配式框架结构。

该项目要求单体预制率不小于 40%,学生公寓和教学楼结构较为标准,构件适于拆分,除首层采用现浇外,其余全部采用预制装配式结构。为达到防水要求,所有建筑屋面均为现浇施工。学生公寓单体预制率约为 47%,教学楼单体预制率约为 44.2%。其中,预制构件主要有预制梁、预制柱、预制楼板、预制楼梯等。

2. 深化要点

(1) 构件拆分

装配式建筑经过最初结构设计后,还需要进行二次深化设计,对相关构件单元进行拆分,确定构件数量,并进行归并整合,以减少单元构件数量,方便工厂生产和现场施工。以教学楼为例,在预制楼层中,预制构件包括预制叠合框架梁、预制叠合次梁、预制叠合楼板、预制楼梯和预制空调板。背景工程 $1^\#$、$2^\#$ 和 $3^\#$ 教学办公楼开间均为 9.0 m,进深分为 8.7、8.0 m共 2 挡,且教学楼标准层层高均为 4.0 m。教学楼房间划分较为简单,可以相对减少构件单元。在施工图阶段通过梁柱截面归并达到化繁为简的目的,使整个项目构件种类较少。其中学生公寓楼和教学办公楼标准层预制柱截面仅有 2 种,分别为 0.60 m×0.65 m×3.20 m 和 0.60 m×0.65 m×3.30 m。

(2) 主要连接节点

柱-柱连接方式为全套筒连接,套筒连接方式是《装配式混凝土结构技术规程》(JGJ 1—2014)中推荐的连接方式。套筒内钢筋锚固长度为 8 倍钢筋直径,构件与楼面设置厚20 mm 坐浆层,在构件吊装完成后,通过套筒内注入高强灌浆料将上下构件形成整体,柱底部设置深 30 mm 抗剪键槽,增强抗剪能力。主次梁连接可以采用钢筋连接方式,主梁留槽后强度削弱过大,不利于运输及吊装。为方便现场施工,减少现场支模及钢筋绑扎工作量,深化设计中采用搁置式主次梁节点连接方法(图 5-18)。采用牛担板做法的主梁开槽尺寸较小,切实解决了主梁开槽过大带来的主梁运输和吊装问题。

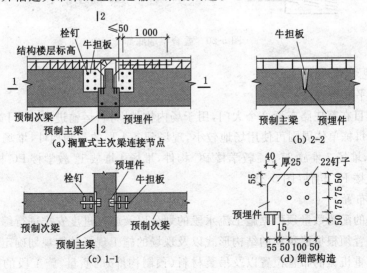

图 5-18 主次梁连接牛担板节点做法

节点设置为牛担板搁置方式,在预制主梁相应位置留有搁置槽,槽口位置埋设金属板。预制次梁端部设置牛担板,牛担板每侧设置 6 根 $\phi25$ mm 栓钉。次梁放置在主梁预留槽位置后,牛担板与主梁预埋金属件焊接(图 5-19)。

图 5-19　预制框架主梁和次梁牛担板示意图

梁柱核心区节点位置钢筋较为密集,梁底部钢筋伸入节点长度需要满足 40% 的抗震基本锚固长度的构造要求并上弯 15 倍钢筋直径。中间柱节点有 4 根梁伸入节点锚固,需要仔细排布钢筋位置。在梁柱节点深化方面,由于竖向主筋均匀分布在柱外侧,梁伸入钢筋位置限制在柱主筋空隙之间。在梁端部位,通过将底部钢筋双排布置,将钢筋向中线弯曲,以便插入节点(图 5-20)。

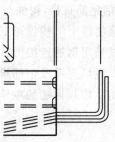

图 5-20　叠合梁端底部

3. 施工现场策划

(1) 施工平面布置

该中学项目在都庄路布置 2 个大门,用于场内构件、材料运输进出,大门宽 9 m,内部道路宽 6 m。因每栋单体周围可使用场地较小,现场预备 1 层的预制构件,堆场 1、2 堆放学生宿舍 PC 构件,堆场 3 堆放 2# 、3# 教学楼 PC 构件,堆场 4 堆放 1# 教学楼 PC 构件,堆场 5 堆放多功能综合楼 PC 构件(图 5-21)。

(2) 塔吊布置

起重机械的配置数量须根据施工流水段的划分以及施工进度安排进行综合考虑。起重机械设置的位置须根据建筑物的结构形式以及现场的施工现场总体规划确定。起重机械的型号须根据起重机械的布置位置以及吊装材料(预制构件)的质量、施工段的面积和高度等诸多因素来确定。将设计完成后的全装配式结构按照混凝土大致计算,确定塔吊最大作业半径、预制构件最大质量,塔吊作业半径需考虑预制构件卸车与堆放位置、塔吊与塔吊间距

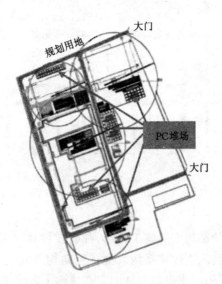

图 5-21　施工总平面布置

是否满足要求等内容,结合情况合理地选择施工塔吊。根据各栋单体实际吊装需求,现场共配置塔吊 4 台;公寓楼拟配置 1 台 TC6517 塔吊,回转半径 40 m;2# 、3# 教学楼共同配置 1 台 TC7035 塔吊,回转半径 65 m;1# 教学楼拟配置 1 台 TC7035 塔吊,回转半径为 50 m;多功能综合楼拟配置 1 台 TC7052 塔吊,回转半径为 60 m。

4. 施工工艺

(1) 工艺流程

总体工艺流程:测量定位→现浇部分钢筋、模板工程,预制装配部分结构安装→混凝土浇筑→混凝土养护。

现浇部分钢筋、模板部分施工流程:现浇混凝土柱钢筋绑扎→现浇混凝土柱封模→梁柱核心节点区钢筋绑扎→梁上皮钢筋绑扎→楼板水电管线预埋→楼板钢筋绑扎节点封模。

预制装配部分结构安装施工流程:预制柱部位标高调节→预制柱吊装及调整→预制梁、板底部支撑架搭设→预制梁吊装及调整→预制叠合板吊装及安装→套筒灌浆连接。

(2) 吊装顺序

构件深化设计时考虑到梁的竖向吊装先后顺序,避免梁构件吊装时发生碰撞。单层吊装顺序是先吊装 X 方向主梁,随后吊装 Y 方向主梁(图 5-22),最后吊装次梁(图 5-23)。

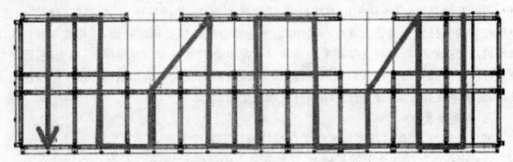

图 5-22　主梁吊装顺序

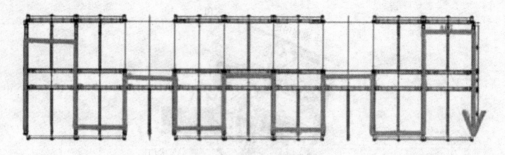

图 5-23　次梁吊装顺序

（3）临时支撑体系

按照装配式预制构件的结构安装施工特点,临时支撑体系分为竖向构件安装工具式支撑体系和水平构件安装工具式支撑体系两大类。竖向构件安装工具式支撑体系比较成熟,预先在楼面预埋金属件,后用斜支撑将构件固定在楼面上。水平构件叠合梁板,在现场实际施工中,一般采用排架支撑,施工慢,标高不容易控制。工程现场组合使用独立钢支撑和三脚架支撑,取代了原有烦琐的排架搭设。水平支撑体系如图 5-24 所示。

图 5-24　水平支撑体系

水平构件安装用支撑杆件主要包括早拆柱头、插管、套管、插销、调节螺母及摇杆等部件。套管底部焊接底板,底板上留有定位的螺丝孔;套管上部焊接外螺纹,在外螺纹表面套上带有内螺纹的调节螺母;插管上套插销后插入套管内,插管上部配有插销孔,插管上部焊有中心开孔的顶板;早拆柱头由上部焊有 U 形板的丝杆、早拆托座、早拆螺母等部件组成;早拆柱头的丝杆坐于插管顶板中心孔中,通过选择合适的销孔插入插销,再用调节螺母来微调高度以便达到所需求的支撑高度。该新型框架组合式支撑由独立支撑、三脚支架、水平联系杆件组成。独立钢支柱采用插销粗调+螺纹微调的钢支柱作为预制构件水平结构的垂直支撑,能够承受叠合梁、叠合板的结构自重和施工荷载。

5. 实施效果

基于该项目,装配式框架体系施工中应注意以下几个方面。

（1）应在满足结构要求的基础上,尽可能减少构件单元,便于工厂制作和现场施工。

（2）构件深化程度要高,特别是梁柱节点核心区位置,梁伸出钢筋先后顺序等。

（3）牛担板搁置式主、次梁节点，工厂加工质量直接影响后期施工中次梁是否偏转，应予以重视。

（4）现场施工时，每吊装一根梁，均须对核心区钢筋进行校正，以保证吊装顺利。

（5）在装配式建筑中创新地使用了组合式支撑体系，提高了现场施工效率，节约了建造成本。

五、工程案例二

1. 背景材料

某办公楼项目，总建筑面积约为 6 400 m²，预制构件数量近 1 200 件，地上 6 层为装配式混凝土框架结构，预制构件类型包括预制柱、预制梁、预制叠合板、预制楼梯、预制外挂板、预制女儿墙板、预制悬挑板、预制遮阳板、预制内墙板共 9 类构件。平面布置如图 5-25 所示。

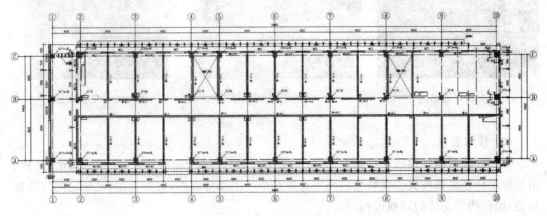

图 5-25　平面布置图

2. 背景分析

（1）预制构件在设计过程中的钢筋避让难度大。该工程预制梁在现浇节点内通过设置高差、出筋位置避让、钢筋弯折等措施实现设计节点中钢筋避让，同时，生产环节以及施工环节的生产安装精度，也是该项目重点之一。下折钢筋如图 5-26 所示。

图 5-26　下折钢筋示意图

（2）在施工过程中保证预留筋的位置是施工的重点和难点。该工程预制构件的安装过程中，需要严格控制外露钢筋中心定位以及外露钢筋长度，以防现场出现预留钢筋偏差较大的问题，导致安装难度增加，也影响结构安全。

3. 技术应用

（1）工艺流程

下面主要以预制柱为例介绍其安装工艺流程：起吊→测量校正→预制柱翻转→吊装就位→支设斜支撑→预制柱垂直度校正→安装柱脚模板→套筒灌浆。部分环节如图5-27～图5-29所示。

图 5-27　起吊图　　　　　图 5-28　预制柱翻转图　　　　　图 5-29　安装就位图

（2）技术要点

该工程预制构件包括9种类型，每种类型又有多种型号，在存放时，应按照规格、品种、吊装顺序分别设置堆放。现场堆放场应设置在吊车工作范围内，宜为正吊，堆垛之间宜设置通道，保证构件安装的顺利进行。

构件的堆放及吊装原则包括以下几种。

① 堆放原则

a. 做好存放保护措施。

b. 根据构件类型、质量、尺寸、受力方式确定构件存放方式。例如预制柱构件一般采用平放，一般同尺寸预制柱构件可叠放一层，如构件质量过大，则需考虑单独堆放；预制梁构件与预制柱构件类似，但预制梁上部可能受外伸钢筋以及构件重量影响，也需要单独存放；预制板构件存放时同尺寸构件堆放一起，且堆放层数不得超过6层；堆放时还应注意垫木位置上下对齐且布置均匀。

c. 堆放场地应进行硬化处理，避免不均匀沉降，致使构件受损。

d. 堆放场地面积应满足构件存放需求。因为框架结构施工速度快，且构件尺寸较大、预制构件还存在需单独存放的要求，需要较大的存放空间，应在前期规划过程中重点考虑。

② 吊装原则

a. 明确现场平面布置，尤其是构件堆场应提前规划，避免预制柱、预制梁等构件进行二次倒运。

b. 塔吊或者汽车吊作业区域划分，预制梁柱构件重量较大，但预制叠合板相对较轻，合理安排塔吊或汽车吊的作业区域，可相对提高构件的吊装速度。

c. 确定吊装施工顺序,一般为预制柱、预制梁、叠合板的顺序,各个流水段再进行合理划分。

d. 选择合理吊装方式;预制柱一般利用构件顶部的吊装埋件进行构件的翻转和起吊;预制梁、板构件,采用水平起吊的方式。

(3) 计算验算与检测

装配式混凝土结构施工前应对预制构件、吊装设备、支撑体系等进行必要的施工验算。施工验算应包括以下内容。

① 预制构件应按运输、堆放和吊装工况进行构件承载力验算。

② 吊装设备的吊装能力验算。

③ 预制构件安装过程中施工临时荷载作用下,预制构件支撑系统和临时固定装置的承载力验算。

④ 制柱施工过程的翻转验算。

4. 实施效果

在项目实施过程中,关于钢筋定位的问题,生产过程中以及施工过程中借助钢模具和定位钢板严格控制精度,满足安装要求。实施效果如图 5-30 所示。

图 5-30 实施效果图

在预制外挂板上预留企口、空腔以及导水槽等构造防水做法,能防止雨水倒吸入室内,并且在雨水累积后能沿着导水槽流出。

第三节 钢筋套筒灌浆连接技术与应用

一、技术内容

1. 钢筋套筒灌浆概念

钢筋套筒灌浆连接是由金属筒插入钢筋,灌注高强、早强、可微膨胀的水泥基灌浆料,并通过刚度很大的套筒对灌浆料的约束作用在钢筋表面和套筒内侧产生正向作用力,钢筋在此作用力下,利用粗糙、带肋的表面产生摩擦力,从而实现受力钢筋之间的应力传递。该技术应用于各种装配整体式混凝土结构中受力钢筋连接,是预制构件中受力钢筋连接的主要形式。

钢筋套筒灌浆连接接头由钢筋、灌浆套筒、灌浆料三种材料组成;其中,灌浆套筒又有半灌浆套筒和全灌浆套筒之分。半灌浆套筒连接的接头一端为灌浆连接,另一端为机械连接,如图 5-31 所示;而全灌浆套筒两侧均通过灌浆实现连接,如图 5-32 所示。

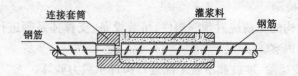

图 5-31　半灌浆套筒连接接头图

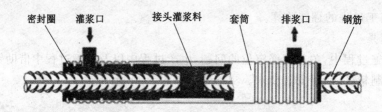

图 5-32　全灌浆套筒连接接头图

根据预制构件应用的位置不同,一般要求如下:竖向预制构件的受力钢筋连接可采用半灌浆套筒或全灌浆套筒;水平预制构件纵向受力钢筋一般采用半灌浆套筒连接,但在后浇带处连接可采用全灌浆套筒连接。

对于灌浆设备,应根据灌浆方式和灌浆料的性能进行选择。

一般来讲,竖向预制构件中灌浆套筒沿竖向放置,灌浆料由下方孔道进浆,由上方孔道出浆;水平应用的灌浆套筒应将两个孔道朝上放置,选择其中一个为进浆孔,另外一个为出浆孔。套筒灌浆施工完成后,与灌浆料同条件养护的试块抗压强度未达到 35 MPa 前,不得开展对接头有扰动的后续工作。

2. 钢筋套筒灌浆接头施工特点

就技术本身而言,钢筋套筒灌浆接头施工具有以下特点。

(1) 不可见性。钢筋接头的直螺纹连接端及套筒预埋于预制构件中,连接钢筋在插入套筒连接时,无法直接观察到钢筋插入套筒的情况,灌浆时也无法观察到套筒内部灌浆料的分布情况。

(2) 不可逆性。连接钢筋在连接时插入套筒,该接头一经灌浆完毕,连接钢筋无法拔出,操作过程不可逆。

(3) 不可测性。灌浆完成后,由于套筒位于预制构件的内部,且被连接的钢筋被钢套筒包裹,没有有效的检查手段可以检测灌浆的饱满程度。

(4) 材料敏感性。灌浆接头所使用的灌浆料为高强、快硬水泥制品,该材料具有高度的水敏感性及环境敏感性。灌浆过程中配合比的偏差及灌浆温度的改变,都会对灌浆料的操作性能及强度造成很大的影响。

二、技术指标

钢筋套筒灌浆连接技术的应用须满足国家现行标准《装配式混凝土结构技术规程》(JGJ 1—2014)、《钢筋套筒灌浆连接应用技术规程》(JGJ 355—2015)和《装配式混凝土建筑技术标准》(GB/T 51231—2016)的相关规定。由于钢筋套筒灌浆连接的传力机理比传统机械连接更复杂,《钢筋套筒灌浆连接应用技术规程》(JGJ 355—2015)对钢筋套筒灌浆连接接头性能、型式检验、工艺检验、施工与验收等进行了专门要求。

灌浆套筒按加工方式分为铸造灌浆套筒和机械加工灌浆套筒。铸造灌浆套筒宜选用球墨铸铁,机械加工套筒宜选用优质碳素结构钢、低合金高强度结构钢、合金结构钢或其他经过接头型式检验确定符合要求的钢材。

灌浆套筒的设计、生产和制造应符合现行行业标准《钢筋连接用灌浆套筒》(JG/T 398—2012)的相关规定,专用水泥基灌浆料应符合现行行业标准《钢筋连接用套筒灌浆料》(JG/T 408—2013)的各项要求。当采用其他材料的灌浆套筒时,套筒性能指标应符合相关产品标准的规定。

套筒材料主要性能指标:球墨铸铁灌浆套筒的抗拉强度不小于 550 MPa,断后伸长率不小于 5％,球化率不小于 85％;各类钢制灌浆套筒的抗拉强度不小于 600 MPa,屈服强度不小于 355 MPa,断后伸长率不小于 16％;其他材料套筒应符合相关产品标准要求。

灌浆料主要性能指标:初始流动度不小于 300 mm,30 min 流动度不小于 260 mm,1 d 抗压强度不小于 35 MPa,28 d 抗压强度不小于 85 MPa。

套筒材料在满足断后伸长率等指标要求的情况下,可采用抗拉强度超过 600 MPa(如 900 MPa、1 000 MPa)的材料,以减小套筒壁厚和外径尺寸,也可根据生产工艺采用其他强度的钢材。灌浆料在满足流动度等指标要求的情况下,可采用抗压强度超过 85 MPa(如 110 MPa、130 MPa)的材料,以便于连接大直径钢筋、高强钢筋和缩短灌浆套筒长度。

三、适用范围

钢筋套筒灌浆连接技术适用于装配整体式混凝土结构中直径为 12～40 mm 的 HRB400、HRB500 钢筋的连接,包括:预制框架柱和预制梁的纵向受力钢筋、预制剪力墙竖向钢筋等的连接,也可用于既有结构改造现浇结构竖向及水平钢筋的连接。

四、工程案例一

1. 工程概况

某大桥是超大型跨海通道,全长 55 km,是目前世界上最长的跨海大桥,其设计使用寿命长、工程量巨大。在进行人工岛施工时,以预制钢筋骨架代替现场绑扎钢筋的方式解决了施工工期紧张问题。预制钢筋骨架由于在专业钢筋加工厂制作,其质量更可控,尺寸精度更高,现场施工量更少,可有效提高施工质量、缩短施工工期,同时符合节能减排、绿色施工的要求。对于成型预制钢筋骨架的连接,由于钢筋无法独立转动或轴向移动,两侧对接钢筋可能存在较大的轴向或径向位置偏差;钢筋间距过小、操作空间不足等原因将导致钢筋连接存在较大的施工难度。因此,如何在施工现场可靠、方便地连接钢筋,且便于质量检查成为关键技术问题。CABR 钢筋套筒灌浆连接技术分为全灌浆连接及半灌浆连接,具有无须钢筋转动或轴向移动、允许钢筋有较大轴向及径向位置偏差、施工作业面较小、连接性能安全可靠等特点,能满足预制钢筋骨架现场连接要求。该大桥人工岛项目梁和柱均采用工厂预制钢筋骨架、现场吊装灌浆套筒连接并浇筑混凝土的施工方式。其中,梁预制钢筋骨架长 5 m,主筋采用 10 根 ϕ28HRB400E 级钢筋,采用 CABR 全灌浆连接技术;柱预制钢筋骨架长 6 m,主筋采用 24 根 32HRB400E 级钢筋,采用 CABR 半灌浆连接技术。

2. 梁预制钢筋骨架与节点预留钢筋连接

梁预制钢筋骨架与节点预留钢筋按以下流程进行连接。

(1) 标记钢筋:在梁预制钢筋骨架及节点预留钢筋上分别标记钢筋插入 CABR 全灌浆套筒的深度[图 5-33(a)]。

(2) 安装橡胶密封塞及 CABR 全灌浆套筒:首先将橡胶密封塞套入预制钢筋骨架主筋并移动至标记位置以内;然后将 CABR 全灌浆套筒从带定位堵头的一端全部套入预制钢筋骨架主筋。定位堵头的作用是保证 2 根待连接钢筋中至少有 1 根与套筒基本同心,降低钢筋偏置带来的影响,另一端不加装定位堵头是为了使套筒能吸收较大的钢筋位置偏差。

(3) 吊装预制钢筋骨架:将预制钢筋骨架吊装至安装位置[图 5-33(b)],节点预留钢筋与预制钢筋骨架间的轴向、径向位置偏差应符合设计要求。

(4) 将预制钢筋骨架上的 CABR 全灌浆套筒移动至标记位置,使 CABR 全灌浆套筒向节点预留钢筋移动,直至套筒两端均位于标记位置处[图 5-33(c)]。

(5) 将 CABR 全灌浆套筒两端橡胶密封塞塞紧套筒端口[图 5-33(d)]。

(6) 安装进浆管、出浆管:在 CABR 全灌浆套筒上安装进浆管、出浆管[图 5-33(e)],所有进浆管、出浆管管口应高于灌浆套筒外表面最高点。

(7) 灌浆、养护:从进浆管缓缓灌浆,直至灌浆料从出浆口流出并在出浆管内上升一定高度方可堵住进浆管。灌浆完成后养护 24 h 以上且同条件灌浆料试块抗压强度大于 35 MPa,方可拆除进浆管、出浆管。灌浆并养护完成后的 CABR 全灌浆接头,如图 5-33(f) 所示。

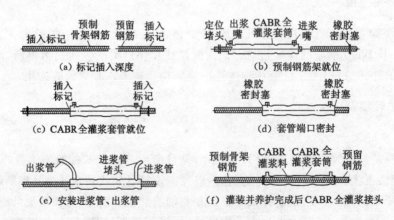

(a) 标记插入深度　　　　　　　　(b) 预制钢筋架就位

(c) CABR 全灌浆套管就位　　　　　(d) 套管端口密封

(e) 安装进浆管、出浆管　　　　(f) 灌装并养护完成后CABR全灌浆接头

图 5-33　梁预制钢筋骨架与钢筋连接

3. 柱预制钢筋骨架与柱预留钢筋连接

柱预制钢筋骨架与柱预留钢筋按以下流程进行连接。

(1) 加工螺纹丝头、标记钢筋:提前对预制钢筋骨架的钢筋加工螺纹丝头,并绑扎预制钢筋骨架;在柱预留钢筋上标记钢筋插入灌浆套筒的深度[图5-34(a)]。

（2）将CABR半灌浆套筒安装在预制钢筋骨架上:将CABR半灌浆套筒内螺纹与预制钢筋骨架螺纹丝头紧密旋合,旋合力矩应符合《钢筋机械连接技术规程》(JGJ 107—2016)的相关规定。

（3）安装橡胶密封塞:将橡胶密封塞套入柱预留钢筋并移动至标记位置以下。

（4）吊装预制钢筋骨架:将预制钢筋骨架吊装就位,确保下方预留钢筋全部插入上方预制钢筋骨架灌浆套筒的标记位置[图5-34(b)]。

（5）将橡胶密封塞塞紧CABR半灌浆套筒下端口[图5-34(c)]。

（6）安装进浆管、出浆管:安装进浆管、出浆管时应保证出浆管管口高于灌浆套筒出浆口最高点[图5-34(d)]。

（7）灌浆、养护:从进浆管缓缓灌浆,直至灌浆料从出浆口流出并在出浆管内上升一定高度方可堵住进浆管。灌浆完成后养护24 h以上且同条件灌浆料试块抗压强度大于35 MPa,方可拆除进浆管、出浆管。灌浆并养护完成后的CABR半灌浆接头如图5-34(e)所示。

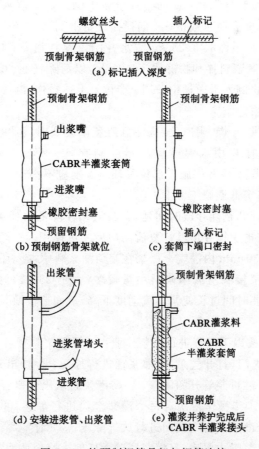

图5-34　柱预制钢筋骨架与钢筋连接

4. 制备灌浆料拌合物

选用CABR套筒灌浆料,设计水灰比为1∶13,其各项性能参数符合《钢筋连接用套筒灌浆料》(JG/T 408—2013)的相关规定,如表 5-1 所列。

表 5-1 技术参数

项目		标准要求	检测结果
流动度/mm	初始	≥300	340
	30 min	≥260	280
抗压强度/MPa	1 d	≥35	40
	3 d	≥60	70
	28 d	≥85	100
竖向膨胀率/%	3 h	≥0.02	0.05
	24 h 与 3 h 差值	0.02～0.50	0.04
氯离子含量/%		≤0.03	0.01
泌水率/%		0	0

按以下流程制备灌浆料拌和物:① 向搅拌设备中倒入适量清水并启动搅拌设备,搅拌设备湿润后倒掉清水,不能有明水残留;② 向搅拌设备中倒入 1 袋(25 kg)CABR 钢筋连接用套筒灌浆料;③ 用电子秤称取 3.25 kg 清水并倒入搅拌设备;④ 启动搅拌设备,搅拌 3 min;⑤ 搅拌完成后将灌浆料拌和物静置 1～2 min,以消除气泡;⑥ 将搅拌完毕并静置排出气泡后的灌浆料拌和物倒入干净桶中备用;⑦ 重复上述操作,继续搅拌下桶灌浆料,从而保证灌浆设备可持续灌浆。

灌浆料应储存于通风、干燥、阴凉处,应注意避免阳光长时间照射。CABR 套筒灌浆料可在 5～35 ℃下使用,拌和用水温度应尽量控制在 5～25 ℃,灌浆时浆体温度应为 5～30 ℃。灌浆时及灌浆后 48 h 内施工部位及环境温度应不小于 5 ℃,环境温度小于 5 ℃时需加热养护,并单独制定低温施工方案。

制备完成的灌浆料拌和物随存放时间延长,其流动性降低。如果制备完成后未能及时使用,存放时间过长时需再次搅拌使其恢复流动性后才可使用。一般情况下,灌浆料拌和物应尽可能在加水搅拌后 30 min 内灌完。严禁在套筒灌浆料中加入任何外加剂或外掺剂。

一个连接区段的灌浆接头所需灌浆料用量较多(大于 25 kg)时,应考虑分次搅拌、灌浆,否则可能因搅拌、灌注时间过长使浆体流动度下降,从而造成灌浆失败。

5. 灌浆施工

选用 CABR 灌浆机按以下流程进行灌浆作业:① 将灌浆料拌和物倒入灌浆桶,并盖紧灌浆桶盖;② 关闭排气阀门,打开气泵,对灌浆桶进行加压;③ 待出浆管中有圆柱状灌浆料连续冒出后,将出浆嘴对准进浆管开始灌浆;④ 待灌浆料从出浆口冒出后,拔出出浆嘴并封堵进浆管;⑤ 按照第③、④步操作依次对每个灌浆套筒进行灌浆;⑥ 所有灌浆套筒全部灌浆完毕后关闭气泵,打开灌浆桶排气阀门进行放气降压;⑦ 倒掉多余灌浆料,并用大量水冲洗灌浆桶,直至清水从出浆嘴中冒出,且灌浆桶壁无任何灌浆料残留。

6. 检验与验收

钢筋套筒灌浆连接相关检验和验收分为灌浆接头型式检验、施工前灌浆接头工艺检验、灌浆套筒及灌浆料进厂(场)检验、灌浆施工中灌浆料试块抗压强度检验及灌浆质量检验。

灌浆接头型式检验是为了认证目的进行的,对若干具有生产代表性的灌浆套筒、灌浆料产品样品利用检验手段进行合格与否的评价,型式检验主要适用于鉴定产品综合定形和评定企业产品质量是否全面达到标准和设计要求。灌浆接头工艺检验的目的是确保具体工程项目的进厂(场)钢筋与接头技术提供单位提供的且通过型式检验的灌浆套筒、灌浆料相适应,保证匹配后的灌浆接头性能满足相关要求。灌浆套筒及灌浆料进厂(场)检验的目的是确保每批进厂(场)的灌浆套筒、灌浆料产品质量满足相关要求。灌浆施工中灌浆料抗压强度检验的目的是确保实际施工中制备的灌浆料拌和物满足相关要求。灌浆质量检验的目的是确保实际灌浆质量满足相关要求。

该大桥人工岛预制钢筋骨架套筒灌浆连接,由于灌浆套筒未埋入预制构件,可在灌浆施工过程中制作平行加工灌浆接头试件,在灌浆施工前应确认接头试件检验合格。为不影响施工进度,可适当提前制作接头试件并完成检验。

五、工程案例二

1. 背景材料

北京某住宅项目由 3 个同类型单体组成,地上 20 层,采用装配整体式剪力墙结构,建筑面积约 4.5×10^4 m²。该项目共安装预制构件 6 152 件,其中预制墙板 1 188 块。工程抗震设防烈度为 8 度,结构安全等级为二级。为保证墙板在竖向的有效连接,该项目采用了钢筋套筒灌浆的技术。

2. 技术路线

结合上述难点和特点,为保证该项目套筒连接符合要求,首先应对灌浆操作人员进行技术培训,加强质量意识;其次应对灌浆料的制备加强管理,保证灌浆料符合施工参数要求;最后,施工现场应加强过程监督检查,保证一次成活。

3. 技术应用

(1) 工艺流程

钢筋套筒灌浆连接施工流程如图 5-35 所示。

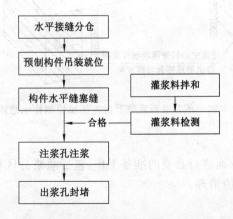

图 5-35 钢筋套筒灌浆连接施工流程图

(2) 技术要点

套筒灌浆施工工艺的要点主要分为两个阶段:灌浆作业准备和灌浆操作。

① 灌浆作业准备

a. 浆料的进场与存放

灌浆料具有较强的敏感性,且保质期较短,受环境影响较大(如环境潮湿、特别干燥),加上该项目跨越雨期施工,因此,需要制订合理的灌浆材料的进场计划,即现场尽量少存放灌浆料,灌浆料的存放应满足其温度和湿度要求。

b. 灌浆工具

灌浆工具主要包括计量灌浆料配合比用的计量器具,拌和工具、灌注机具等,确保灌浆料按照配合比进行拌和。

c. 操作人员准备

套筒灌浆接头质量受操作影响很大,所以需对注浆操作人员从浆料准备、浆料拌制、注浆及速度控制、机具清理等程序进行严格的培训和试件实际操作,如图 5-36 所示,确保施工过程万无一失,同时施工过程中尽量避免更换操作人员。

d. 灌浆工艺参数确认

由于灌浆料的特殊性,需要在正式灌浆前,完成对灌浆参数的确定以便控制施工工艺。预制墙板灌浆套筒连接模拟制作示意如图 5-36 所示。灌浆工艺参数包括:灌浆料失去流动性的时间、初凝时间;单个接头灌浆时间;单个接头灌浆料用量,单个构件灌浆料用量。

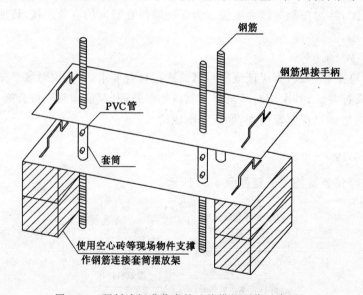

图 5-36　预制墙板灌浆套筒连接模拟制作示意图

e. 灌浆作业面准备

灌浆前,应对灌浆作业面进行必要的准备工作,包括灌浆分区和灌浆作业面降温湿润以及墙体底部塞缝和周边环境清理。

② 灌浆操作

a. 灌浆料拌制

灌浆料与水拌和应以重量计量,拌和水必须经称量后加入,灌浆机如图 5-37 所示。

先将灌浆料倒入搅浆桶内,加水至约 80% 水量后,搅拌 3～4 min,再加入剩余的 20% 的水量,搅拌均匀后静置排气,即可进行灌浆作业。

b. 灌浆作业

灌浆应从灌浆孔灌入灌浆料直到浆料从溢流孔涌出,然后迅速、持续按压溢流孔 15 s 左右,封堵灌浆孔及溢流孔。

为保证预制墙板下灌浆缝灌注密实,应按照先外后内、先斜后直的顺序进行操作。

塞缝完成后 6 h 进行套筒灌浆,搅拌砂料并测试流动性,将料倒入注浆机;封堵下排注浆孔,插入注浆管嘴,启动注浆泵,等浆料成柱状流出浆口时,封堵出浆口;逐个完成出浆口封堵后,抽出注浆管嘴,封堵注浆口。塞缝如图 5-38 所示。出浆孔封堵如图 5-39 所示。

图 5-37　灌浆机图　　　　图 5-38　塞缝图　　　　图 5-39　出浆孔封堵图

灌浆完毕后立即清洗搅拌机、搅拌桶、灌浆筒等机具,以免灌浆料凝固于器具表面,清理困难;灌浆完成后 24 h 内预制构件不得受到扰动。

(3) 计算验算与检测

根据《钢筋套筒灌浆连接应用技术规程》(JGJ 355—2015)的要求,灌浆料的配合比需提前计算确定,以满足工作强度和工作性能要求。

① 流动度测试:初始时不小于 300 mm,30 min 后不小于 260 mm,如图 5-40 所示。

② 强度测试:施工过程中,每次灌浆留置用于检测其强度的试块,尺寸为 40 mm× 40 mm×160 mm,要求 1 d 抗压强度不小于 35 MPa,28 d 抗压强度不小于 85 MPa,如图 5-41 所示。

图 5-40　测量灌浆料 30 min 流动度图　　　图 5-41　灌浆料强度测试试块制作图

4. 实施效果

通过采用钢筋套筒连接技术,预制外墙板得以良好的连接,同时通过在注浆过程中加强监督检查,保证了该项目各个套筒都能注浆饱满,保证构件连接安全、可靠,避免了后期采用其他手段进行检测的麻烦,降低了施工成本,提升了施工技术人员的操作水平。

第六章　钢结构技术与应用

第一节　钢结构深化设计与物联网应用技术与应用

一、技术内容

钢结构深化设计是以设计院的施工图、计算书及其他相关资料为依据，依托专业深化设计软件平台，建立三维实体模型，计算节点坐标定位调整值，并生成结构安装布置图、零件构件图、报表清单等的过程。钢结构深化设计与 BIM 结合，实现了模型信息化共享，由传统的"放样出图"延伸到施工全过程。物联网技术是通过射频识别（RFID）、红外感应器等信息传感设备，按约定的协议，将物品与互联网相连接，进行信息交换和通信，以实现智能化识别、定位、追踪、监控和管理的一种网络技术。在钢结构施工过程中应用物联网技术，改善了施工数据的采集、传递、存储、分析、使用等各个环节，将人员、材料、机器、产品等与施工管理、决策建立更为密切的关系，并可进一步将信息与 BIM 模型进行关联，提高施工效率、产品质量和企业创新能力，提升产品制造和企业管理的信息化管理水平。钢结构深化设计主要包括以下内容。

（1）深化设计阶段，需建立统一的产品（零件、构件等）编码体系，规范图纸深度，保证产品信息的唯一性和可追溯性。深化设计阶段主要使用专业的深化设计软件，在建模时，对软件应用和模型数据有以下几点要求。

① 统一软件平台：同一工程的钢结构深化设计应采用统一的软件及版本号，设计过程中不得更改。同一工程宜在同一设计模型中完成，若模型过大需要进行模型分割，分割数量不宜过多。

② 人员协同管理：钢结构深化设计多人协同作业时，明确职责分工，注意避免模型碰撞冲突，并需设置好稳定的软件联机网络环境，保证每个深化人员的深化设计软件运行顺畅。

③ 软件基础数据配置：软件应用前需配置好基础数据，如设定软件自动保存时间，使用统一的软件系统字体，设定统一的系统符号文件，设定统一的报表、图纸模板等。

④ 模型构件唯一性：钢结构深化设计模型，要求一个零构件号只能对应一种零构件。当零构件的尺寸、重量、材质、切割类型等发生变化时，需赋予零构件新的编号，以避免零构件的模型信息冲突报错。

⑤ 零件的截面类型匹配：深化设计模型中每种截面的材料指定唯一的截面类型，保证材料在软件内名称的唯一性。

⑥ 模型材质匹配：深化设计模型中每个零件都有对应的材质，根据相关国家钢材标准指定统一的材质命名规则，深化设计人员在建模过程中需保证使用的钢材牌号与国家标准中的钢材牌号相同。

（2）施工过程阶段，需建立统一的施工要素（人、机、料、法、环等）编码体系，规范作业过程，保证施工要素信息的唯一性和可追溯性。

（3）搭建必要的网络、硬件环境，实现数控设备的联网管理，对设备运转情况进行监控，提高设备管理的工作效率和质量。

（4）将物联网技术收集的信息与 BIM 模型进行关联，不同岗位的工程人员可以从 BIM 模型中获取、更新与本岗位相关的信息，既能指导实际工作，又能将相应工作成果更新到 BIM 模型中，使工程人员对钢结构施工信息作出正确理解和高效共享。

（5）打造扎实、可靠、全面、可行的物联网协同管理软件平台，对施工数据的采集、传递、存储、分析、使用等环节进行规范化管理，进一步挖掘数据价值，服务企业运营。

二、技术指标

（1）按照深化设计标准、要求等统一产品编码，采用专业软件开展深化设计工作。

（2）按照企业自身管理规章等要求统一施工要素编码。

（3）采用三维计算机辅助设计（CAD）、计算机辅助工艺规划（CAPP）、计算机辅助制造（CAM）、工艺路线仿真等工具和手段，提高数字化施工水平。

（4）充分利用工业以太网，建立企业资源计划管理系统（ERP）、制造执行系统（MES）、供应链管理系统（SCM）、客户关系管理系统（CRM）、仓库管理系统（WMS）等信息化管理系统或相应功能模块，进行产品全生命周期管理。

（5）钢结构制造过程中可搭建自动化、柔性化、智能化的生产线，通过工业通信网络实现系统、设备、零部件以及人员之间的信息互联互通和有效集成。

（6）基于物联网技术的应用，进一步建立信息与 BIM 模型有效整合的施工管理模式和协同工作机制，明确施工阶段各参与方的协同工作流程和成果提交内容，明确人员职责，制定管理制度。

三、适用范围

物联网应用技术适用于钢结构深化设计、钢结构工程制作、运输与安装。

四、工程案例一

1. 工程概况

该工程建设地点位于海南省海口市琼山区朱云路北段，主要由一栋地上 15 层、地下 3 层的塔式产权式酒店及配套设施等组成，项目总用地为 7 562.83 m²，总建筑面积为 37 263.55 m²，屋顶最高处标高为 67.6 m。该工程设计采用矩形钢管混凝土框架-钢支撑体系，地下部分为钢管混凝土结构，地上部分为钢框架支撑结构。主体结构为全钢结构，总质量约为 3 000 t。该工程具有构件截面形式多样、节点构造复杂等特点，钢结构深化部分全面采用 Tekla Structures 软件进行详图设计，包括搭建构件、节点设计和开发、图纸绘制等内容。工程实体建筑效果见图 6-1。

2. 项目重点及难点分析

钢结构建筑工程施工普遍存在构件制作周期长、现场安装风险较大等问题，在进行钢结构深化设计前，首先需要理解施工图所呈现的设计内容，对工程结构类型、施工方式等进行

图 6-1　工程实体建筑效果图

整体把握、全面思考。该工程深化设计重点及难点如下所列。

（1）快速、准确地完成模型初步搭建。该工程为高层钢框架结构，仅每一结构层钢梁型号就近 50 种，构件数量多且截面多样，如何快速而准确地布置杆件是深化设计首要考虑的问题。

（2）细部节点的准确设计。对节点的深化设计原则上以施工图上的设计要求为基准，但区别于施工图上给出的简要节点，深化时还需考虑节点焊接与装配的可达性，如焊缝尺寸、焊接坡口选择等。该工程复杂节点分布于钢柱、钢梁与斜支撑的连接节点以及钢柱与土建钢筋的连接节点。

（3）复杂构件加工详图的准确表达。钢构件的加工制作是基于钢结构详图开展的。在三维模型完成后，最终需要回归于二维图纸的表达。一旦图纸出现错误，如零件标记错误、尺寸标注错误等，将直接造成构件出现加工错误，安装不了，导致返工和浪费。

（4）运输和安装的合理保证。因构件外形尺寸复杂多变且吨位大，深化设计时需考虑运输和安装条件，合理分段，避免在构件加工完成后出现无法运输或吊装不了的情况。

3. Tekla Structures 在项目中的应用

（1）模型搭建根据钢框架工程结构特点可以判断，初期建模时钢柱、钢梁等的布置互不干涉，楼层间也分区明显。考虑到工程进度要求，首先确定采用 Tekla Structures 多用户模式建模。在多用户模式下，利用多用户服务器，多人可同一时间访问相同的模型，对钢柱、钢梁等进行分工建模，完成一项操作后在本机上保存就可随时看到其他所有人的进度，这样做避免了复制和合并模型的麻烦，也可以追踪修改模型的时间以及操作人员，方便核查，有效节省了建模的时间。

针对钢框架结构钢梁等杆件数量极多这种情况，选择了先将原设计图纸 DWG 文件导入 Tekla Structures，设定统一截面，导入后再调整规格。这种方法常广泛用于异形结构、管桁架等的建模，可以减少对钢梁布置位置的选择时间，提高建模效率。除利用软件本身提供的常用规格截面库以外，还可按蓝图要求自定义截面，预先在软件中进行梁属性设置并将文件另存，这样在选择钢梁截面时就可以快速调用，建模效率也能得到很大提升。蓝图钢梁截面见表 6-1，模型杆件平面布置见图 6-2。

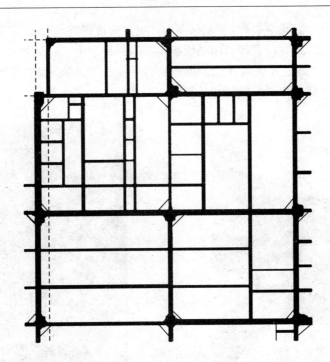

图 6-2　部分杆件平面布置

表 6-1　部分钢梁截面

构件号	名称	截面	材质
KL1	框架梁	H550×150×10×10	Q345B
KL2	框架梁	H550×150×10×12	Q345B
KL3	框架梁	H550×180×10×12	Q345B
KL4	框架梁	H550×200×10×14	Q345B
KL5	框架梁	H550×220×14×20	Q345B
KL6	框架梁	H550×220×10×16	Q345B
KL7	框架梁	H550×240×10×12	Q345B
KL8	框架梁	H550×240×10×20	Q345B
KL9	框架梁	H550×250×12×30	Q345B
KL10	框架梁	H550×280×10×20	Q345B

（2）节点处理

该工程地下室部分需配合土建施工，混凝土梁与钢骨柱连接位置需重点考虑钢筋碰撞后的处理方式。由于施工图达不到施工要求，采用 Tekla Structures 对每一根钢柱周围的钢筋进行放样，得到钢筋的具体位置，并进一步选择用连接板法解决钢筋碰撞问题，在钢柱出厂前就焊接好长度满足纵筋搭设要求的钢牛腿板，提前做好处理，减轻现场焊接工作量。高层钢框架节点主要有梁梁铰接节点、梁梁刚接节点、梁柱刚接节点、柱撑节点等，其中部分柱撑节点复杂，连接方式多样。采用 Tekla Structures 进行三维建模，对于复杂节点，建模人员可直接根据施工图给出的节点进行切割、焊接，打螺栓，将单个节点处理好，并利用已建好的节点定义用户单元,调整参数,预先保存为自定义的通用节点以方便后期调用。而对于钢框架结构常规节点,则可以直接采用系统提供的组件目录中已有的组件进行创建,如梁梁铰接节点可直接在系统组件中选择全深度或特殊的全深度节点,调整切割、螺栓等参数设置,创建节点即可。部分节点三维示意见图 6-3 和图 6-4。

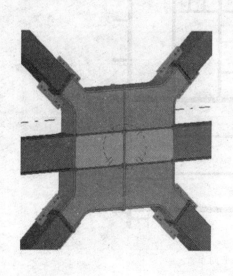

图 6-3　节点三维示意一

图 6-4　节点三维示意二

另外,由于钢框架结构杆件众多,且梁与梁、柱与梁的常规连接占了较大比例,若采用传统的 Tekla Structures 节点搭建方法,需要对主构件、次构件依次点选才能创建,这样很容易出现设计错误,降低设计质量,此时建模人员就选择了 Tekla Structures 自动连接作为设计方案。自动连接提供了尺寸、角度、文本名称、截面种类等参数作为判断依据以建立规则,在满足条件的情况下批量创建节点,可有效提升设计效率。自动连接参数设置见图 6-5,所创建的节点见图 6-6。

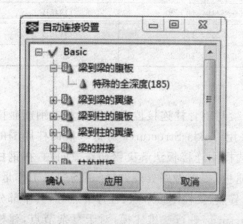

图 6-5　自动连接装置

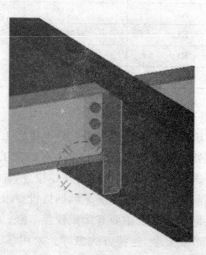

图 6-6　梁梁铰接节点

3. 制作加工

图纸是加工厂生产的依据,因此图纸的表达需要准确、无遗漏。Tekla Structures 可直接通过建好的模型创建图纸,只要对图纸中的尺寸标注、零件标注、图框模板等进行调整,就可以直接下发至工厂加工。图纸不仅包含各零件尺寸及零件数量、相对位置、焊缝要求等,还准确编制了材料表及螺栓表。相较于 AutoCAD 出图,Tekla Structures 虽然也是二维图纸,但体现的信息却是三维的。每一张图纸都对应了模型里的一部分,当图纸因构件复杂、图幅尺寸小等原因造成识图困难问题时,可在模型中快速找到该图纸对应的构件,并通过旋转、透视进行所需尺寸测量,解决加工难题。

4. 运输和安装

通过与工厂发运组进行沟通,确定需要将钢构件的外形尺寸控制在宽度不超过 3 m,长度不超过 15 m 的范围内,以方便运输。在该工程深化过程中,通过 Tekla Structures 的放样和测量,尽量将构件节点控制在该范围之内。对于实在无法保证的大构件则采取部分发至现场焊接的方式处理,有效减少了发运工作不畅造成的返工。现场在安装构件前,可通过 Tekla Structures 来确定钢构件的分段方案是否满足现场吊装要求以及分段节点是否满足高空焊接要求。在 Tekla Structures 软件创建的安装布置图上,每一根构件都有一个特殊的编号,施工人员可根据图纸获取构件准确的安装标高、平面位置,确定连接板的方向等。同样,在遇到图纸限于图幅表达不清的情况时,施工人员也可直接访问模型或模型导出的网页文件,定位到具体区域,直观、立体地将信息呈现出来。

5. 设计变更处理

该工程在深化设计阶段中,由于设计方蓝图多次变更,导致深化图纸也需多次修改。在软件中,图纸是模型的映射。由于模型与图纸具有关联性,因此在发生设计变更后,可以直接调整模型来得到图纸的变更。另外,在蓝图变动位置太多的情况下,可以利用参考模型的选项进行变更处理。参考模型是通过调整显示设置,可以在窗口中显示新版模型、旧版模型或只显示新版本插入的新构件、新版本中删除的构件等,经调整显示设置以检视模型变更的部分。在变更完成后,相关的平面视图会自动加上云线,可有效节省人工比对变更的时间,增加了变更作业的便利性及顺畅度。调整设计变更后的图纸,即可下发工厂完成变更。完整的三维模型见图 6-7。

图 6-7　Tekla Structures 三维模型

6. 实施效果

利用 Tekla Structures 对该工程进行三维建模,充分表达出了设计意愿,全面展示了所需工程信息,体现出软件的优越性。随着现代建筑的多元化发展,会出现越来越多造型复杂的钢结构工程,钢框架结构作为一种常规结构,其三维模型的搭建、节点的处理方式等都会对后期项目的深化设计起到一定借鉴意义。

五、工程案例二

1. 工程概况

北京某工程,结构体系为巨柱外框筒＋内核心筒,内核心筒为钢筋混凝土结构(含钢板),外框筒为巨柱＋翼墙＋楼层钢梁,地下室采用钢筋混凝土楼板、混凝土梁(部分劲性钢骨梁)结构。地下室韧劲钢骨梁结构包括:巨柱、翼墙、钢板剪力墙、楼面钢梁、锚栓。该工程结构新颖,节点复杂,巨柱、翼墙连接节点构造相当复杂。钢结构设计构造(BIM 模型节选)如图 6-8 所示。

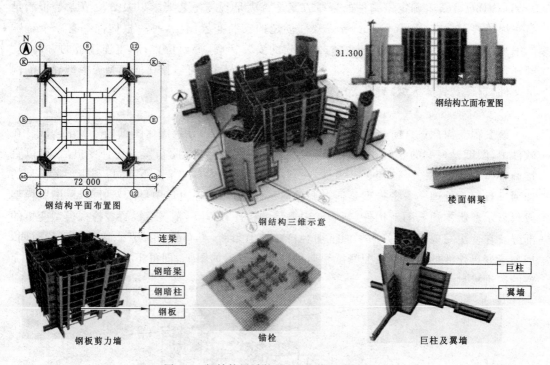

图 6-8　钢结构设计构造(BIM 模型节选)图

2. 背景分析

该工程结构新颖,节点复杂,如巨型柱内腔体对结构的安全性至关重要。节点设计需考虑运输的便捷性和安装的可行性,能否科学、合理地设计出施工操作性强、焊接残余应力小的节点是该工程钢结构部分的一大难点。

另外,该工程钢结构体量大,构件截面尺寸大、形式复杂,特别是外框巨柱、核心筒钢板剪力墙等,这些部位的节点构造复杂且超重,同一基本构件样式多,在运输出厂、现场安装时容易混淆。综合结构安全、构造措施、制作运输、现场安装等因素,能否科学、合理地进行分段分节及全过程状态的追踪管理是该工程钢结构部分又一重点。

　　为合理解决上述施工难题,该工程钢结构施工中采用 Tekla Structures 软件进行三维实体建模,将复杂节点单元化,结合有限元模拟分析进行合理的分段分节,同时引入物联射频技术,识别获取构件在工厂内制作、成品运输、进场堆放、现场安装等状态,以最终确保构件的精确安装。

　　3. 实施方案

（1）钢结构深化设计工作流程

　　钢结构零构件及节点需要在原设计图的基础上进行深化设计,以便加工厂加工制作和现场安装使用。钢结构深化设计工作流程如图 6-9 所示。

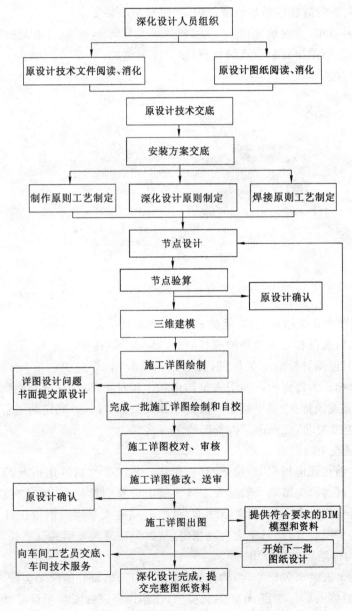

图 6-9　钢结构深化设计工作流程图

（2）复杂巨柱内腔体深化设计

巨柱腔体截面由 13 个腔体组成，在满足运输条件下主要考虑运输中各单元整体变形小，现场方便施焊。巨柱腔体截面每节分为 7 个单元进行现场拼装。通过三维实体建模，结合有限元分析，确定如下巨柱分段原则。

① 分段时需错开结构受力较大的部位，横、纵焊缝尽量考虑错开布置，错开间距在 200 mm 以上。

② 分段单元高度限制在 3.2～3.5 m，宽度限制在 4.2～4.5 m，长度方向限制在 15 m 以内，以满足构件运输要求。

③ 水平分节位置设置在结构隔板上或下 150 mm。

④ 分段单元质量应在塔吊吊装范围内，满足现场吊装要求。

经深化，巨柱首节（含翼墙）分为 12 块，构件最大宽度为 4.5 m，最大长度为 15 m，最大单元质量为 52 t。钢结构复杂节点深化设计（分段示意）如图 6-10 所示。

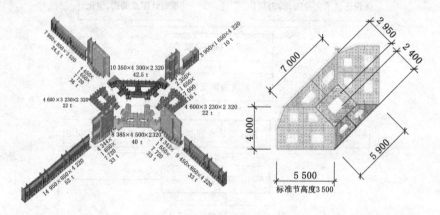

图 6-10　钢结构复杂节点深化设计（分段示意）图

（3）物联网技术在钢结构制作、运输、安装过程中的应用

该工程钢结构制作和安装板块的原材料、成品构件等具有数量大、易混淆、难监管的特点，造成难以及时追踪材料的堆放位置，无法跟踪采购-生产-施工进度，给钢结构制作与安装带来了巨大影响。为此将物联网引入钢结构制作和安装领域，充分利用物联网全面感知、可靠传递、智能处理的特点，对钢材原料的使用和成品构件的运输、安装进行全程监控，同钢结构 BIM 深化模型关联，实现钢结构资源的多方共享。

① 在生产制造中的应用

该工程很多钢材规格相同，而材质不同，现场容易产生物料混用情况，给构件质量埋下隐患。通过对钢材的预先编码、标定，在车间大门上设置门禁系统，使其在获取进入车间的钢材信息后与后台项目 BIM 深化模型联动，自动形成进入车间的钢板统计表；当未确认出库的钢材误进入车间时，门禁系统会自动报警，从而保证进入车间的材料是符合要求的。

② 在成品构件运输中的应用

通过在车辆上安装车载标签，当构件运出加工厂后，出口处的网关会读取构件的标签信息，并将信息同时传入后台项目 BIM 深化模型，在制作厂家和安装项目部及相关方共享，并比对运输构件与深化模型构件的统一性。借助全球定位系统（GPS），通过车载标签可以对货车进行自动跟踪,以准确掌握车辆运输状态,进而预知构件抵达安装现场的时间,合理安排构件的装卸作业。

③ 在钢结构安装过程中的应用

钢结构项目施工现场的主要工作是组装由制造厂提供的成品构件。该工程成品构件数量繁多,并且有的外形极为相似,容易混淆。安装时容易造成安装过程中出现"张冠李戴"现象。通过引入物联网技术,在施工现场部署实时定位系统,利用手持设备可以快速地找到指定构件,避免构件的误用情况发生。同时,通过访问后台项目 BIM 模型数据库,可以随时了解项目目前的安装进展及预计完工日期,从而有效地监控施工进展。

4. 实施效果

通过 Tekla Structures、Midas、ANSYS 等软件对整个钢结构模型的静、动态分析,三维实体模型的建立,施工验算和最不利工况下的节点强度验算;巨柱分段分节、巨柱与梁连接节点区域等的深化;复杂钢板剪力墙组装焊缝及与钢梁连接节点等的深化;以及预埋件的连接节点、楼承板连接节点等的深化,进一步掌握了工程的整体结构特点及结构造型,合理解决了多构件空间相互交错、焊接变形大的难题。

深化分段分节的构件间连接焊缝,使得构件吊次均有大幅减少,如巨柱标准节分为4 块,构件最大宽度为 4 m,最大长度为 7 m,最大单重为 44 t,竖向焊缝由 16 道缩减至8 道,吊次由 7 钩减少为 4 钩,大大缩短了工期。

物联射频技术的采用,使得构件从场外加工制作、过程运输至现场安装全过程可跟踪、可追溯,以智能化的识别读取替代传统的人工清点模式,避免构件的安装错误,确保了施工过程的安全、可靠,以及质量和进度。

第二节　钢结构智能测量技术与应用

一、技术内容

钢结构智能测量技术是指在钢结构施工的不同阶段,采用基于全站仪、电子水准仪、全球定位系统(GPS)、北斗卫星定位系统、三维激光扫描仪、数字摄影测量、物联网、无线数据传输、多源信息融合等多种智能测量技术,解决特大型、异型、大跨径和超高层等钢结构工程中传统测量方法难以解决的测量速度、精度、变形等技术难题,实现对钢结构安装精度、质量与安全、工程进度的有效控制。钢结构智能测量技术主要包括以下内容。

1. 高精度三维测量控制网布设技术

采用全球定位系统(GPS)空间定位技术或北斗空间定位技术,利用同时智能型全站仪[具有双轴自动补偿、伺服马达、自动目标识别(ATR)功能和机载多测回测角程序]和高精度电子水准仪以及条码因瓦水准尺,按照现行《工程测量规范》(GB 50026—2007),建立多层级、高精度的三维测量控制网。

2. 钢结构地面拼装智能测量技术

使用智能型全站仪及配套测量设备,利用具有无线传输功能的自动测量系统,结合工业三坐标测量软件,实现空间复杂钢构件的实时、同步、快速地面拼装定位。

3. 钢结构精准空中智能化快速定位技术

采用带无线传输功能的自动测量机器人对空中钢结构安装进行实时跟踪定位,利用工业三坐标测量软件计算出相应控制点的空间坐标,并同对应的设计坐标相比较,及时纠偏、校正,实现钢结构快速、精准安装。

4. 基于三维激光扫描的高精度钢结构质量检测及变形监测技术

采用三维激光扫描仪,获取安装后的钢结构空间点云,通过比较特征点、线、面的实测三维坐标与设计三维坐标的偏差值,从而实现钢结构安装质量的检测。该技术的优点是通过扫描数据点云可实现对构件的特征线、特征面进行分析比较,比传统检测技术更能全面反映构件的空间状态和拼装质量。

5. 基于数字近景摄影测量的高精度钢结构性能检测及变形监测技术

利用数字近景摄影测量技术对钢结构桥梁、大型钢结构进行精确测量,建立钢结构的真实三维模型,并同设计模型进行比较、验证,确保钢结构安装的空间位置准确。

6. 基于物联网和无线传输的变形监测技术。

通过基于智能全站仪的自动化监测系统及无线传输技术,融合现场钢结构拼装施工过程中不同部位的温度、湿度、应力应变、全球定位系统(GPS)数据等传感器信息,采用多源信息融合技术,及时汇总、分析、计算,全方位反映钢结构的施工状态和空间位置等信息,确保钢结构施工的精准性和安全性。

二、技术指标

1. 高精度三维控制网技术指标

相邻点平面相对点位中误差不超过 3 mm,高程上相对高差中误差不超过 2 mm;单点平面点位中误差不超过 5 mm,高程中误差不超过 2 mm。

2. 钢结构拼装空间定位技术指标

拼装完成的单体构件即吊装单元,主控轴线长度偏差不超过 3 mm,各特征点监测值与设计值[$(X、Y、Z)$坐标值]偏差不超过 10 mm。具有球结点的钢构件,检测球心坐标值[$(X、Y、Z)$坐标值]偏差不超过 3 mm。构件就位后各端口坐标[$(X、Y、Z)$坐标值]偏差均不超过 10 mm,且接口(共面、共线)错台不超过 2 mm。

3. 钢结构变形监测技术指标

所测量的三维坐标[$(X、Y、Z)$坐标值]观测精度应达到允许变形值的 1/20～1/10。

三、适用范围

钢结构智能测量技术适用于大型复杂或特殊复杂、超高层、大跨度等钢结构施工过程中的构件验收、施工测量及变形观测等。

四、工程案例一

1. 工程概况

该工程位于武汉市江岸区中心城区,东临长江,面向风景如画的江滩公园。主塔楼最高点高达 436 m,地下 2 层,地上 73 层,总建筑面积 166 807.73 m²。三个塔楼的翔翔姿态加上底部辅楼,是以长江中畅游的船只形体为灵感的,其充满动感的独特身姿,寓意是武汉市发展如一艘旗舰扬帆起航,因此是武汉市地标建筑(图 6-11)。

图 6-11　商务中心

　　项目的主塔楼钢结构主要分布在塔楼外框与核心筒结构中,总用钢量约为 3.0×10^4 t。地上主体结构体系为外框劲性框架＋劲性核心筒＋伸臂桁架＋腰桁架体系,主塔楼钢结构由外框架＋核心筒＋桁架层＋塔冠桅杆四部分组成,塔楼钢结构体系见图 6-12。超高层建筑物在进行钢结构施工时,存在结构自重大、结构复杂和高空对接等难点。在钢结构安装就位后,由于钢结构自身荷载及其他荷载,结构会发生变形,影响施工精度与安全。严格控制核心筒主体钢框架水平和垂直两个方向的变形,是关系整栋建筑物的完整性和安全性关键工序。为有效监测核心筒主体钢框架变形,施工单位采用三维激光扫描的 BIM 技术方案,实时掌握钢框架主体变形,有效提高了 BIM 技术管理的时效性和便捷性。

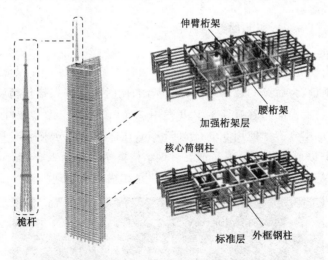

图 6-12　塔楼钢结构体系示意

　　2. 基于三维激光扫描的 BIM 技术在建筑施工变形监测的应用

　　从三维激光扫描的测量原理与测量过程可知,三维激光扫描以网格扫描方式,生成高精度、高密度、高速度的测量点,采集的是一系列点云数据。这些点云数据,首先通过云处理软件 Cyclone 生成点云模型;然后通过计算机辅助设计(CAD)软件插件 CloudWorx 精确获取目标点云的数据信息,直接导入计算机辅助设计(CAD)软件,进行数据分析;或将点云模型中的特征点在 Cyclone 软件中连接,直接导入第三方设计软件(用于钢结构设计的软件如犀牛 Rhino 或 Tekla Structures),用来进行三维建模并与设计模型进行拟合分析;然后将分析数据添加至模型属性中,形成数据分析 BIM 模型,从数据变化中分析出建筑物的变形趋势,为建筑物施工过程和后期建筑物健康监测提供可靠的数据支撑。

3. 基于三维激光扫描的 BIM 技术在超高层钢结构塔楼变形监测中的应用

该项目主要从数据采集、数据导入、数据处理、建立 BIM 管理模型来对钢框架主体的变形进行监测,来探讨三维激光扫描 BIM 技术在超高层钢框架变形监测中的应用。三维激光扫描技术变形监测流程如图 6-13 所示。

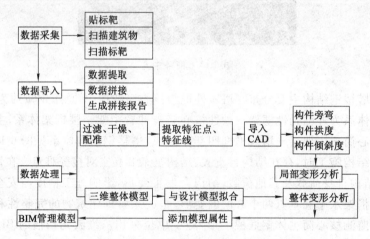

图 6-13　三维激光扫描技术变形监测流程

(1) 三维激光扫描变形监测的数据获取

① 扫描前的准备

扫描之前对现场进行勘察,确定目标构件扫描仪的架站位置。在保证质量的前提下,节约时间和扫描数据量,为后续的数据处理打好基础;同时为保证扫描仪精度及框架梁旁弯的数值,在特定区域贴上提前布置好徕卡 P40 专用 4.5 in(11.43 cm)黑白标靶。扫描采用独立架站方式,扫描基本分辨率使用 6.3 mm@10 m,在框架梁部分采用 3.1 mm@10 m,保证点云密度约 1 mm,以更好地记录现实情况。钢结构框架上每隔 1.0～1.5 m 贴徕卡 P40 专用黑白标靶,原则是均匀分布现场扫描。图 6-14 是扫描框架梁现场。

图 6-14　扫描框架梁现场

② 扫描标靶

点云扫描完毕，每站进行标靶扫描。标靶扫描分为三部分：第一部分为扫描后期用于对站站之间数据进行拼接的标靶，原则上保证站站之间有两个公共标靶；第二部分为根据提前划定中线位置贴制的标靶，用于后续虚拟安装时定义控制标准；第三部分为扫描框架梁侧面及顶部的标靶，通过点位坐标测量轴系的偏差来计算框架梁的侧挠，同时通过对比标靶点位之间的距离与全站仪数据，验证扫描仪精度。

（2）数据的处理

① 数据的导入

使用徕卡 P40 设备云处理软件 Cyclone 进行数据导入，并进行点云的浏览、查看。通过 Cyclone Register 模块进行站站之间的数据自动拼接，生成专业的拼接报告并输出。使用徕卡 P40 专用 4.5 in（11.43 cm）标靶，可将站站之间整体拼接精度控制在 ±2 mm 以下。Cyclone Register 模块生成站点拼接报告，站点信息、拼接精度一目了然，如图 6-15 所示。

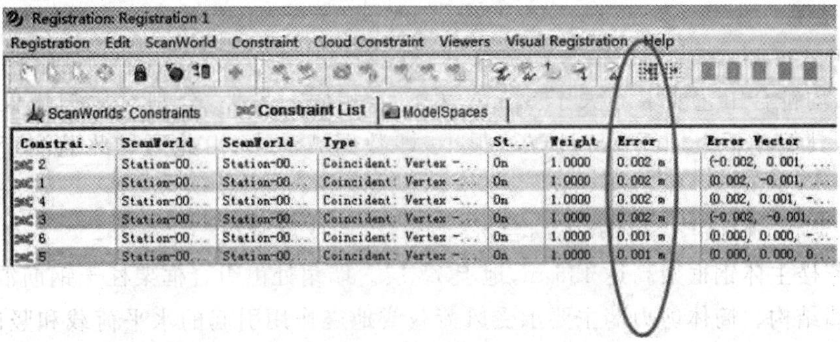

图 6-15　点云整体拼接精度

注：error 为误差。

② 数据的过滤与提取

各个部分拼接完成之后，进行数据的过滤和去噪，目的是保留对后续成果有用的点云，将无关的点云全部删除或屏蔽，形成整体点云模型见图 6-16（由于此项目正在建设，因此点云模型为建设过程中框架主体部分模型）。

（3）三维激光扫描 BIM 技术的变形监测

① 三维激光扫描监测钢框架主体水平方向变形

在钢材切割、组对、焊接、安装等施工过程中存在的热量与内应力集中的变形称为旁弯。监测旁弯是控制构件水平方向结构变形的有效手段之一。在该工程中，施工单位利用三维激光扫描技术监测框架梁变形，得到主体框架梁的旁弯数据，同时利用高精度全站仪（徕卡 TCR1202＋）的测量数据来验证此数据的可靠性，见表 6-2。

图 6-16　地面 1～32 层点云模型

表 6-2　框架梁旁弯数据分析

点号	旁弯/mm		偏差 /mm	方差 /mm²	点号	旁弯/mm		偏差 /mm	方差 /mm²
	全站仪	扫描仪				全站仪	扫描仪		
1	0.00	0.00	0.00	0.03	10	−5.08	−6.0	0.92	0.08
2	−2.17	−1.8	−0.37	0.38	11	−4.98	−6.1	1.12	−0.27
3	−2.05	−1.3	−0.75	1.08	12	−3.76	−4.6	0.84	0.11
4	−3.08	−2.4	−0.68	1.09	13	−4.25	−4.0	−0.25	0.48
5	−4.11	−3.1	−1.01	2.10	14	−2.14	−2.6	0.46	0.02
6	−4.03	−3.8	−0.23	0.63	15	−0.92	−1.6	0.68	0.00
7	−3.72	−3.1	−0.62	1.58	16	0.93	−0.4	1.33	0.44
8	−3.79	−4.5	0.71	0.00	17	0.00	0.00	0.00	0.07
9	−3.21	−5.0	1.79	1.06					

由表 6-2 可知,采用扫描仪与全站仪分别检测框架梁旁弯数据的总体走势一致,且各自最大值(均符合工艺要求不大于 8 mm)对应点相同。另外,分别对比扫描仪与全站仪检测数据,其偏差不大于 2 mm 且方差很小,即数据波动小,由此可见此监测变形的技术可靠。

② 三维激光扫描与 BIM 技术结合进行垂直方向变形监测

该商务楼主体钢框架高达 436 m,地上 73 层。墙角处由组合框架柱＋钢筋混凝土组成筒体剪力墙结构。筒体剪力墙主要承受风荷载或地震作用引起的水平荷载和竖向荷载(重力),为防止结构剪切(受剪)破坏,因此需严格控制筒体剪力墙的垂直度。现场采用三维激光扫描,以西南角筒体剪力墙变形为例探讨垂直方向监测方法。

第 1 步:合理设置切割面,利用 CloudWrox 插件进行点云切割,生成结构断面线,结构断面线导入 CAD 进行精确测量。第 1 次切割断面实测值与设计值对比,如图 6-17 所示。

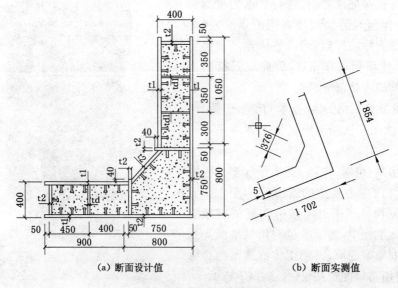

(a) 断面设计值　　　　　　(b) 断面实测值

图 6-17　断面实测值与设计值的对比

第 2 步：为观测筒体剪力墙整体倾斜度，工作人员根据拼接位置，设置 5 次切割面，利用 CloudWrox 插件进行点云切割，生成 5 个断面线，断面线导入 AutoCAD 进行垂直重叠观测，测出第 1 次至第 5 次切割断面 Z 方向的偏差值，如图 6-18 所示。

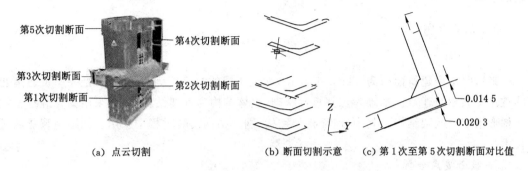

（a）点云切割　　　（b）断面切割示意　　　（c）第 1 次至第 5 次切割断面对比值

图 6-18　点云切割对比分析

第 3 步：根据点云模型，调取筒体剪力墙监测控制点，连接轮廓线，将其导入第三方钢结构建模软件（用于钢结构建模的软件，如犀牛 Rhino 或 Tekla Structures），形成钢框架筒体 BIM 模型（图 6-19），并根据实测数据，添加模型各种变形属性，为后期施工和变形监测提供详细的数据支撑。（注：软件建模规则为当柱末端偏移不一致时，需用梁的命令创建柱模型，因此对话框中显示梁的属性。）同时根据工程进度要求和《钢结构工程施工质量验收规范》（GB 50205—2001）要求，定期对钢框架筒体进行变形监测，逐步完善 BIM 管理模型，并根据数据分析出建筑物变形趋势，为后期运营管理提供大数据支持。

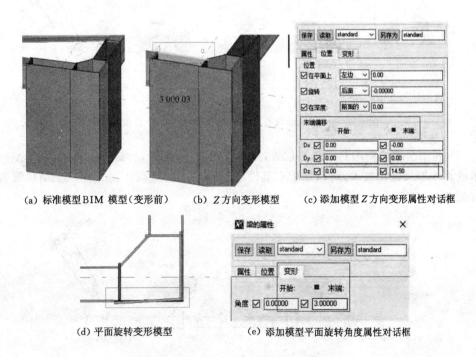

（a）标准模型 BIM 模型（变形前）　（b）Z 方向变形模型　（c）添加模型 Z 方向变形属性对话框

（d）平面旋转变形模型　　　　（e）添加模型平面旋转角度属性对话框

图 6-19　添加变形属性的 BIM 管理模型

4. 工程总结

探索三维激光扫描 BIM 技术对超高层钢结构变形监测方面的应用，既是对 BIM 技术的补充，也是对三维激光扫描测量技术领域的拓展，为未来超高层建筑的变形监测提供了崭新的思路。

五、工程案例二

1. 工程概况

某铁路站房建筑面积为 334 736.5 m²，地上 4 层的总高度为 52.15 m，是一座贯通南北的铁路交通枢纽建筑。基础为桩基承台基础，主体结构为框架结构；屋面采用钢管混凝土柱＋梯形桁架＋网架结构。其中，屋面桁架结构、网架结构安装过程中采用了钢结构智能测量技术。

2. 核心要点分析

该工程的钢结构智能测量技术施工核心要点包括：① 前期根据图纸采用全站仪进行全局点位控制；② 使用全站仪及定位技术，将桁架与胎架位置进行比对；③ 基于智能测量技术术对现场安装的钢结构进行定位。

3. 实施方案

（1）根据桁架的几何尺寸及深化设计详图，利用全站仪在拼接场地上放出桁架的平台投影线，将边界杆、腹杆贯通处作为控制特征点，在拼装平台内放出各特征点的地面投影点，最后将设计的三维坐标体系利用全站仪极坐标法复核。使用全站仪在拼接场地放出桁架的平台投影线如图 6-20 所示。

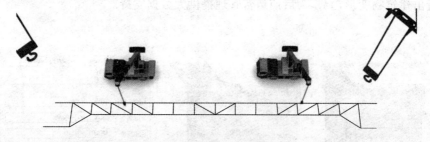

图 6-20　使用全站仪在拼接场地放出桁架的平台投影线图

（2）利用全站仪精确测定胎架位置，作出十字线，胎架搭设完成后，采用 GPS 空间定位技术或北斗卫星定位技术，将钢结构安装位置与胎架进行定点比对。使用全站仪设置胎架位置如图 6-21 所示。

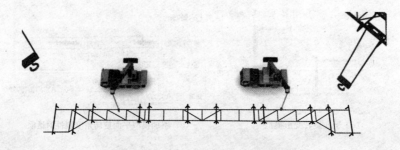

图 6-21　使用全站仪设置胎架位置图

（3）在桁架拼装过程中，使用全站仪配合无线数据传输功能，及时将桁架拼接中的空间三维坐标测量点与设计图纸进行比对，及时调整现场桁架拼接中的方向与距离。测量校正如图 6-22 所示。

图 6-22　测量校正图

4．效果总结

在该工程中，通过使用钢结构智能测量技术，在钢结构安装开始前，通过数据软件，提前对安装测量点位进行复核，大大降低了返工率；实际安装中智能测量技术有效提高了现场测量精度，通过相关软件的使用，使设计图纸中的各项测量数据如实、详细地反映了施工现场，做到了所有钢结构连接节点误差均大幅度小于设计要求误差，提高了工程质量。钢结构智能测量的使用，既提高了施工效率又降低了质量风险，又有效解决了传统测量方法误差大、效率低的问题。

第三节　钢结构虚拟预拼装技术与应用

一、技术内容

1．虚拟预拼装技术

采用三维设计软件，将钢结构分段构件控制点的实测三维坐标，在计算机中模拟拼装形成分段构件的轮廓模型，与深化设计的理论模型拟合比对，检查分析加工拼装精度，得到所需修改的调整信息。相关信息经过必要校正、修改与模拟拼装，直至满足精度要求。

2．虚拟预拼装技术主要内容

（1）根据设计图文资料和加工安装方案等技术文件，在构件分段与胎架设置等安装措施可保证自重受力变形不致影响安装精度的前提下，建立设计、制造、安装全部信息的拼装工艺三维几何模型，完全整合形成一致的输入文件，通过模型导出分段构件和相关零件的加工制作详图。

（2）构件制作验收后，利用全站仪实测外轮廓控制点三维坐标。

① 设置相对于坐标原点的全站仪测站点坐标，仪器自动转换和显示位置点（棱镜点）在坐标系中的坐标。

② 设置仪器高和棱镜高，获得目标点的坐标值。

③ 设置已知点的方向角,照准棱镜测量,记录确认坐标数据。

(3) 计算机模拟拼装,形成实体构件的轮廓模型。

① 将全站仪与计算机连接,导出测得的控制点坐标数据,导入 Excel 表格,换成 (X,Y,Z) 格式。收集构件的各控制点三维坐标数据、整理汇总。

② 选择复制全部数据,输入三维图形软件。以整体模型为基准,根据分段构件的特点,建立各自坐标系,绘出分段构件的实测三维模型。

③ 根据制作安装工艺图的需要,模拟设置胎架及其标高和各控制点坐标。

④ 将分段构件的自身坐标转换为总体坐标后,模拟吊上胎架定位,检测各控制点的坐标值。

(4) 将理论模型导入三维图形软件,合理地插入实测整体预拼装坐标系。

(5) 采用拟合方法,比对构件实测模拟拼装模型与拼装工艺图的理论模型,得到分段构件和端口的加工误差以及构件间的连接误差。

(6) 统计分析相关数据记录,对于不符合规范允许公差和现场安装精度的分段构件或零件,修改、校正后重新测量、拼装、比对,直至符合精度要求。

3. 虚拟预拼装的实体测量技术

(1) 无法一次性完成所有控制点测量时,可根据需要,设置多次转换测站点。转换测站点应保证所有测站点坐标在同一坐标系内。

(2) 现场测量地面难以保证绝对水平,每次转换测站点后,仪器高度可能会不一致,故设置仪器高度时应以周边某固定点高程作为参照。

(3) 同一构件上的控制点坐标值的测量应保证同一人同一时段完成,保证测量准确和精度。

(4) 所有控制点均取构件外轮廓控制点,如遇到端部有坡口的构件,控制点取坡口的下端,且测量时用的反光片中心位置应对准构件控制点。

二、技术指标

预拼装模拟模型与理论模型比对取得的几何误差应满足《钢结构工程施工规范》(GB 50755—2012)和《钢结构工程施工质量验收规范》(GB 50205—2001)以及实际工程使用的特别需求。无特别需求情况下,结构构件预拼装主要允许偏差如下:预拼装单元总长为 ±5.0 mm;各楼层柱距为±4.0 mm;相邻楼层梁与梁之间距离±3.0 mm;拱度(设计要求起拱)为±1/5 000;各层间框架两对角线之差为 $H/2000$,且不应大于 5.0 mm;任意两对角线之差为 $\sum H/2\,000$,且不应大于 8.0 mm;接口错边为 2.0 mm;节点处杆件轴线错位为4.0 mm。

三、适用范围

钢结构虚拟预拼装技术适用于各类建筑钢结构工程,特别适用于大型钢结构工程及复杂钢结构工程的预拼装验收。

四、工程案例一

1. 工程概况

某金融中心主楼整体结构共计 7 道加强层桁架,其中第 6 道、第 7 道桁架分别设置在

L97～L99 层、L114～L115 层之间（图 6-23）。巨型柱间的带状桁架杆件均为双 H 形构件，板厚为 25 mm、40 mm、70 mm；角部加强桁架为单 H 形构件，板厚为 50 mm、60 mm、80 mm；伸臂桁架为箱形及 H 形构件，板厚为 45 mm、100 m；带状桁架单榀质量达 185 t，长 26 m，宽 2.8 m，高 5.6 m。根据预拼装方案，结合加工任务安排，拟对 L97～L99 层、L114～L115 层带状桁架中的单榀采用实体预拼装外，其余带状桁架、角部加强桁架采用计算机模拟预拼装，以在保证构件质量的同时，节约实体预拼装的时间，从而有效保证现场工期。

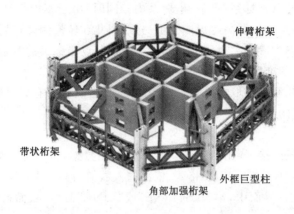

图 6-23　L114～L115 层加强层桁架分布示意

2. 方法原理

采用钢结构三维设计软件 Tekla Structures 构建三维理论模型，对加工完成的实体构件进行各控制点三维坐标值测量，用测量数据在计算机中构造实测模型，通过实测在计算机中形成的轮廓模型与理论模型进行拟合比对，并进行模拟拼装，检查拼装干涉和分析拼装精度，得到构件加工所需要修改的调整信息。模拟预拼装流程如图 6-24 所示。

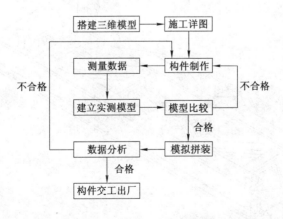

图 6-24　模拟预拼装流程

3. 模型建立及桁架各单元控制点划分

按要求建立模型后，根据设计提供的模型及配套的深化设计图纸，将整榀桁架划分为多个单元。

4. 桁架各单元控制点测量

构件制作完成后应进行验收,同时利用全站仪对制作完成的构件进行实测,主要对构件外轮廓控制点进行三维坐标测量。首先应设置全站仪测站点坐标,通过设置测站点相对于坐标原点的坐标,仪器可自动转换和显示位置点(棱镜点)在坐标系中的坐标;其次是设置仪器高和棱镜高,用以获得目标点 Z 的坐标值;最后设置好已知点的方向角,照准棱镜开设测量,此过程中须安排监理进行旁站监督,并对实测数据进行签字确认,以保证数据的真实有效性。

在全站仪无法一次性完成对构件所有控制点进行测量且需要多次转换测站点时,转换测站点应保证所有测站点坐标系在同一坐标系内。同时,由于不能保证现场测量地面的绝对水平,每次转换测站点后仪器高度可能会不一致,因此在转换测站点后设置仪器高度时应以周边某固定点高程作为参照。对于同一构件上的控制点坐标值的测量应保证在同一时段完成,以保证测量坐标的准确和精度。

所有桁架各单元控制点均取构件外轮廓控制点,如遇到端部有坡口的构件,控制点取坡口的下端,且测量时用的反光片中心位置应对准构件控制点。

5. 数据转换

将全站仪与计算机连接,导出测量所得坐标控制点数据,将坐标点导入 Excel 表格,并在同一单元格内将坐标换成 (X, Y, Z) 格式,依次输入数值,得到 (X, Y, Z) 坐标值,然后将全部数据复制在 CAD 软件界面中,输入"SPLINE"或"LINE"命令,从而得到构件的实测三维模型。

6. 构件拟合

将单榀构件的理论模型导入 AutoCAD 软件界面中,采用"AL"命令拟合方法将构件实测模型和理论模型进行比较(图 6-25),得到分段构件的制作误差,若误差在规范允许范围内,则可进行下一步模拟拼装,如偏差较大,则须将构件修改校正或重新加工后再重新测量。在构件拟合过程中应不断调整起始边重合,选择其中拟合偏差值较小的为准。

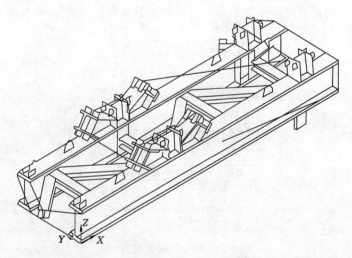

图 6-25　实测坐标值形成的轮廓与理论模型拟合比较示意图

7. 桁架模拟预拼装

对桁架上、下弦杆各控制点进行三维坐标数据收集、整理汇总,并依据设计提供的理论模型将其合理地放在实测的坐标系中,对各控制点逐个进行拟合比对(图 6-26),检查各连接关系是否满足设计及相关要求,如有偏差应及时调整,并形成相关数据记录。

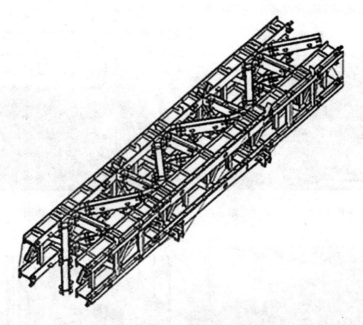

图 6-26 理论模型与实测坐标值拟合比对示意图

最终根据统计分析表的数据偏差大小是否超出规范要求来调整相关杆件的尺寸,调整加工或重新加工后再进行计算机拟合比对,直至符合要求。

五、工程案例二

1. 工程概况

某铁路站房建筑面积为 334 736.5 m^2,地上 4 层总高度为 52.15 m,是一座贯通南北的铁路交通枢纽建筑。主体结构为框架结构,屋面采用钢管混凝土柱+梯形桁架+网架结构,其中屋面桁架结构、网架结构安装中采用了虚拟预拼装技术。

2. 核心要点分析

(1)基于 BIM 平台,根据不等高空间体系设计出了分段胎架滑移施工方案,解决了施工空间狭小不利于保证施工质量、安全、工期的难题。

(2)运用 BIM 建模对施工工艺过程进行了模拟,给出了胎架搭设、轨道铺设、网架安装、胎架拆除等关键施工工艺和相关技术要求,确保了施工质量安全,提高了施工效率,加快了施工工期。

(3)使用计算机综合各项数据,将实体模型的拼装进行预演,发现安装中可能出现的问题。

3. 实施方案

(1)根据设计图纸及现场实际情况,采用 BIM 技术模拟分段胎架滑移施工方案,分析滑移过程中可能出现的问题,并研究解决。该工程在进行模拟时发现在胎架轨道路径存在洞口,如图 6-27 所示,采取在洞口下搭设满堂架支撑;如在模拟中发现胎架与扶梯平台发生碰撞,可采用以下处理方法:一是完成网架安装后再浇筑该扶梯平台,形成的施工缝对该部分结构影响可采取增设两个柱方式解决;二是也可将该部分拆除改为搭设钢结构平台方式处理,如图 6-28 所示,该工程将采用第二种措施。

图 6-27　在胎架轨道路径存在洞口,在洞口下搭设满堂架支撑图

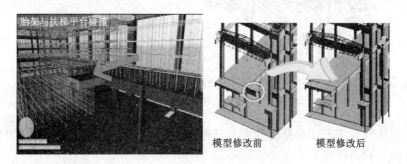

图 6-28　胎架与扶梯平台发生碰撞图

　　(2) 使用三维设计软件进行模拟拼装,将前期制作好的三维模型,通过软件组装形成实体构件的轮廓模型。从细小问题处着手,避免小问题累加变成大问题,并且及时根据模拟反馈对现场的钢结构实体进行修改、重做。根据模型尺寸进行拼接预演如图 6-29 和图 6-30所示。

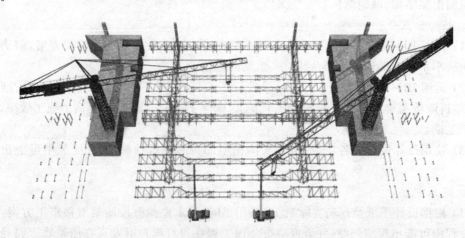

图 6-29　根据模型尺寸进行拼接预演图一

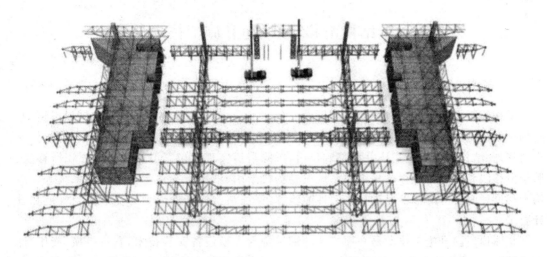

图 6-30 根据模型尺寸进行拼接预演图二

(3) 通过模型可以进行胎架的受力分析,得出结论:在胎架结构两侧及中间施加相同滑移荷载 550 kN 时,结构整体变形较为均匀,结构受力最大截面上各杆件侧移差仅为0.005 4 m,与结构整体变形 0.120 m 相比,偏差仅为 4.5%,满足胎架整体同步性要求。胎架滑移同步性分析如图 6-31 所示。

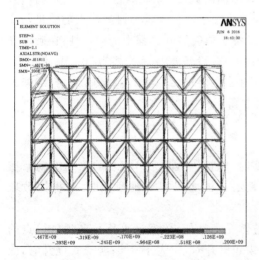
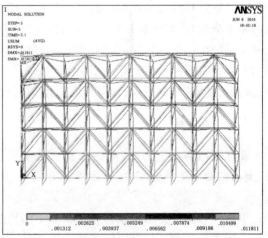

图 6-31 胎架滑移同步性分析图

4. 实施效果

通过使用钢结构虚拟预拼接技术,计算机模拟预测多节段节点拼接结果,通过控制节段节点加工过程精度,进而实现对安装后整体精度的主动控制;防止由于单个节段节点加工误差的累积造成安装后节段节点的位置、线形、扭转等超差;解决由于场地限制而不能进行实际预拼精度验证的问题,实现三维预拼和整体预拼的计算,避免现场修整,保证工期,取得良好的工程效果和技术应用效果。

第四节 钢结构滑移、顶(提)升施工技术与应用

一、技术内容

滑移施工技术是在建筑物的一侧搭设一条施工平台,在建筑物两边或跨中铺设滑道,所有构件都在施工平台上组装,分条组装后用牵引设备向前牵引滑移(可用分条滑移或整体累积滑移)。结构整体安装完毕并滑移到位后,拆除滑道实现就位。滑移可分为累积滑移法、胎架滑移法和主结构滑移法。牵引系统有卷扬机牵引、液压千斤顶牵引与顶推系统等。结构滑移设计时要对滑移工况进行受力性能验算,保证结构的杆件内力与变形符合规范和设计要求。

整体顶(提)升施工技术是一项成熟的钢结构与大型设备安装技术,它集机械、液压、计算机控制、传感器监测等技术于一体,解决了传统吊装工艺和大型起重机械在起重高度、起重质量、结构面积、作业场地等方面无法克服的难题。顶(提)升方案的确定,必须同时考虑承载结构(永久的或临时的)和被顶(提)升钢结构或设备本身的强度、刚度和稳定性。要验算施工状态下结构整体受力性能,并计算各顶(提)点的作用力,配备顶(提)升千斤顶。对于施工支架或下部结构及地基基础应验算承载能力与整体稳定性,保证在最不利工况下足够的安全性。施工时各作用点的不同步值应通过计算合理选取。

顶(提)升方式选择的原则,一是力求降低承载结构的高度,保证其稳定性,二是确保被顶(提)升钢结构或设备在顶(提)升中的稳定性和就位安全性。确定顶(提)升点的数量与位置的基本原则是:首先保证被顶(提)升钢结构或设备在顶(提)升过程中的稳定性;在确保安全和质量的前提下,尽量减少顶(提)升点数量;顶(提)升设备本身承载能力符合设计要求。顶(提)升设备选择的原则是:能满足顶(提)升中的受力要求,结构紧凑、坚固耐用、维修方便、满足功能需要[如行程、顶(提)升速度、安全保护等]。

二、技术指标

在计算滑移牵引力时,当钢与钢面滑动摩擦时,摩擦因数取 0.12~0.15;当滚动摩擦时,滚动轴处摩擦系数取 0.1;当不锈钢与聚四氟乙烯板之间的滑靴摩擦时,摩擦因数取 0.08。

整体顶(提)升方案要验算施工状态下结构整体受力性能,依据计算所得各顶(提)点的作用力配备千斤顶。提升用钢绞线安全系数:上拔式提升时,应大于 3.5;爬升式提升时,应大于 5.5。正式提升前的试提升需悬停静置 12 h 以上并测量结构变形情况。相邻两提升点位移高差不超过 2 cm。

三、适用范围

滑移施工技术适用于大跨度网架结构、平面立体桁架(包括曲面桁架)及平面形式为矩形的钢结构屋盖的安装施工、特殊地理位置的钢结构桥梁,特别是由于现场条件的限制,吊车无法直接安装的结构。

整体顶(提)升施工技术适用于体育场馆、剧院、飞机库、钢连桥(廊)等具有地面拼装条

件且有较好的周边支承条件的大跨度屋盖钢结构,电视塔、超高层钢桅杆、天线、电站锅炉等超高构件,大型龙门起重机主梁、锅炉等大型设备。

四、工程案例一

1. 结构概况

某国际会展中心展览大厅屋盖钢结构(图 6-32)是由 30 榀张弦桁架、若干竖桁架及檩条等组成的大跨度结构,每榀桁架间距为 15 m,跨距为 126.6 m,单榀质量约为 150 t。由于该屋盖钢结构固定于混凝土结构之上,若采用散件原位拼装的方法进行安装,需要搭设大量的承重支承结构,同时还要考虑混凝土结构的承载能力,薄弱的部位要进行局部加固,增加施工措施,延长施工周期。若采用整榀桁架吊装,则需要选择起重能力较大的设备,同时要对大型设备的停机位置进行加固处理,大大提高了施工成本。

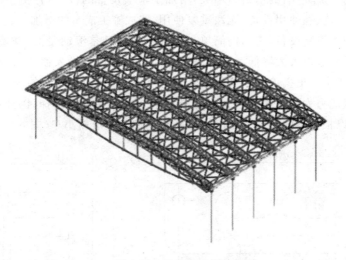

图 6-32　屋盖钢结构示意图

通过研究对比,确定采用桁架地面单榀组装,高空节间拼装(由 2 榀桁架组成 1 个节间),5 个节间拼成 1 个单元(有 6 榀桁架),然后将单元整体牵引到位的安装方法。整个屋面桁架由 5 个单元组成。虽然在拼装单元时就进行牵引移位,但最大的牵引体为 1 个单元。1 个单元的跨度为 126 m,长度为 90 m,牵引的计算质量为 1 575 t,单元牵引的最大距离为200 m。

2. 计算机同步控制整体滑移系统的确定

计算机同步控制整体滑移系统采用液压设备进行牵引的方式,可以分为滑移系统、牵引系统及计算机同步控制系统。

(1) 滑移系统

滑移系统由轨道及滑靴组成。滑靴与钢结构连接,牵引过程中,在轨道内滑行。轨道采用槽钢结构,既可以作为滑移的导向,也可以确保滑移过程中整体结构的轴向偏差在可控范围内。轨道固定在预埋于混凝土结构的埋件上,并利用型钢(比如槽钢)进行侧向定位。轨道的两端是主结构设计要求的固定支座安装位置,因此支座处专门设计一段可拆除轨道,保证整体结构滑移到位后,卸载转换到固定支座上(图 6-33)。

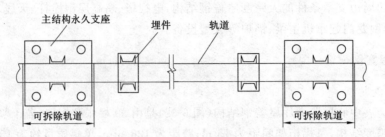

图 6-33　轨道结构

　　滑靴采用承载能力为 30 t 的滚轮小车。在以前同类施工过程中,大多采用带有减摩材料的滑块作为滑移设备,这样虽然构造简单,一定程度上减小了摩擦力,但由于是滑动摩擦,摩擦力远大于滚动摩擦,所需的牵引力增大,增加了牵引设备的投入,且由于滑块在滑移过程中损耗极大且为一次性使用设备,无法重复使用,造成施工成本的增加。此次施工使用可载重的滚轮小车作为滑移设备,它结构简单,使用方便,并且是滚动摩擦,摩擦力大大减小,使得牵引设备的质量可以大大降低。滚轮小车作为设备可反复投入使用,这样节省了设备投入,降低了施工成本。根据该工程具体工况选用了承载能力为 30 t 的滚轮小车,但根据产品规格还有承载能力为 80 t 甚至更高承载能力的定型产品可供选择,因此在以后的同类工程施工中,还可以根据不同的施工工况选用其他定型载重滚轮小车(图 6-34)。

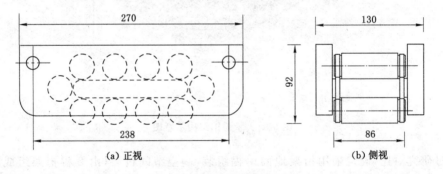

(a) 正视　　　　　　　　　　　(b) 侧视

图 6-34　滚轮小车构造

　　根据单元的组成,将牵引滑移的支承点设在每榀桁架的两端,每个支承点设 2 组承重车组。假设单元承载能力均布,则整个屋盖单元由 24 个车组承重,每个车组承受 1 575/24＝65.625 t 承载能力。采用 ER-30 型滚柱载重小车(额定承载能力为 30 t),在槽钢中行走,则用 3 台滚轮小车就可以了(3 台小车的额定承载能力为 90 t,90/65.625＝1.37,此时要求 3 台小车受力均匀,即要求滚道平整)。根据试验情况,滚轮小车的摩擦因数为 1.5% 左右,摩擦因数计为 2% 应该是较为保险的。

　　在实际施工过程中,桁架一端的每组承重车组采用单排 3 台滚轮小车;桁架另一端的每组承重车组采用双排 4 台滚轮小车。

　　无论是 3 台小车还是 4 台小车组成的车组均要求小车架上平面与车架框下平面接触均匀。各小车的滚轮应在同一平面,相互之间的高差不大于 0.2 mm。车组上铰座顶面离滑槽面的高度可以利用调整螺栓来调整定位。

牵引车组按照要求组装后,在装入滑道之前,将小车浸入润滑油(机油)中进行润滑,以免加快滚轮的磨损。牵引车组放入滑道时应对中,车组应与滑道平行不得歪斜。

(2)牵引系统

牵引系统由液压泵站、穿心式液压千斤顶、钢绞线、固定反力架等组成。

屋盖单元计算质量为 1 575 t,牵引力为 315 kN,屋盖单元两端的固定支反力如果相等,则两端的牵引力各为 157.5 kN。该工程采用 LSD-40 型穿心式提升千斤顶(额定提升能力400 kN),牵引索采用单根 ϕ15.24 mm 的高强度低松弛钢绞线(破断拉力为 260 kN),用2 根索牵引屋盖单元的一侧(总破断拉力为 520 kN,520/157.5=3.3)。后期牵引时出于安全考虑,一侧采用了 3 根索。

(3)同步控制系统

同步控制的实现,是以一个千斤顶作为基准,另一个千斤顶作为跟随。当跟随千斤顶伸出长度少于基准千斤顶达到一定数值后,基准千斤顶停止伸缸,跟随千斤顶伸缸;同理当跟随千斤顶伸出长度大于基准千斤顶达到一定数值后,跟随千斤顶停止伸缸,基准千斤顶继续伸缸。数值参数可任意设置,以满足不同工况要求,将两端牵引偏差控制在设计允许的范围内。

控制系统由 1 个总控箱和 2 个分控箱组成。每个分控箱控制 1 台液压泵站。各分控箱与总控箱通过通信线连接,总控箱对各分控箱采集信号并发出控制指令。总控箱可以自动控制 2 个或多个牵引点同步牵引滑移,当总控箱解除联锁,每个分控箱可以单独控制某个牵引点的滑移。在牵引过程中,每完成一个动作,就会触发相应的状态信号发送给计算机,计算机将此状态信号为条件做下一个相应动作。

3. 大跨度复杂钢结构屋盖的施工过程

(1)计算机同步控制整体滑移的实施

反力架安装到牵引点,与滑道埋件焊接,反力架后端用钢筋或槽钢与后面的滑道焊牢。牵引千斤顶安放到反力架上用螺栓固定。

连接设置好控制阀组、液压泵站和操作控制柜。

牵引系统、液压系统、计算机同步控制系统安装完毕后进行空载调试(牵引钢绞线不穿入千斤顶),空载调试完成后安装好牵引钢绞线。

牵引之前清理轨道,清理干净的滑槽内(两侧和底部)均匀地涂抹上润滑油,不涂抹润滑脂以免沾染杂物。

牵引时,在牵引千斤顶位置、液压泵站位置、位移测量位置、滚轮载重小车、滑道等部位派专人监护,随时注意千斤顶伸缩、上下锚具更替开闭、液压泵站运转、压力变化、桁架中心位移距离、滚轮载重小车运转、滑道清洁润滑等情况。牵引时桁架南北两侧牵引点的前后差不得超过 500 mm,当牵引点超差时应做调整。在牵引到达指定位置之前约 200 mm 处,停止整体牵引,由操作人员逐渐调整到位。在牵引到位位置应设置挡块,以免牵引过头。

(2)大跨度复杂钢结构屋盖的整体落架

当 6 榀桁架组成的屋盖单元牵引到位后,控制牵引千斤顶使钢绞线松弛下来,拆除钢绞线固定锚。牵引过程中,钢结构屋盖的荷载通过滑靴作用到轨道上,因此滑移到位后,要将其安全转换到设计指定的固定支座上。为保证安全落架,该工程采用液压自锁千斤顶集群工作的方式。

首先，利用 24 只液压自锁千斤顶将结构顶起，使钢结构的荷载转换到集群千斤顶上。集群千斤顶的布置既要保证结构局部承载力可行，又要避开固定支座空间位置。然后，将滑靴及可拆卸轨道拆除，安装固定支座。确保固定支座可靠安装后，集群千斤顶同步工作，下降整体钢结构，落架至支座上，进行固定，整体钢结构屋盖安装完成。

五、工程案例二

1. 工程概况

某铁路站房是地下 1 层，地上 2 层，局部设夹层。该铁路站房总建筑面积为 87 261.4 m²，其中新建东站房为 18 458 m²，新建高架候车室面积为 16 540 m²，候车层商业建筑为 3 118.4 m²，新建无柱雨棚为 49 145 m²，是一个集国铁、公交、出租等各种交通方式一体的客运综合体。其中东站房屋面钢结构施工过程中，根据设计的不等高空间体系，采用了分段胎架滑移施工技术。钢结构网架屋面轴视图如图 6-35 所示。

图 6-35　钢结构网架屋面轴视图

2. 核心要点分析

该工程的大跨度钢结构网架安装的核心要点如下：① 屋盖网架结构在横断面方向共设置 3 排支座，网架跨度大，支座安装的精度直接影响钢结构安装的质量，对其安装的精度要求非常高。② 网架结构安装面积、大杆件数量多，杆件主要受轴向力，截面相对较小，安装过程中易产生结构位移、挠度、局部焊接应力大等特点，对安装施工提出了较高的要求。③ 运用 BIM 建模对轨道铺设、胎架搭设、网架滑移等施工工艺过程进行模拟；利用有限元数值模拟，对滑移胎架支撑体系在水平荷载作用、水平荷载和竖向荷载共同作用下的受力和变形进行计算分析，在施工过程中采用现代监测技术进行施工过程的实时监测，确保施工过程中的质量安全。

3. 实施方案

(1) 施工准备

网架分为 A 区、B 区和 C 区，其中 FF~FD 轴为 35 cm 厚的楼板层，FD~FB 轴处为地面。滑移胎架搭设在 FF~FB 轴之间，呈现跃层不等高状态，如图 6-36 所示。

在 A 区 FF~FD 轴土建结构和 FD~FB 轴地面回填硬化完成后，开始搭设胎架。并在楼板面层铺设胎架的 2 条滑移轨道，地面处铺设 3 条轨道。滑移轨道定位完成后，在滑移轨道上铺设钢平台和搭设钢管滑移胎架。另外，7.95 m 楼板上需搭设一排 4.5 m 宽的通长临时支撑架，如图 6-37 所示。

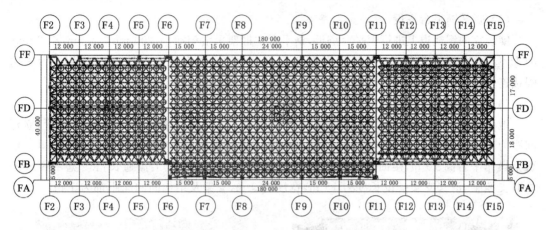

图 6-36 钢结构网架屋面平面分区图

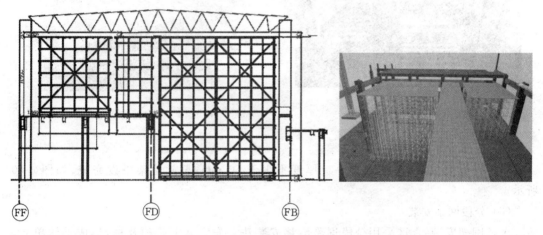

图 6-37 不等高空间胎架滑移方案设计典型剖面及轴示意图

（2）滑移轨道安装

轨道采用 43# 重轨，直接铺设在混凝土楼面上，混凝土浇筑之前需在混凝土楼面埋设 200 mm×200 mm×10 mm 钢板埋件，间距为 1 800 mm。楼面设 3 排轨道，轨道间距为 6 800 mm，A 区比 B 区楼面标高低 50 mm，所以 A 区楼面轨道位置通长铺设一层 50 mm× 100 mm 的方木，轨道铺设在方木上，达到与 B 区标高一致，楼面设 2 排轨道，轨道间距为 6 000 mm，如图 6-38 所示。

图 6-38 滑移轨道设置和 43# 重轨安装图

（3）底部钢平台搭设

铺设完的钢轨道上进行钢平台搭设，钢平台主框架采用 H294×200 mm×8 mm×12 mm 的 H 型钢，次构件采用 10# 工字钢，楼板上钢平台两边需挑出轨道 1 200 mm。钢平台采用焊接连接，如图 6-39 所示。

（4）胎架搭设

地面和楼面处需搭设钢管胎架，如图 6-40 所示。胎架采用 φ48 mm×3.5 m 钢管，立杆间距为 1 200 mm、步距为 1 800 mm，并且根据脚手架规范要求需搭设水平支撑、斜撑。楼板上操作平台高 10 m，楼面上操作平台高 18 m，在 7.95 m 楼板上需通长搭设宽 4.8 m 的临时支撑架，滑移支架搭设长度为 15 m，宽度为 9 m，支架及结构间的间距都为 1 m。

图 6-39　钢平台搭建图

图 6-40　平台板安装完成图

（5）顶部平台板安装

胎架搭设完成后，满铺木脚手板厚度不少于 50 mm，至此胎架搭设完成，如图 6-40 所示。

（6）分段网架安装

A 区网架安装：A 区采用分段逐跨滑移安装法。先安装下弦球及杆，形成整体单元；再安装上弦球及杆，按照"一球四杆"的规律安装；网架按照安装一排上弦球，再安装一排下弦球的顺序来回安装。网架安装完毕后对整跨网架进行测量复核，满足设计规范要求后，再焊接螺栓球节点支座和安装马道及檩条；卸载网架定位调节支撑，使支架与结构全部脱离，采用人工倒链将胎架滑移至紧邻区域，速度控制在 10～20 cm/min，采用以上相同安装方式，最终完成 A 区的网架安装。第一段安装完毕，如图 6-41 所示。第二段安装完毕，如图 6-42 所示。

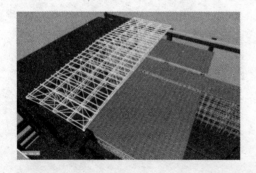

图 6-41　第一段安装完毕的胎架滑移图

图 6-42　第二段安装完毕的胎架滑移图

B 区网架安装:采用人工倒链将胎架自 A 区滑移至 B 区,速度控制在 10～20 cm/min。由于 B 区网架标高比 A 区高,对原有架体进行拆改,立杆通过连接扣件进行连接(各立杆对接点相互错开),将平台增高。该区主网架搭设方式与 A 区相同。由于 B 区比 A 区宽,B 区FA～FB轴下无法搭设胎架,处于悬空位置,因此该部位网架安装采用高空散装,待FB～FF轴网架施工完成后,再将 FA～FB轴满拉设安全网,采用高空散装方式施工,如图 6-43 和图6-44 所示。

图 6-43　B 区胎架增高图　　　　　　　　图 6-44　高空散装区域图

C 区网架安装:采用人工倒链将胎架自 B 区滑移至 C 区,速度控制在 10～20 cm/min。同时,利用人工方式将胎架降低到 A 区同标高,并采用与 A 区和 B 区相同的安装方式,完成C 区网架结构安装,如图 6-45 和图 6-46 所示。

图 6-45　C 区网架安装完成图　　　　　图 6-46　C 区网架安装完成现场实景图

(7)拆除胎架

C 区网架施工完成后,拆除临时支撑架及滑移操作支架,整个网架施工完成。

(8)过程监测

为确保胎架滑移过程上方网架结构、施工过程安全,网架施工过程中采用脚手架架体监测、挠度监测及应力监测等措施。

脚手架架体监测:脚手架架体在滑移过程中,通过监测立杆的垂直度,可以直接判断有关杆件是否超限,然后依据关键测点的垂直值可以推断整个架体是否保持稳定。

挠度监测:空间结构杆件的挠度值最能直观反映结构(杆件)的局部变形,通过监测关键杆件的下挠值,可以直接判断有关杆件的挠度是否超限,然后依据关键测点的挠度值可以推断屋面网架结构的整体稳定性。

应力监测:空间网架结构在卸载过程中容易出现局部杆件屈曲和应力超限。通过对关键构件的应力监测,可随时发现应力的变化特征和规律,从而为更好地优化卸载方案提供依据。网架应力监测,采用对称卸载的方式,由内向外逐级卸载,共分 6 次卸载。

4. 效果总结

该工程利用数值建模对轨道铺设、胎架搭设、网架滑移等施工工艺过程进行了模拟,给出了胎架搭设、轨道铺设、网架安装、胎架拆除等关键施工工艺和相关技术要求;同时利用有限元数值模拟,对滑移胎架支撑体系在水平荷载和竖向荷载共同作用下的受力和变形进行了安全计算分析。整个工期比原计划提前 11 d 完工,节省了工期,减少了成本 177 万元。

第七章　绿色施工技术与应用

第一节　施工过程水回收利用技术与应用

一、技术内容

施工过程中应高度重视施工现场非传统水源的水收集与综合利用。该项技术包括基坑施工降水回收利用技术、雨水回收利用技术、现场生产和生活废水回收利用技术。

（1）基坑施工降水回收利用技术，一般包含两种技术：一是利用自渗效果将上层滞水引渗至下层潜水层或土体中，可使部分水资源重新回灌至地下或基底以下的回收利用技术，同时满足基坑土体开挖的要求；二是将降水期间所抽取的水体集中存放，施工时再加以综合利用。

（2）雨水回收利用技术是指在施工现场将雨水收集后，经过雨水渗蓄、沉淀等处理，集中存放后再利用。回收雨水可直接用于冲刷厕所、施工现场洗车及现场洒水控制扬尘。

（3）现场生产和生活废水回收利用技术是指将施工生产和生活废水经过过滤、沉淀或净化等处理达标后再利用。经过处理达到要求的水体可用于绿化、冲洗厕所、结构养护用水以及混凝土试块养护用水等。

二、技术指标

（1）利用自渗效果将上层滞水引渗至下层潜水层或土体中，有回灌量、集中存放量和使用量记录。

（2）温润区非传统水源回收再利用率占总用水量不低于 30%；半湿润区非传统水源回收再利用率占总用水量不低于 20%。

（3）污水排放应符合《污水综合排放标准》(GB 8978—1996)。

（4）基坑降水回收利用率为：

$$R = K_6 \frac{Q_1 + q_1 + q_2 + q_3}{Q_0} \times 100\%$$

式中　Q_0——基坑涌水量，$\mathrm{m^3/d}$，按照最不利条件下的计算最大流量；

　　　Q_1——回灌至地下的水量（根据地质情况及试验确定），$\mathrm{m^3/d}$；

　　　q_1——现场生活用水量，$\mathrm{m^3/d}$；

　　　q_2——现场控制扬尘用水量，$\mathrm{m^3/d}$；

　　　q_3——施工砌筑抹灰等用水量，$\mathrm{m^3/d}$；

　　　K_6——损失系数，取 0.85～0.95。

三、适用范围

基坑封闭降水技术适用于地下水位埋藏较浅的地区；雨水及废水利用技术适用于各类施工工程。

四、工程案例一

1. 工程概况

某师范大学贵安新区附属学校项目工程为集幼、小、初、高为一体的综合类学校，由 18 栋功能单体及配套景观园林及市政道路组成，总建筑面积约为 $1.8×10^5$ m^2。园区内高中部与初中部中间位置为滴水河综合治理工程的下游即丽泽湖区域，该河道前期为自然河流（图 7-1）。

图 7-1　俯瞰效果

该师范大学贵安新区附属学校项目在我国现阶段水资源急需保护的背景下，根据项目现场条件，因地制宜，采取了收集滴水河综合治理工程的自然河流的再生水资源的水回收系统。

该系统可以充分收集再生水、雨水等水源到首级集水沉淀池，经过管道输送至集中蓄水池，由集中蓄水池采用配套压力泵输送管道提供至各栋楼的施工用水点（包括混凝土养护、模板冲洗、路面冲洗、车辆冲洗、现场防尘洒水等）。该措施不仅节约可贵的水资源，还降低施工成本，同时也为以后项目的实施积累宝贵的经验，为保护人类的自然资源奠定稳定的基础。

2. 水回收利用系统介绍

该项目于 2015 年 12 月 10 日将水回收利用系统正式投入应用于工地现场用水。根据现场情况，在滴水河自然河流至丽泽湖段上游河道口处修建一个集水池兼沉淀池（高 3 m×长 3 m×宽 1.5 m），主要用于收集自然河流的河水及雨水。此自然河流水质清澈，经过检测可以达到现场用水的水质标准。经集中集水池沉淀后，由离心抽水泵通过管道输送至集中蓄水池（高 10 m×长 10 m×宽 2.5 m），再由配套压力泵设备（压力泵设备通过控制蓄水池中的水压力控制水池中蓄水量）给现场各用水点提供用水。

在系统的利用过程中配备专职人员对节水用水量和日常使用该系统进行维护，保证收集水量。在该系统中，利用主管道安装的水表计量统计每个月的用水量，即节约用水量；利用水球控制蓄水池中的蓄水量，保证蓄水池中有足够的蓄水提供给现场用水点使用。

3. 水回收利用系统应用过程

(1) 系统组成及成本分析

① 系统组成

水回收利用系统主要由 1 个集中集水池、1 个集中蓄水池、1 台离心泵、1 套压力泵自控系统、数米 D110、D63 的无规共聚聚丙烯(PPR,俗称三型聚丙烯)输水管、其他。

② 材料成本组成

经过统计分析,按照计划进行采购,按照正规程序,收集信息、询价、比价、议价、评估、索样、决定、采购、进货验收、整理付款。为保证产品的质量和使用效果,具体材料成本统计如表 7-1 所列。

表 7-1　各种材料成本统计

材料名称	规格	数量	单价	小计	总计
集水池(高×长×宽)	3 m×3 m×3 m	1	—	—	
蓄水池(高×长×宽)	10 m×10 m×2 m	1	—	15 022.07 元	
设备房(高×长×宽)	3 m×4 m×2.5 m	1	—	—	
蓄水自控设备	1 套	1	70 000 元/套	70 000 元	116 672.07 元
水管	D110	1 200 m	14.5 元/m	17 400 元	
水管	D63	1 500 m	8.5 元/m	12 750 元	
其他	三通、开关等	—		1 500 元	

(2) 系统安装与调试

根据现场平面布置图和设计管线图,经过方案提出、方案讨论、方案决策、方案实施、方案分析等过程,最终将设计的系统图纸放到实际现场发挥作用。

安装过程中,应防止管线出现弯折情况,尽量保证管道的顺直,考虑到管线的铺设,采用可循环利用的不锈钢管(110 mm×3 mm 和 63 mm×3 mm)保证管线平直。在需要用水的用水点设置三通接头及开关,可以为预用水点提供水资源。安装的离心泵及电表开关要设置防雨棚及防水盖。在向楼层上供水的管道上,每层应设置连墙件或管道支架及用水开关,可以保证管道运输施工用水不会受风或者重力影响。项目建筑结构均为框架、框架-剪力墙结构形式,供水立管选在与框架柱或剪力墙相近的地方,方便设置支架及固定管道,还可以利用预留洞口直通楼层供每个楼层施工用水。

为保证管道的供水及应急功能,在主管道和分管道上分别设置控水开关,达到有一个双重控制保护作用。经调试成功再正式投入使用。

(3) 水回收系统应用

由集中集水池收集、沉淀净化、过滤,再经离心泵将收集净化后的水源经过管道输送至集中蓄水池,通过压力泵自控装置系统控制蓄水量,在主管道上设置水表(规定在每月 1 日统计)。

在主管道上预留预用水点加设三通及开关,方便附近的用水。比如,在预拌砂浆搅拌罐的水池,可以直接通过三通开关,经临时水管将水放到水池中供搅拌砂浆使用;在楼层中砌体施工给砌块加以湿润;在楼层中或者临时道路上打扫卫生时洒水降尘;等等。

在蓄水池供水工程中,由离心泵压力自控系统装置为现场提供用水。当用水点流水使用时会导致蓄水池内水压减小,从而联动压力控制系统启动自动抽水设备以保证蓄水池水量保持平衡。

此系统装置不会因人观察不及时导致水满为患或供水不足。在每个楼层都设置用水开关,方便楼层模板的冲洗、湿润,二次结构砌块的湿润等。

(4)回收地表水系统使用数据分析

根据预算定额可计算出该项目包括土建、市政、园林等的施工用水量大约为 8.8 万 t。

自 2015 年 12 月 10 日开始投入使用该回收地表水系统以来,根据现场的施工进度情况以及现场用水情况,每月 1 日读取水表示数统计用水量,计算节约成本,具体数据如表 7-2 所列。

表 7-2　现场用水量统计

日期	前示数	现示数	用水量/t	单价/(元/t)	用水成本/元
2015-12-10	00 000	00 000	0	3.7	0
2016-01-01	00 000	855	855	3.7	3 163.5
2016-02-01	00 855	01 885	1 030	3.7	3 811.0
2016-03-01	01 885	04 830	2 945	3.7	10 896.5
2016-04-01	04 830	07 591	2 761	3.7	10 215.7
2016-05-01	07 591	10 523	2 932	3.7	10 848.4
2016-06-01	10 523	13 395	2 872	3.7	10 626.4
2016-07-01	13 395	16 183	2 788	3.7	10 315.6
2016-08-01	16 183	19 234	3 051	3.7	11 288.7
2016-09-01	19 234	22 126	2 892	3.7	10 700.4
2016-10-01	22 126	25 681	3 555	3.7	13 153.5
2016-11-01	25 681	29 737	4 056	3.7	15 007.2
2016-12-01	29 737	33 349	3 612	3.7	13 364.4
2017-01-01	33 349	36 491	3 142	3.7	11 625.4
2017-02-01	36 491	39 811	3 320	3.7	12 284.0
2017-03-01	39 811	41 944	2 133	3.7	7 892.1
2017-04-01	41 944	43 930	1 986	3.7	7 348.2
2017-05-01	43 930	45 805	1 875	3.7	6 937.5
2017-06-01	45 805	47 960	2 155	3.7	7 973.5
2017-07-01	47 960	50 740	2 780	3.7	10 286.0
2017-08-01	50 740	52 970	2 230	3.7	8 251.0
备注	平均每月约用水 2 600 t,约合 9 620 元				

经计算,该工程需要持续使用 11 6672.07 元÷9 620 元/月≈12 个月才能节约回成本。该项目共使用 20 个月,共计节约水费 52 970 t×3.7 元/t−116 672.07 元=79 316.93 元。

(5)系统使用关键问题

在项目中计划使用该水回收利用系统需要有充分的地理环境条件以及在踏勘阶段做好前期策划准备工作。

① 选择水源

根据项目所在地理位置及水文条件的不同,所选取的水资源也有所不同。可以根据现场实际情况勘察,因地制宜、合理选择水源。严禁乱用水源,杜绝影响附近居民及城市用水。

② 功能应用

在选择水源的同时,应该思考到要用水来做什么,都是提供给哪些用水点,满足哪些用水要求等。

③ 平面布置

根据现场条件,合理布置现场管线安排、设备放置、防护设施等,保证现场安全用水、文明施工。

④ 设备选择

在用水要求及用水点确定了以后,就该考虑什么样的设备可以满足现场需要,譬如水压、流量、扬程、蓄水池大小、管线尺寸等。应该保守选择设备,满足现场施工要求。

⑤ 设备保养

在现场使用该系统的同时,要每隔一个月进行离心泵及压力表、水表、开关等设备的保养、检查,发现有纰漏的地方及时整改,有损坏的设备及时更换,保证现场用水的顺利。

4. 实施效果

该工程在应用再生河水、雨水回收利用系统过程中,在保证不破坏水资源以及充分水量供给的前提下,进行混凝土养护、模板清洗、车辆清洗、道路喷洒降尘等。水回收的利用满足施工用水,保护市政用水资源,同时还降低相应的费用支出。

随着科学技术的发展以及人们思想的转变,在水回收利用系统不断被提及的背景下,该系统缓解用水压力,保护自然环境,遵循自然持续发展的规律。因此,水的回收利用系统是当今社会应该被大力推广的新技术。

五、工程案例二

1. 背景材料

某改造项目建设地点位于太原市迎泽区,劲松路以东、某小区用地以北、某研究所用地以西、桃南西巷以南。该工程包括新建住宅楼 4 栋及地下 2 层停车场,总建筑面积为 1.976×10^5 m²。

2. 背景分析

该工程建设场地临近汾河,地下水位高(水位标高为 $781.52 \sim 782.41$ m),自然地坪为 784.05 m,基坑较深(8.15 m),基坑降水量大。非传统水源利用主要包括基坑降水以及雨水回收利用技术。

3. 技术应用

(1) 施工现场水资源收集、利用工艺流程

施工现场水资源收集、利用工艺流程如图 7-2 所示。

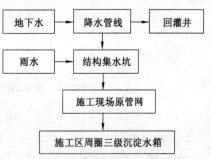

图 7-2　施工现场水资源收集、利用工艺流程图

　　建立非传统水循环利用系统,收集基坑降水、雨水循环再利用,用于工程中的非传统用水均应进行水质检测。

　　结合原有管网状况,根据工程特点分阶段设计水循环利用系统:基础、±0.000 以下结构施工,采用降水管线利用现场原有管网收集,接近楼座设置三级沉淀水箱,按照不同使用功能分支使用;±0.000 以上结构及装修阶段利用 4# 楼南侧新建消防水池和接近楼座的三级沉淀蓄水箱存储并进行循环利用。雨水收集依托原有管网结合场地布置新建管网有效结合形成集水系统,并入阶段水循环利用系统,如图 7-3、图 7-4 和图 7-5 所示。

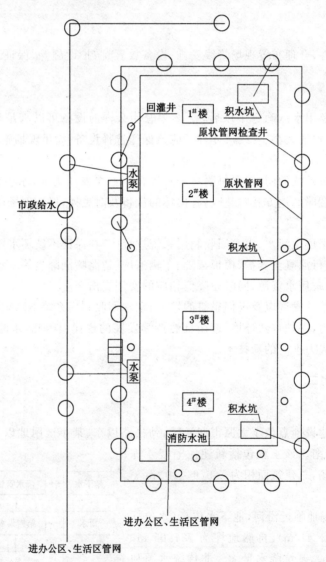

图 7-3　雨水收集布置图

(2)技术要点

① 水循环系统的建立

　　综合项目场地布置规划地下管线,应有效利用原有管网,合理布置新建管网,尽可能依托项目室外工程外网管线的设计,优化场地布置。

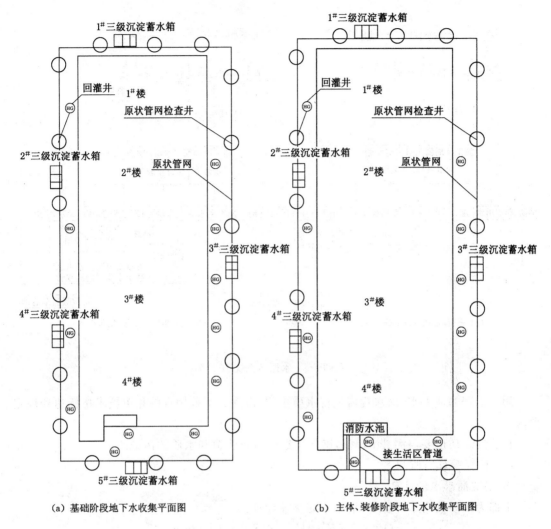

（a）基础阶段地下水收集平面图   （b）主体、装修阶段地下水收集平面图

图 7-4　水循环系统布置图

收集系统尽可能地综合考虑不同施工阶段的需求，减少设备投入，提高利用率。

② 管网及沉淀池的设置

管网的设置需满足工程需要，坡向应合理，形成环形管网且有分流措施，便于水量不足时或过剩时能够集中分流管控。管径的选择应满足工程要求，沉淀池配置需根据施工段及工程量用水进行布置，减少抽水扬程，最大化地发挥水泵功效。

③ 计量器具的设置

每个分支出水口均需配置标定合格的计量用水表，且水表读数每日记录，确保数字的准确性和真实性。

④ 水量的计算

计算全部降水井满开时的总水量，计算保证设计水位时回灌井全部用水量。根据现场实际观测水位做好统计，保证满足设计地下水位要求的同时能够最大量地将地下水用于工程中。

⑤ 水质监测

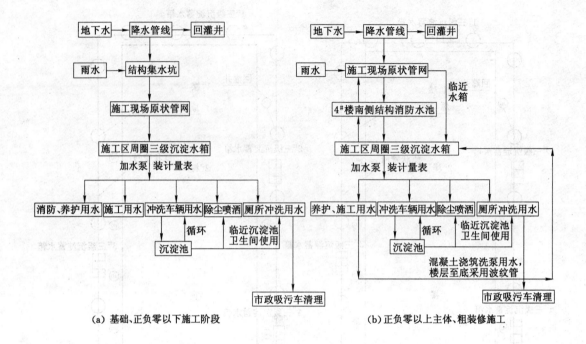

图 7-5 水循环系统图

用于工程的地下水、雨水均需进行水质检测，以满足工程用水的相关技术指标达到规定要求。

排放的水质也要监测其 pH 值，确保不造成市政管道和水质的污染。

（3）计算验算与监测

① 基坑涌水水量计算

上部为细砂按潜水计算，按潜水不完整井计算：

$$Q = 1.366K'(2H_0 - S)S/(\lg R' - \lg r_0)$$

式中　R'——群井的影响半径（$R + r_0$）。

r_0——假想计算半径。$r_0 = \sqrt{\dfrac{F}{\pi}}$。

F——井点系统包围的基坑面积。

R——降水影响半径。$R = 2S\sqrt{K'H_0}$。

K'——渗透系数。

H_0——有效深度，按表 7-3 查。

表 7-3　有效深度

$S/(S+L)$	0.2	0.3	0.5	0.8
H_0	1.3(S+L)	1.5(S+L)	1.7(S+L)	1.8(S+L)

注：S—降水深度（原始地下水位到滤头上部的高度）；L—滤头长度。

关于降水有效深度，根据地下水动力学，在不完整井中抽水时，其影响不涉及蓄水层全部深度,而只影响其一部分,此部分称为有效深度。在此有效深度以下,抽水时处于不受扰动状态。

H_0 计算:

$$S=6.15+1.0=7.15 \text{ (m)},L=15 \text{ m} 则 S/(S+L)=0.33$$

查表 7-3,用插入法的 $H_0=1.53\times(S+L)=1.53\times22.15\approx33.89$ (m),$r_0=\sqrt{\dfrac{F}{\pi}}=$ 85.04 (m)。

$$R=2S\sqrt{K'H_0}$$

渗透系数根据勘察报告得 3～5 m/d 及初始地下水位标高 781.52～782.41 m,自然地坪 784.05 m,初始地下水位按自然地面下 2.1 m 计算。

$R=2\times7.15\sqrt{5\times33.89}=186.15$ (m),$R'=R+r_0=186.15+85.04=271.19$ (m)

则基坑涌水量为:

$Q=1.366\times5\times\{(2\times33.89-7.15)\times7.15/(\lg271.19-\lg85.04)\}=5\,879$ (m³/d)

② 施工期间各沉淀箱用水量统计(表 7-4)

表 7-4 施工期间各沉淀箱用水量统计　　　　　　　　　　　　　单位:m³

月份	1#沉淀箱	2#沉淀箱	3#沉淀箱	4#沉淀箱	5#沉淀箱	小计
2013 年 6 月	400	296	150	132	0	978
2013 年 7 月	301	185	852	621	111	2 070
2013 年 8 月	781	603	888	1 350	480	4 102
2013 年 9 月	666	910	950	780	960	4 266
2013 年 10 月	560	880	651	827	1 010	3 928
2013 年 11 月	640	800	740	682	833	3 695
2013 年 12 月	18	420	235	377	121	1 171
2014 年 1 月	0	0	0	0	108	108
2014 年 2 月	88	100	46	0	387	621
2014 年 3 月	200	222	189	340	280	1 231
2014 年 4 月	890	780	1 089	986	997	4 742
2014 年 5 月	802	374	678	864	900	3 618
2014 年 6 月	674	537	321	588	569	2 689
2014 年 7 月	210	380	390	470	208	1 658
2014 年 8 月	40	367	200	189	564	1 360
2014 年 9 月	161	438	400	400	235	1 634
2014 年 10 月	228	374	580	210	102	1 494
2014 年 11 月	0	0	215	18	336	569
2014 年 12 月	0	28	0	0	376	404
合计	6 659	7 694	8 574	8 834	8 577	40 338

(4)水资源利用

非传统水源利用主要以降低基坑水位抽取的地下水为主,雨水为辅。地下水收集与利用包括以下内容。

① 上层滞水通过土体孔隙渗透至原状管网检查井,沉淀后水泵抽至使用区域三级沉淀蓄水箱或消防水池分区使用。

② 多余的水体排至回灌井。

③ 现场降尘、绿化、机械冲洗等用水。

雨水收集与利用(雨水量少)包括以下内容。

① 器皿集中收集。

② 原状管网检查井收集后沉淀,而后抽取分区使用。

循环水利用包括以下内容。

① 混凝土浇筑后冲洗泵车等废水收集沉淀后再利用。

② 大门洗车池循环水再利用。

③ 其他循环水冲厕用水等。

4. 实施效果

经过合理规划水系统,该旧城改造项目生产、办公、生活区非传统水源利用量为24 240 m³,项目总用水量为79 715 m³,非传统水源用水量占总用水量的比例为30.4%。

第二节　垃圾减量化与资源化利用技术与应用

一、技术内容

建筑垃圾是指在新建、扩建、改建和拆除加固各类建筑物、构筑物、管网以及装饰装修等过程中产生的施工废弃物。

建筑垃圾减量化是指在施工过程中采用绿色施工新技术、精细化施工和标准化施工等措施,减少建筑垃圾排放;建筑垃圾资源化利用是指建筑垃圾就近处置、回收直接利用或加工处理后再利用。建筑垃圾减量化与建筑垃圾资源化利用主要措施为:实施建筑垃圾分类收集、分类堆放;碎石类、粉状类的建筑垃圾进行级配后用作基坑肥槽、路基的回填材料;采用移动式快速加工机械,将废旧砖瓦、废旧混凝土就地分拣、粉碎、分级,变为可再生骨料,也可就地再加工用于非正式工程中。

可回收的建筑垃圾主要有散落的砂浆和混凝土、剔凿产生的砖石和混凝土碎块、打桩截下的钢筋混凝土桩头、砌块碎块、废旧木材、钢筋余料、塑料包装等。

现场垃圾减量与资源化的主要技术如下所列。

(1) 对钢筋采用优化下料技术,提高钢筋利用率;对钢筋余料采用再利用技术,如将钢筋余料用于加工马凳筋、预埋件或安全围栏等。

(2) 对模板的使用应进行优化拼接,减少裁剪量;对木模板应通过合理的设计和加工制作提高重复使用率;对短木方采用指接接长技术,提高木方利用率。

(3) 对混凝土浇筑施工中的混凝土余料做好回收利用,可用于制作小过梁、混凝土砖或地坪块等。

(4) 在二次结构的加气混凝土砌块隔墙施工中,做好加气块的排序设计,在加工车间进行机械切割,减少工地加气混凝土砌块的废料。

（5）废塑料、废木材、钢筋头与废混凝土的机械分拣技术；利用废旧砖瓦、废旧混凝土为原料的再生骨料就地加工与分级技术。

（6）现场直接利用再生骨料和微细粉料作为骨料和填充料，生产混凝土砌块、混凝土砖和透水砖等制品的技术。

（7）利用再生细骨料制备砂浆及其使用的综合技术。

二、技术指标

（1）再生骨料应符合《混凝土用再生粗骨料》（GB/T 25177—2010）、《混凝土和砂浆用再生细骨料》（GB/T 25176—2010）、《再生骨料应用技术规程》（JGJ/T 240—2011）、《再生骨料地面砖、透水砖》（CJ/T 400—2012）和《建筑垃圾再生骨料实心砖》（JG/T 505—2016）的规定；

（2）建筑垃圾产生量应不高于 350 t/万 m^2；可回收的建筑垃圾回收利用率达到 80％以上。

三、适用范围

垃圾减量化与资源化利用技术适合建筑物的基础设施拆迁、新建和改扩建工程。

四、工程案例一

1. 某市建筑垃圾的管理现状

（1）建筑垃圾的处理现状

目前某市的建筑垃圾仍以渣土为主，占该市建筑垃圾的 90％以上。建筑垃圾仍以填埋和临时堆置为主，13 座填埋场已经填满，某地渣土二期容量约 $3.8×10^7$ m^2，2018 年 2 月 5 日封场，弃土再无其他渣土受纳场。拆除垃圾受纳场总库容 $3.96×10^6$ m^2，至 2018 年 6 月剩下 $2.6×10^6$ m^2，此外市内再无拆除和装修垃圾受纳场。自 2015 年 10 月该市原有的 119 处垃圾堆填点整治，尽管安全评估达标，但是已经不再受纳。

（2）建筑垃圾的资源化或综合利用

解决建筑垃圾处理压力的首要措施是资源化或综合利用。如该市渣土目前砂的含量高于 40％的工程弃土通过泥砂分离后，可进行资源化处理，如用作路面砖、透水砖，不能资源化处理的则考虑用作工程回填或制作烧结砖等方式综合利用。该市建筑垃圾综合利用起步较早，2016 年底开始实行建筑垃圾的综合利用，目前全市有 42 家拆除物料的企业，固定式的企业有 15 家。建筑工地产生的建筑垃圾由移动式现场破碎机现场粉碎，由于前端一般无分类，易形成品质好和品质差的两类骨料，品质好的骨料可以用于生产再生砖或低强度等级混凝土，而品质差的只能用于简单回填。提高建筑垃圾的综合利用途径之一是加强建筑垃圾再生产品的推广和应用，而再生产品的推广和应用需要制定国家层面的相关标准。拆除物料成分复杂，产品较丰富，其再生产品如透水砖和空心墙板，特别是空心墙板的容重标准不一，有些容重过大，难以上墙；另外，关于再生产品的标识也需要制定标准，究竟废料占比多少才算再生产品，国家尚无建筑再生产品的利用标准，不利于建筑垃圾的资源化发展。尽管该市的建筑垃圾综合利用和资源化利用水平较高，高于全国平均水平，达到 20％左右，但远远解决不了建筑垃圾处理的压力。该市大约 $7.2×10^7$ m^2 的渣土外运至周边。据该市住房和城乡建设局估算,周边城市能够处置该市渣土的量不足十年,因此,渣土外运只是暂时的,目前解决建筑垃圾困境的办法除了综合利用外,减量化是最有效措施之一。

2. 该市建筑垃圾的减量化措施

(1)建立和完善建筑垃圾减量化相关的政策、法规和条例

建筑垃圾减量的政策层面措施包括:施工图审查备案,再生产品标识识别,联单管理,再生品强制使用等,这些建议的落实均需要加强法制建设。目前与建筑垃圾管理减量化管理相关的法律、法规包括《运输和处置管理办法》《建筑节能发展专项资金管理办法》《节能减排专项资金管理办法》《房屋拆除工程管理办法》等。该市亟待建筑垃圾减排和综合利用的设计规范,以形成设计-生产-应用的全产业链。

(2)渣土受纳场地复垦

对于超大城市,土地资源极为稀缺,根据该市《关于进一步规范建筑余泥渣土受纳场土地规划管理工作的通知》,渣土受纳场一般是临时用地,封场后,不改变土地性质,实行"2+1"的复垦规划,即绿化3年交回原来单位。专家建议渣土受纳场土地应该纳入基础设施用地,类似于生活垃圾填埋场。

(3)建筑垃圾产生源头的减量化工艺

该市某公司拆迁作业队进入工地现场进行拆解,对拆除的建筑垃圾进行现场的源头分拣,分拣后运至公司的生产场地破碎成品,进一步进行处理和资源化利用或综合利用。该一体化的作业模式大大减少了建筑垃圾的产量。

该地铁九号线西延线工程淤泥地层盾构施工中,渣土的脱水和固化是源头减量化最有效的一种工艺措施。该标段盾构施工产生的 3×10^6 m^2 泥浆含水量较高,经过泥水分离后,废水进入三级沉淀池,达标后进入市政管网,剩余泥浆部分通过添加 3% 的泡沫和部分水泥,形成 $5\% \sim 10\%$ 的泡沫混合液,最后由泥土车运往处置场地。

3. 实施效果

随着该市社会经济和建筑业的发展,十余年的时间里建筑垃圾产量增长了十多倍,2017年高达 9.16×10^7 m^2,其中 90% 是渣土,其他主要是拆除垃圾和装修垃圾。尽管该市建筑垃圾的资源化率高于全国平均水平,但是大量的建筑垃圾仍给该市的建筑处理带来巨大压力,该市目前暂无渣土堆填场地,至2018年底也再无拆除垃圾消纳场地,减量化是解决目前垃圾困境最有效的措施之一。

减量化的措施实施效果包括以下四个方面。

(1)建立和完善建筑垃圾减量化相关的政策、法规和条例。制定和完善与建筑垃圾相关的减量化源头-运输-处理的管理法规,包括拆除工程的管理、垃圾运输、减量化处理和利用等。

(2)渣土受纳场地复垦。建议决策者制订渣土封场后的复垦、再利用计划,节约大城市的土地资源,从而节约土地资源,特别是对超大城市尤为重要。

(3)现场拆除-清运-再生产品的一体化作业模式。垃圾处理企业的一体化作业模式是拆除垃圾减量化源头最有效的措施之一。

(4)施工中产生的渣土前期实行泥水分离。这是渣土产生单位从源头上减少渣土体积和数量最有效的措施之一。

五、工程案例二

1. 背景材料

某新建住宅楼四栋及物业附属用房,地下 2 层,地上 30 层,总建筑面积为 1.976×10^5 m^2,工期为 547 日历天。

2. 背景分析

该工程体量大,工期紧,材料需用量较多,且需要同时组织施工,如何合理组织材料,减少过程损耗,提高材料使用率、周转率、再利用率是项目管理的重点之一。

3. 技术应用

(1) 工艺流程

编制材料资源利用策划方案→制订建筑垃圾减量化计划→措施交底,落实责任→过程检查、调整方案→效果总结。

(2) 技术要点

① 建立完善材料进出综合台账,数据真实准确。

② 就地取材,施工现场 500 km 以内生产的建筑材料用量占建筑材料总用量的 90% 以上。

③ 结合当地市场情况和企业管理能力,对方案进行优化,使周转性材料的使用达到最佳状态。

④ 确定目标值

根据投标工程数据库,分析工程特点,制订工程节材及材料资源利用的目标值,并落实责任。

制订建筑垃圾减量化计划,并落实具体措施和责任人,扩大垃圾处置和消纳途径,该工程建筑垃圾计划减量 50%。

(3) 计算验算与监测

① 建筑垃圾产生量,一般根据不同类型工程和结构特点等并结合企业量化控制目标数据库,确定项目目标值。垃圾产生量不大于 6 000 t,即 6 000 t/1.976×10^5 m^2=30.3 kg/m^2。

② 根据施工图纸计算混凝土、加气混凝土砌块、钢筋等工程量,确定损耗量。工程主要材料损耗量统计表见表 7-5。

表 7-5　工程主要材料损耗量统计表

序号	材料名称	预算量 (含定额损耗量)	定额允许 损耗率及损耗量	目标损耗率 及损耗量	目标减少损耗量
1	钢材	12 064.809 t	2% 241.296 t	1.5% 180.053 t	61.243 t
2	商品混凝土	88 888.826 m^3	2% 1 777.78 m^3	1.5% 1 326.56 m^3	451.22 m^3
3	加气混凝土砌块	9 620.29 m^3	1.5% 144.3 m^3	1% 95.7 m^3	48.6 m^3
4	围挡等周转材料	重复使用率大于 90%			
5	500 km 以内 建筑材料用量	占建筑材料总质量的 90% 以上			

③ 建立材料供应商台账,过程中准确记录取材地点及使用情况,每月对控制指标进行分析对比;及时记录建筑垃圾的再利用情况,分别见表7-6和表7-7。

表 7-6　项目建筑材料供应商台账表

材料名称	规格	生产厂家	供应商	取材地点	到工地距离/km	备注
钢材	φ6.5、8、10、12、14、16、18、20、22、25	海鑫长钢首钢	北京中铁物总国际招标公司	太原市	9.8	
			北京中铁建工物资有限公司	太原市	9.1	
			太原市双瑞源物资有限公司	太原市	9.1	
	8、10	中阳	山西诚通铁运物流有限公司	汾阳市	113.8	
混凝土	C30、C35	智海	太原智海混凝土发展有限公司	太原市	6.4	
		栋山	太原栋山新型建材有限公司	太原市	9.8	
石子		阳曲	阳曲县三羊建材经销部	阳曲县	34.4	
水泥	PS42.5		晋中市榆次区佳和建材经销部	榆次区	25.8	
			晋中市榆次区和秦建材经销部	榆次区	22.0	
			晋中市榆次区佳凡建材经销部	榆次区	26.7	
			晋中市榆次区秦达建材经销部	榆次区	28.3	
豆罗砂			清徐县董家营金东建材经销部	清徐县	41.8	
			阳曲县三羊建材经销部	阳曲县	32.5	
			忻州市忻府区培林建材经销部	忻州市	53.4	
加气块	600×240×200		太原市鹏飞加气混凝土厂	太原市	14.4	
运距基本上控制在设定的目标距离之内						

表 7-7　项目建筑垃圾回收利用统计台账

工程名称		工程项目					
序号	建筑垃圾种类	产生垃圾量/t	回收利用量/t	消纳方案	废弃物排放量/t	日期	备注
1	模板	1.0	0.5	钉垃圾箱	0.5	2013-06-05	
2	方木	1.0	0.8	阳角防护	0.2	2013-06-18	
3	模板	1.5	0.7	安全通道	0.2	2013-06-27	
4	模板	0.5	0.3	踢脚板	0.2	2013-07-03	
5	模板	1.4	1.2	安全通道	0.2	2013-07-17	
6	模板	1.0	0.9	重新回收	0.1	2013-07-23	
7	模板	1.0	0.8	钉垃圾箱	0.2	2013-08-04	
8	方木	0.9	0.9	阳角防护	0.0	2013-08-19	
9	方木	1.1	1.1	重新回收	0.0	2013-08-27	
10	模板	0.5	0.5	踢脚板	0.0	2013-09-06	

填表人:

注:建筑垃圾回收利用率应达到30%。

4．实施效果

（1）材料资源利用效果分析对比见表7-8和表7-9。

表 7-8　材料资源利用效果分析对比表

序号	材料名称	预算量	预算损耗量及损耗率	目标损耗率	实际量	实际损耗量及损耗率	减少损耗量
1	商品混凝土	88 888.826 m³	1 777.78 m³ 2%	1.5%	87 757.33 m³	646.28 m³ 0.74%	1 131.496 m³
2	加气混凝土砌块	9 620.29 m³	144.3 m³ 1.5%	1.0%	9 560 m³	84 m³ 0.88%	60.29 m³
3	钢材	12 064.809 t	241.296 t 2%	1.5%	11 932.313 t	108.8 t 0.91%	132.496 t

表 7-9　材料资源利用效果分析对比表

序号	主材名称	预算损耗量	实际损耗量	实际损耗量/总建筑面积比值
1	钢材	241.296 t （预算量：12 064.809 t）	108.8 t （实际用量：11 932.313 t）	0.000 5
2	商品混凝土	1 777.78 m³ （预算量：88 888.826 m³）	646.28 m³ （实际用量：87 757.33 m³）	0.003
3	加气混凝土砌块	144.3 m³ （预算量：9 620.29 m³）	84 m³ （实际用量：9 560 m³）	0.000 4
4	模板	平均周转次数 7 次	平均周转次数 8 次	
5	地砖	预算量：8 100 m²	实际用量：8 095 m²	
6	墙砖	预算量：15 422 m²	实际用量：15 418 m²	
7	围挡等周转材料	重复使用率大于 90%	重复使用率 100%	
8	就地取材≤500 km 以内的占总量的 95%			

（2）建筑垃圾减量化对比分析，在实施减量化对比时，单位均统一为吨（t），见表7-10。

表 7-10　建筑垃圾减量化对比分析表

建筑垃圾种类	产生原因及部位	实际产生数量	消纳方案	实际消纳数量
混凝土碎料	混凝土浇筑、爆模，凿桩头等	4 236.2 t	1. 作为后续底板垫层和临时道路路基及预制混凝土块等 2. 外运其他工地再利用 3. 环保单位清运	1 368.2 t 868 t 2 000 t
砌块	砌块切割和搬运过程中产生	52 t	1. 本工地利用 2. 清理外运	40 t 12 t
废旧模板、方木	翘曲、变形、开裂、受潮	70.5 m³ （26.1 t）	1. 成品保护使用部分旧模板 2. 短方木接长处理 3. 清理出场回加工厂	50 m³（18.5 t） 20.5 m³（7.6 t）

表 7-10(续)

建筑垃圾种类	产生原因及部位	实际产生数量	消纳方案	实际消纳数量
废旧钢筋	施工过程中产生的钢筋断头以及废旧钢筋	162 t	1. 废旧钢筋用作马镫支架的制作、钢筋拉钩、构造柱过梁、填充墙植筋 2. (临时)排水沟盖板等钢筋使用	21 t(措施筋) 18 t(二次结构) 4 t(灭火器箱、试块笼等) 排水沟盖板等临时使用 11 t 108 t 出售
包装箱(袋)、纸盒	施工材料包装	30 t	1. 厂家回收再利用 2. 成品保护利用 3. 送废品回收站	15 t 9 t 6 t
装修产生垃圾	边角料、废料、拆卸物等	20 t	1. 块材组合铺路 2. 外运其他工地 3. 清理外运	5 t 4 t 11 t
合计		4 526.3 t		2 395.3 t

对不同建筑垃圾进行分类,并提出减量化的控制措施,实施过程中,项目共产生建筑垃圾 4 526.3 t,回收再利用 2 395.7 t(4 526.3−2 000−12−11),再利用率为 52.9%,超过了原计划 50% 的再利用目标。

第三节　施工现场太阳能利用技术与应用

一、技术内容

施工现场太阳能光伏发电照明技术是利用太阳能电池组件将太阳光能直接转化为电能储存并用于施工现场照明系统的技术。发电系统主要由光伏组件、控制器、蓄电池(组)、逆变器(当照明负载为直流电时,不使用)及照明负载等组成。

二、技术指标

施工现场太阳能光伏发电照明技术中的照明灯具负载应为直流负载,灯具选用以工作电压为 12 V 的发光二极管(LED)灯为主。生活区安装太阳能发电电池,保证道路照明使用率达到 90% 以上。

(1)光伏组件:具有封装及内部联结的、能单独提供直流电输出、最小不可分割的太阳电池组合装置,又称太阳电池组件。太阳光充足日照好的地区,宜采用多晶硅太阳能电池;阴雨天比较多、阳光相对不是很充足的地区,宜采用单晶硅太阳能电池;其他新型太阳能电池,可根据太阳能电池发展趋势选用新型低成本太阳能电池;选用的太阳能电池输出的电压应比蓄电池的额定电压高 20%～30%,以保证蓄电池正常充电。

(2)太阳能控制器:控制整个系统的工作状态,并对蓄电池起到过充电保护、过放电保护的作用;在温差较大的地方,应具备温度补偿和路灯控制功能。

(3)蓄电池:一般为铅酸电池,小微型系统中也可用镍氢电池、镍镉电池或锂电池。根据临建照明系统整体用电负荷数,选用适合容量的蓄电池,蓄电池额定工作电压通常选 12 V,容量为日负荷消耗量的 6 倍左右,可根据项目具体使用情况组成电池组。

三、适用范围

施工现场太阳能光伏发电照明技术适用于施工现场临时照明,如路灯、加工棚照明、办公区廊灯、食堂照明、卫生间照明等。

四、工程案例一

1. 工程概况

某项目一期和二期一阶段工程位于合肥市滨湖新区中央商务区(CBD),东临徽州大道,南临嘉陵江路,西临西藏路,北至用地边界。该工程总占地面积为 8×10^4 m²,建筑面积为 1.7×10^5 m²,其中办公生活区占地面积约为 8 000 m²,生活区彩钢板临时用房 9 栋,屋面总面积为 1 800 m²。该工程建设规模大,工期长,总工期为 638 d,用电量约为 2.1×10^6 kW·h,需消耗大量外电网供电。

2. 分布式发电及其在建筑施工现场的应用

(1)太阳能分布式发电的选择

① 太阳能分布式发电计算

光伏发电是一种清洁的能源利用形式,既不直接消耗资源,同时又不释放污染物和废料,不产生温室气体破坏大气环境,也不会有废渣堆放、废水排放等问题,有利于保护周围环境,是一种绿色可再生能源。

项目通过建设 50 kW 太阳能光伏电站,利用太阳能进行发电,项目的建设将在节省燃煤、减少二氧化碳、二氧化硫、氮氧化物、烟尘、灰渣等污染物排放效果上,起到积极的示范作用。

项目装机容量为 50 kW,25 a 内年平均上网电量约为 4.85 万 kW·h,与相同发电量的火电厂相比,每年减少标准煤消耗约为 17.5 t,每年减少排放温室效应性气体二氧化碳48.4 t,每年减少排放大气污染气体二氧化硫约为 1.5 t、氮氧化物约为 0.7 t。

② 投资估算

晶体硅组件、逆变器等主要设备价格按目前市场行情;建筑安装工程、其他设备费用及其他费用造价根据合肥市光伏电站建设实际成本测算,计算出工程静态总投资约 46 万元。

③ 财务评价指标(表 7-11)

表 7-11　项目财务评价指标

序号	名称	单位	数值
1	规模	kW	50
2	总发电量	万 kW·h	121
3	前期投资	万元	46
4	运行期间累计现金结余	万元	228.8
5	投资回收期	年	5

该工程前期投资 46 万元,在度电补贴 20 a 经营期内,平均净资产收益率约为 21%,项目的财务内部收益率高于基准收益率,净现值大于零,财务盈利能力较强。因此,分布式发

电站在施工现场应用在经济上可行。

（2）分布式光伏并网系统介绍

分布式光伏发电特指采用光伏组件，将太阳能直接转换为电能的分布式发电系统。分布式光伏发电系统多在用户场地附近建设，运行方式以用户侧自发自用、多余电量上网。其原理框图如图7-7所示。

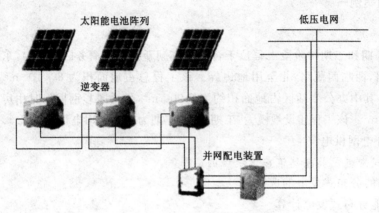

图7-7　分布式光伏并网系统原理框图

（3）分布式发电系统设计

① 光伏本体设计

该工程共选用220 W多晶硅组件209块，每19块组件为1组串，每1组串为1光伏发电单元，共计11个发电单元。

该工程光伏组件方阵采用顺屋平铺方式安装，支架和紧固件采用铝合金材料。材料型号根据合肥地区风、雪荷载计算，保证支架满足25年运行期要求。

② 电气部分设计

该工程装机容量为46 kW，接入电网部分严格按照电力公司经研所出具的接入系统方案执行。光伏方阵所发电量接入并网逆变器，逆变为工频交流电后接入项目部现有400 kV·A变压器低压侧0.4 kV母线。

电气部分，包括光伏发电系统（含逆变器、配电装置）、防雷、过电压保护与接地、交流接入系统、电缆敷设及防火封堵等。

③ 主要设备清单（表7-12）

表7-12　主要设备清单

序号	设备名称	型号规格	单位	数量	备注
1	多晶硅光伏组件	220 W	块	209	46 kW
2	支架	—	套	1	
3	光伏并网逆变器	20 kW	台	1	
4		30 kW		1	
5	并网配电柜	0.4 kV	台	1	
6	电缆	—	米	1 000	

④ 电气系统(图 7-8)

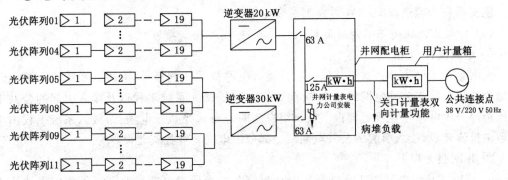

图 7-8 光伏发电项目的电气系统图

(4)系统构成和发电流程

通过光伏组件将太阳光能转换为电能的发电系统称为光伏发电系统。光伏发电系统的运行方式,可分为离网运行和并网运行两大类。该工程为并网型发电系统,该系统主要由光伏方阵、并网逆变器、开关柜、交直流电力网络等组成。系统示意图如图 7-9 所示。

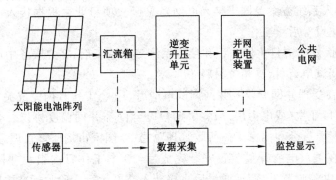

图 7-9 并网型发电系统示意图

该工程拟建设 50 kW 并网型光伏发电系统,采用多晶硅光伏组件作为光电转换装置,同时根据建设方案配置相应的接入系统。

(5)主要设备选型

① 光伏组件

项目使用 220 W 多晶硅光伏组件,共 228 块,组件参数如表 7-13 所列。

表 7-13 组件参数表

外形尺寸	1 642 mm×994 mm×40 mm
质量	20 kg
峰值功率	220 W
工作电压(V_{mppt})	29.8 V
工作电流(I_{mppt})	7.40 A
开路电压(V_{oc})	36.5 V
短路电流(I_{sc})	8.14 A

② 逆变器

逆变器初步拟选择 50 kW 并网型逆变器 1 台。

(6) 分布式光伏电站的建设流程

① 建设流程

电网企业积极为分布式光伏发电项目接入电网提供便利条件,为接入系统工程建设开辟绿色通道。接入公共电网的分布式光伏发电项目,接入系统工程以及接入引起的公共电网改造部分由电网企业投资建设。接入用户侧的分布式光伏发电项目,接入系统工程由项目业主投资建设,接入引起的公共电网改造部分由电网企业投资建设。

② 并网服务程序

a. 地市或县级电网企业客户服务中心为分布式光伏发电项目业主提供并网申请受理服务,协助项目业主填写并网申请表,接受相关支持性文件。

b. 电网企业为分布式光伏发电项目业主提供接入系统方案制订和咨询服务,并在受理并网申请后 20 个工作日内,由客户服务中心将接入系统方案送达项目业主,项目业主确认后实施。

c. 对于 380 V 接入项目,客户服务中心在项目业主确认接入系统方案后 5 个工作日内,双方确认的接入系统方案等同于接入电网意见函。项目业主根据接入电网意见函开展项目核准和工程建设等后续工作。

d. 分布式光伏发电项目主体工程和接入系统工程竣工后,客户服务中心受理项目业主并网验收及并网调试申请,接受相关材料。

e. 电网企业在受理并网验收及并网调试申请后,10 个工作日内完成关口电能计量装置安装服务,并与项目业主(或电力用户)签署购售电合同和并网调度协议。合同和协议内容执行国家电力监管委员会和国家工商行政管理总局(今国家市场监督管理总局)相关规定。

f. 电网企业在关口电能计量装置安装完成后,10 个工作日内组织并网验收及并网调试,向项目业主提供验收意见,调试通过后直接转入并网运行。验收标准按国家有关规定执行,若验收不合格,电网企业向项目业主提出解决方案。

g. 电网企业在并网申请受理、接入系统方案制订、合同和协议签署、并网验收和并网调试全过程服务中,不收取任何费用。

(7) 分布式光伏电站的运行模式

屋顶电站在项目备案时可选择"自发自用,余电上网"或"全额上网"模式。用户不足电量由电网企业提供,上、下网电量分开结算,电价执行国家相关政策。

"全额上网"项目的全部发电量由电网企业按照当地光伏电站标杆上网电价收购。

"自发自用,余电上网"是指分布式光伏发电系统所发电力主要由电力用户自己使用,多余电量接入电网,它是分布式光伏发电的一种商业模式,对于这种运行模式光伏并网点设在用户电表的负载侧,需要增加一块光伏反送电量的计量电表或者将电网用电电表设置成双向计量,用户自己直接用掉的光伏电量,以节省电费的方式直接享受电网的销售电价,反送电量单独计量并以规定的上网电价进行结算。

(8) 太阳能分布式发电实施

项目在工人区临建搭设时,对拟安装太阳能光伏发电的 6 栋活动板房进行了加固处理,以满足常规尺寸晶体硅电池板荷载要求。项目利用生活区屋顶闲置空间,安装容量 50 kW

的光伏并网电站。使用 220 W 晶体硅电池组件 228 块,采用顺屋面平铺方式安装。电站所发电量就地并入项目部 0.4 kV 电网。安装前需采用方钢加固活动板房,以满足荷载要求,生活区屋顶晶体硅电池组件见图 7-10。

图 7-10　生活区屋顶晶体硅电池组件

3. 施工现场应用情况

项目部 46 kW 太阳能电站,位于合肥市滨湖区。电站使用 209 块 220 W 太阳能电池板,安装在 6 栋工人宿舍屋顶。平均每天可发 150 kW·h 电,供项目部办公、生活区使用。

依据国家对度电补贴政策 0.67 元/千瓦时(0.42 元/千瓦时国家补贴,0.25 元合肥市补贴),该电站每年可获得政府补贴资金 3.7 万元。施工现场用电属临时用电,电费较高,太阳能电站每年可节约 5.5 万元电费。经测算该项目在运行第五年时可回收成本,剩余的 20 a 运行期间可获得度电补贴和节约电费收益总计 183 万元(税前)。

太阳能发电系统产生的电能优先供办公、生活区负载使用,余电上网,当阴雨天气太阳能发电不足时则从电网补充电能。太阳能发电系统一次性投入,后期免维护或少维护,每年可为建筑企业节约大量电费,并可纳入国家对太阳能电站补贴政策的情况。

针对建筑工地项目现场周期较短,一般为 3～4 a,将太阳能发电系统设计为可移动式,当建筑项目完工时,可搬迁至另一项目地继续使用,系统寿命为 25 a,至少可供 6 个以上的项目使用。

建筑工地临时彩钢板房保温性能相对较差,在屋顶安装光伏发电系统后,可有效降低夏季日照对屋内温度的影响,减少空调、电扇等降温设备的使用,起到了一定节能降耗的作用。

五、工程案例二

1. 背景材料

某国际金融中心项目,是由四幢主楼、裙楼及地库组成的群体建筑,总建筑面积为 1.95×10^5 m²,建筑总高度为 99.00 m。该工程建成后将是一座以金融保险、总部基地为主,集绿色、科技、人文于一体的城市商务综合体。该工程为全国第三批绿色施工示范工程,社会影响大,项目开工伊始,就确立了在施工过程中通过科技创新和绿色施工来确保人与自然和谐发展的总体思路,通过技术创新、绿色施工、精细化管理来实现各阶段质量目标和成本目标。

2. 背景分析

(1)难点:太阳能作为以太阳为主的新能源,能量大小与太阳的光照、地理位置等息息相关,因此在使用太阳能前必须根据工程所处地理位置、光照、能量需求等进行科学合理的分析,合理选择太阳能发电系统类型、设备及参数,使之达到最大功效。

(2)特点:太阳能作为一种取之不尽、用之不竭,安全、节能、环保的新型能源,越来越受到社会的关注且太阳能光电技术已在各行业广泛地应用。随着基础能源的日益贫乏,国家工业化步伐的加快,电力供应将日趋紧张。从节能、环保、绿色施工能源应用的角度上,提高对新能源的认识,并加以利用是今后节能环保发展的趋势。

(3)技术路线:主要通过施工现场太阳能发电系统、光伏板发电系统、热水器类型及设备参数的选择确定和太阳能发电系统、热水器、光伏板安装,充分利用太阳能可再生资源,减少资源浪费,改善环境,降低工程成本,促进经济的可持续发展。

3. 技术应用

(1)太阳能路灯及太阳能热水器

① 工艺流程:施工准备→现场规划→太阳能发电系统类型及设备参数的选择确定→照明设备、太阳能热水器类型及设备参数的选择确定→太阳能发电系统、照明系统和热水器安装。

② 技术要点

a. 操作要点施工准备

组织准备:科学而合理的管理组织是保证施工项目顺利进行的重要因素之一,项目部配备有同类工程施工经验的管理人员负责施工全过程的管理工作,严格控制各项施工工序,确保施工质量。

技术准备:施工前认真熟悉现场环境,根据现场环境和后期现场施工需求合理布置现场,综合现场布置图和现场环境确定太阳能发电系统和热水器的安装位置。开工前及施工过程中,对施工现场管理人员进行相关业务的培训,做好技术、安全交底工作。

物资、机具准备:根据设计要求,提前制订物资、机具计划,并及时组织进场,确保满足施工要求。

b. 太阳能发电系统类型及设备参数的选择确定

系统要求:蓄能天数不小于5天,蓄电池放电深度为50%,转换效率为85%;线损为5%。太阳能光伏发电系统所要带动的负载包括:节能灯、21 in(长 46.49 cm×宽 26.15 cm)彩电、交流电扇、其他小型电器、手机充电器等。

——蓄电池组的容积计算

蓄电池的容积是根据系统日用电量、蓄能的天数及蓄电池放电的深度来确定的,其计算公式为:

$$C = L \times D / DOD \times E_1 \times (1 - E_2)$$

式中:L——系统日耗电量,kW·h;D——估计最多无风无光照的天数,或要求的蓄能天数;DOD——蓄电池的最大放电深度,约 50%~80%;E_1——系统能量转换率,约 80%~90%;E_2——电力传输损失,约 5%。

电池组的容量为：

$$C_总 = C/V$$

式中：V——串联蓄电池组电压。

——控制器选择

太阳能电池板需要的时均总功率为：

$$P_总 = L/t$$

式中：L——系统日耗电量，$kW \cdot h$；t——平均日照时间，h。

根据太阳能电池对太阳光的转换效率 90%，控制器和逆变器的转换效率为 75%，得出太阳能电池板的功率为：

$$P_板 = P_总 \div 0.75 \div 0.9 I_板 = P_板/V$$

式中：V——串联蓄电池组电压。

——逆变器功率选择。

负载总功率为 $P_负$。

由于负载的总功率大于逆变器总功率的 80% 时，逆变器会发热过度，从而减少逆变器的使用寿命，所以选择逆变器时需要考虑其损耗率，则逆变器的功率计算如下：

$$P_逆 = P_负/80\%$$

——太阳能电池方阵的计算

太阳能电池组件是太阳能供电系统工作的基础。它的功能是将太阳能辐射转化为电能，其光电转换效率决定了供电系统的工作效率，所以光电转换效率是选择太阳能电池组件需要考虑的一个重要参数。目前，太阳能电池主要分为单晶硅、多晶硅和非晶硅 3 种。其中单晶硅电池板的光电转换率为 $15\%\sim20\%$ 以上，最高可以达到 24%，使用寿命一般为 15 a 左右，最高可达到 25 a。多晶硅电池板的光电转换率为 12%，非晶硅约为 10%。使用前根据光照合理选择电池种类。该案例综合考虑多方因素，系统的太阳能电池组件采用单晶硅太阳能电池进行计算。由于太阳光照射到地面的角度时时刻刻都在变化，而太阳能电池只有在日光直射的时候发电效率是最高的，因此太阳能电池方阵布置有两种方法：一种是安装向日跟踪系统；另外一种是根据计算确定最佳安装角度安装太阳能电池方阵。前者可以提高太阳能电池的发电效率，但成本很高；后一种虽然效率没有前者高，但建设成本较低，综合考虑采用后一种方法。

c. 太阳能路灯系统设备参数的选择确定及光源选择

太阳能路灯光源的选择原则是选择适合环境要求、光效高、寿命长的光源，同时也为了提高太阳能发电的使用效率。

常用的光源类型有：三基色节能灯、高压钠灯、低压钠灯、LED 灯、陶瓷金卤灯、无极灯等。现针对应用最多的太阳能灯具光源加以分析比较：选择 40W LED 灯具。

系统配置计算：峰值日照时数参考表 7-14 和表 7-15。

表 7-14 我国不同地区太阳光照条件

区域划分	丰富地区	比较丰富地区	可以利用地区	贫乏地区
年总辐射量 /[kJ/(cm² · a)]	≥580	500～580	420～500	≤420

表 7-14(续)

区域划分	丰富地区	比较丰富地区	可以利用地区	贫乏地区
地域	内蒙古西部、甘肃西部、新疆南部、青藏高原	新疆北部、东北、内蒙古东部、华北、陕北、宁夏、甘肃部分、青藏高原东侧、海南、台湾地区	东北北端、内蒙古呼盟、长江下游、福建、广东、广西、贵州部分、云南、河南、陕西	重庆、四川、贵州、广西、江西部分地区
连续阴雨天数	2	3	7	5
特征	年日照≥3 000 h 百分率≥75%	年日照 2 400～3 000 h 百分率 60%～70%	年日照 1 600～2 400 h 百分率 40%～60%	年日照≤1 600 h 百分率≤40%

表 7-15　年总辐射量与日平均峰值日照时数对应表

年辐射总量/[kJ/(cm²·a)]	420	460	500	540	580	620	660	700	740
平均峰值日照时数/h	3.19	3.50	3.82	4.14	4.46	4.78	5.10	5.42	5.72

——系统电压的确定

太阳能路灯光源的直流输入电压作为系统电压,一般为 12 V 或 24 V,初步选择为 24 V;选择交流负载时,系统的直流电压在条件允许的情况下,尽量提高系统电压,以减少线损;系统直流输入电压选择还要兼顾控制器、逆变器等电器件的选型。

——太阳能板的容量计算

对于太阳能路灯,整体系统配置计算公式为:

$$P = 光源功率 \times 光源工作时间 \times (17/24) \div 峰值日照时数 \div (0.85 \times 0.85)$$

式中,P 为电池组件的功率,单位为 W,系统电压为 24 V;光源工作时间单位为 h;峰值日照时数单位为 h;0.85 分别为蓄电池的库仑效率和电池组件衰减、方阵组合损失、尘埃遮挡等综合系数。

——蓄电池容量计算

首先根据当地的阴雨天情况确定选用的蓄电池类型和蓄电池的存储天数,一般江南区域阴雨天数为 3～5 天(选择 4 天)。容量计算公式为:

$$蓄电池容量 = 负载功率 \times 日工作时间 \times (存储天数 + 1) \div 放电深度 \div 系统电压$$

式中,蓄电池容量单位为 Ah;负载功率单位为 W;日工作时间单位为 h;存储天数单位为 d;放电深度,一般取 0.7 左右,系统电压单位为 24 V。

——灯杆设计

太阳能路灯常用的是钢质锥形灯杆,其特点是美观、坚固、耐用,且便于制成各种造型,加工工艺简单、机械强度高。由于太阳能路灯工作的环境是室外,为了防止灯杆生锈腐蚀而降低结构强度,必须对灯杆进行防腐蚀处理。防腐蚀的方法主要是针对锈蚀原因采取预防措施。防腐蚀要避免或减缓潮湿、高温、氧化、氯化物等因素的影响。常用的方法如下所列。

热镀锌:将经过前处理的制件浸入熔融的锌液中,在其表面形成锌和锌铁合金镀层的工艺过程和方法,锌层厚度在 65～90 μm。镀锌件的锌层应均匀、光滑,无毛刺、滴瘤和多余结块,锌层应与钢杆结合牢固,锌层不剥离、不凸起。

喷塑处理:热镀锌后再进行喷塑处理,喷塑粉末应选用室外专用粉末,涂层不得有剥落、龟裂现象。喷塑处理可以更好地提高钢杆的防腐性能,且大大提高灯杆的美观装饰性,颜色也可以有多种选择。此外,由于太阳能灯杆内安装有控制器等电气元件,蓄电池埋在地下,有地埋箱密封保护。

d. 真空集热管太阳能热水器设备参数的选择确定

太阳能热水器主要由太阳能集热器、储热系统、控制系统、换热系统、辅助能源系统、保温材料、管路系统及配件等组成。相关组件选用时应注意以下几个原则。

选择合适的热性能指标,其"平均日效率"越高越好,"平均热损系数"越低越好。

选择优质的真空管全玻璃真空太阳能集热管(简称真空管),一定要选择按照国家标准制作生产的,这样才能保证其真空度高、镀层均匀、厚薄一致、热效率高、热损小,使用寿命长。

真空管一般两管间距中心距在 70 mm 左右为宜。

太阳能热水器支架设计应合理,有足够的强度和刚度。

反光板设计能充分利用真空管吸热面,真空管最大程度上受光。根据人员数量确定太阳能热水器水容量。

选购其他相关配件时一定要清楚使用寿命和保修期限。

对自动上水装置、水温水位显示仪、电磁阀等装置的选择应慎重。

(2) 太阳能发电系统、热水器安装

① 太阳能发电系统安装

安装时应注意以下几点。

a. 安装部位不得有树木、建筑等遮挡,对太阳能光照一般要求至少保证上午 9:00 至下午 3:00 之间不能有影响采光的遮挡。

b. 观察太阳能负荷安装位置上空、基础及地埋箱部位地下是否有电缆、光缆、管道或其他影响施工的设施,安装时尽量避开。

c. 避免在低洼或容易造成积水的地段安装。

d. 根据地区不同为太阳能电池组件选择一个最佳倾角。

我国主要城市日平均日照时间统计见表 7-16。

表 7-16　我国主要城市日平均日照时间统计表

城市	纬度/(°)	最佳倾角/(°)	日平均日照时间/h	城市	纬度/(°)	最佳倾角/(°)	日平均日照时间/h
哈尔滨	45.68	+3	4.40	杭州	30.23	+3	3.42
长春	43.90	+1	4.80	南昌	28.67	+2	3.81
沈阳	41.77	+1	4.60	福州	26.08	+4	3.46
北京	39.80	+4	5.00	济南	36.68	+6	4.44
天津	39.10	+5	4.65	郑州	34.72	+7	4.04
呼和浩特	40.78	+3	5.60	武汉	30.63	+7	3.80
太原	37.78	+5	4.80	长沙	28.20	+6	3.22
乌鲁木齐	43.78	+12	4.60	广州	23.13	−7	3.52
西宁	36.75	+1	5.50	海口	20.03	+12	3.75
兰州	36.05	+8	4.40	南宁	22.82	+5	3.54

表 7-16(续)

城市	纬度/(°)	最佳倾角/(°)	日平均日照时间/h	城市	纬度/(°)	最佳倾角/(°)	日平均日照时间/h
银川	38.48	+2	5.50	成都	30.67	+2	2.87
西安	34.30	+14	3.60	贵阳	26.58	+8	2.84
上海	31.17	+3	3.80	昆明	25.02	−8	4.26
南京	32.00	+5	3.94	拉萨	29.70	−8	6.70
合肥	31.85	+9	3.69				

② 太阳能热水器安装及维护

安装及过程维护应做到以下几点。

a. 热水器安装应牢固、可靠,且上方无遮盖物。

b. 热水器表面落尘应定期擦拭,水龙头出口端安装滤网装置,水管内水垢杂物定期拆下清洗。

c. 冬季需加强管道保温措施,防止管道冻裂。

d. 平均 2～3 a 需对真空管内部进行清理,防止真空管内部结水垢影响吸热效果。

（3）太阳能光伏发电

通过产品选型、固定支撑支架以及连接件配置组装连接、经过储能转换形成一个完整发电配电系统,整体组装,达到省时、省工、增效的目的。太阳能光伏发电适用于施工项目及生产生活、节能环保型工程,与常规供电设备相比具有搬运方便、组装拆卸简单、可以重复周转等优点。

① 工艺流程

基础施工→预埋件安装→光伏板支架安装→支架檩条安装→光伏板压块安装→电池板安装→系统设置→验收。

② 技术要点

a. 施工工艺流程及操作要点

系统安装:首先按照图纸将水泥基础做好,并将 U 形螺栓预埋到指定位置,然后再按照以下步骤开始依次组装支架。

前、后立柱的安装:将前、后立柱放置在对应水泥墩上,和预埋螺栓锁紧。前、后立柱安装如图 7-11 所示。

以第一列立柱为参照,依次向同一方向安装固定立柱,左右间距为 3.1 m 一根,共计 6 根。立柱安装如图 7-12 所示。

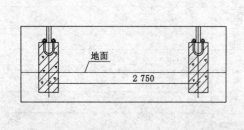

图 7-11 前、后立柱安装图

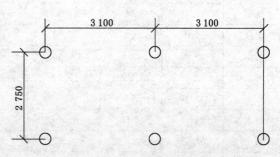

图 7-12 立柱安装图

在前、后立柱上安装铰连接件,如图 7-13 所示。

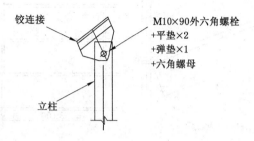

图 7-13　铰连接件安装图

斜梁安装:把斜梁安放在前后立柱上,斜梁前端离开前立柱 560 mm 的位置上安装螺栓,并在斜梁的 4 个孔位上各穿 4 颗螺栓。此 4 颗螺栓可全部拧紧(每单个支架配 1 根斜梁,4 套 M10×30 螺栓),如图 7-14 所示。

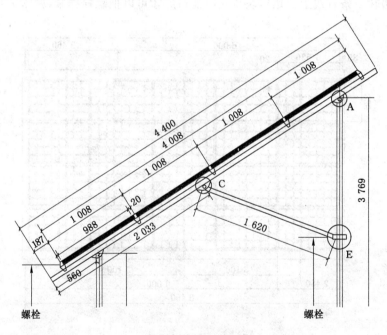

图 7-14　斜梁安装图

斜撑安装:把斜支撑安放在斜支撑连接件上,斜支撑安放在斜梁上,并在斜支撑、斜梁的上下两个孔位上拴上螺栓与连接件,连接斜梁。此 2 颗螺栓不可拧紧,方便调节(每单个支架配 1 根斜支撑,2 套 M10×30 螺栓)。把抱箍放置于离水泥墩高度 2 244 mm 处,后与斜支撑用 M10×70 螺丝锁紧,如图 7-15 所示。

檩条安装:从斜梁下方开始安装,檩条长度安装顺序为第一根 4.15 m,第二根 4.15 m。开口向下按顺序往上安装。在两根檩条连接处放置 1 个檩条连接件。檩条连接件居中安装。在檩条与斜梁的连接处安装 1 套 M10×30 外六角螺栓,如图 7-16 所示。

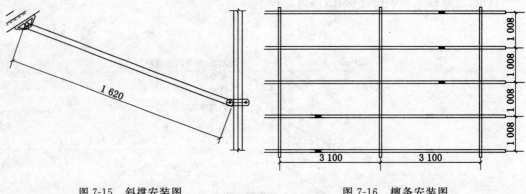

图 7-15　斜撑安装图　　　　　　　　　　　图 7-16　檩条安装图

压块安装:组件以横放布置。在檩条的最左边 85 mm 处开始安装边压块,依次往下安装中压块,在檩条的最右边的孔位也安装边压块,此时压块的螺栓不得拧紧,方便电池板的安装,在压块安装完成后可安装电池板。电池板往后安装时,电池板的底边一定要与前一块电池板的底边在一条直线上。用压块压住电池板后才可以把螺栓拧紧,如图 7-17 所示。

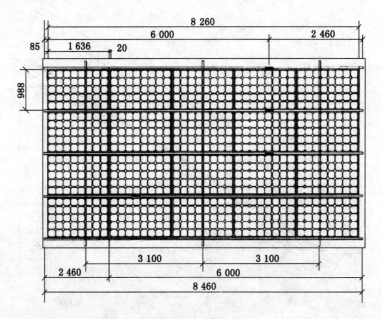

图 7-17　压块安装图

b. 使用方法

汇流箱输出电压与蓄电池电压都正常,则依次打开电池柜空开、汇流箱空开、逆控一体机空开,观察设备指示灯。灯闪烁表示蓄电池为充电状态,灯灭表示一体机工作在逆变模式,灯亮表示逆变输出电压正常,灯灭表示电池电压正常,长按逆控一体机控制面板的 F1 按钮,进入"系统设置"界面,将电池容量设置为 200 Ah。按"RST"键回到首页,进入"实时数据"界面,查看具体参数。

(4) 计算验算与监测

在施工前根据现场用电量和用电设备,合理计算、合理选择太阳能发电系统和设备参数,使用过程中及时根据实际情况进行监测、分析、记录、调整,并与原设计进行对比分析,积累经验数据,为今后大量应用太阳能提供依据。

4. 实施效果

该项目施工临时用电照明采用太阳能发电系统供电,现场浴室、食堂、临时洗漱场所采用太阳能热水,有效改善员工生活条件,降低工程成本,减少资源浪费,改善环境条件;积极响应国家节能减排政策,满足绿色施工要求;累计节约成本 10 余万元。该工程顺利通过"全国绿色施工示范工程"验收,举办了全国绿色施工示范工程观摩会,为企业赢得了荣誉。

第八章　防水技术与维护结构节能技术与应用

第一节　种植屋面防水施工技术与应用

一、技术内容

种植屋面的做法和传统屋面相比,所产生的经济效益主要体现在节能绿化方面。研究证明,每公顷绿地每天能从环境中吸收的热量,相当于1 890台功率为1 000 W空调机的作用,种植屋面顶层室内的气温比非种植屋面顶层室内的气温要低2～3 ℃。种植屋面优于目前国内任何一种屋面的隔热措施,同时节约了能源。种植屋面的社会效益主要体现在环境保护方面,减少了城市的大气污染和噪声污染,同时起到美化城市景观的作用,增加了绿化面积,是建筑技术与风景园林艺术相结合的具体体现,改善了居住生态环境,实现了人与自然的和谐相处。

种植屋面具有改善城市生态环境、缓解热岛效应、节能减排和美化空中景观的作用。种植屋面也称为屋顶绿化,分为简单式屋顶绿化和花园式屋顶绿化。简单式屋顶绿化土壤层厚度不大于150 mm,花园式屋顶绿化土壤层厚度可以大于600 mm。一般构造为:屋面结构层、找平层、保温层、普通防水层、耐根穿刺防水层、排(蓄)水层、种植介质层以及植被层。施工要求耐根穿刺防水层位于普通防水层之上,避免植物的根系对普通防水层的破坏。目前有阻根功能的防水材料有:聚脲防水涂料、化学阻根改性沥青防水卷材、铜胎基-复合铜胎基改性沥青防水卷材、聚乙烯高分子防水卷材、热塑性聚烯烃(TPO)防水卷材、聚氯乙烯(PVC)防水卷材等。聚脲防水涂料采用双管喷涂施工;改性沥青防水卷材采用热熔法施工;高分子防水卷材采用热风焊接法施工。

二、技术指标

改性沥青防水卷材厚度不小于4.0 mm,塑料类防水卷材不小于1.2 mm。种植屋面系统用耐根穿刺防水卷材基本物理力学性能,应符合表8-1所列的现行国家标准中的全部相关要求。

表8-1　现行国家标准及相关要求

序号	标准	要求
1	GB 18242—2008	Ⅱ型全部相关要求
2	GB 18243—2008	Ⅱ型全部相关要求
3	GB 12952—2011	全部相关要求(外露卷材)
4	GB 27789—2011	全部相关要求(外露卷材)
5	GB 18173.1—2012	全部相关要求

种植屋面用耐根穿刺防水卷材应用性能指标及尺寸变化率应符合表 8-2 的要求。

表 8-2 种植屋面用耐根穿刺防水卷材应用性能指标及尺寸变化率

序号	项目			技术指标
1	耐霉菌腐蚀性	防霉等级		0 级或 1 级
2	尺寸变化率/%	匀质材料		≤2
		纤维、织物胎基或背衬材料		≤0.5
3	接缝剥离强度	无处理/(N/mm)	改性沥青防水卷材 SBS	1.5
			改性沥青防水卷材 APP	1.0
			塑料防水卷材 焊接	3.0 或卷材破坏
		热老化处理后保持率/%		≥80 或卷材破坏

三、适用范围

种植屋面防水施工技术适用于建筑工程种植屋面和地下工程顶板种植。

四、工程案例

1. 工程概况

某项目为廊坊市重点工程,地处广阳区核心位置,紧邻三条城市主干道和一条次干道,占地面积为 1.8×10^5 m^2,建筑面积为 1.06×10^6 m^2,建成后将成为廊坊市最大的商圈,集超级购物中心、五星级酒店、高档商务公寓、甲级写字楼、体育体能训练(PE)大厦和主题时尚街六大业态于一体。该项目是廊坊市城市文化和现代商业的完美结合,将成为廊坊市的地标性建筑。

该项目种植屋面总面积达 6×10^4 m^2,作为典型的"空中花园"式建筑,造型新颖美观、空间灵活多变、功能丰富实用、生态效应显著,满足了业主对于环境质量和生活品质不断提升的需求。屋顶花园效果图见图 8-1,在设计上具有以下特点。

(1)完善屋面的使用功能,为人们简单驻足、交流等活动提供更加舒适的场所。

(2)将不同的材质通过点、线、面、体等造型要素的综合运用,形成简练而丰富的空间内容。

(3)在树种上选择金叶榆、垂叶榆、黄杨篱等观赏性强、耐寒、易成活的品种,保证了屋面四季常青。

(4)在几何图案设计布局上减少面积浪费,提供更多的活动交流空间,为屋顶花园增添更多的设计感。

2. 防水构造设计

(1)防水构造

该项目面积大、结构复杂,且施工时间紧、任务重,落水口、变形缝、设备基础等细部节点较多,施工季节为深秋,早晚温差大,屋面表面有结露现象,上述因素对防水设计与施工提出了较大的挑战。图 8-2 所示为该种植屋面的防水构造设计,为满足《种植屋面工程技术规程》(JGJ 155—2013)一级防水设防的要求,防水层采用 2 mm 厚非固化橡胶沥青防水涂料

＋4 mm厚改性沥青耐根穿刺防水卷材复合系统，非固化橡胶沥青防水涂料采用喷涂或刮涂施工，改性沥青耐根穿刺防水卷材采用热熔法施工。

图 8-1　该项目种植屋面效果图

　植被层
　种植土
　无纺布过滤层
　凹凸型排水板
　70厚C20细石混凝土保护层
　隔离层
　耐根穿刺防水层
　非固化涂料防水层
　找平层
　找坡层
　钢筋混凝土屋面

图 8-2　种植屋面防水构造设计

（2）防水选材

① 耐根穿刺防水层选用化学阻根型改性沥青防水卷材，该卷材由化学阻根剂与改性沥青混合制成，能有效阻止植物根系向防水层方向继续生长，使其无法穿透防水层，既保证植物的生长又具有防水效果。

② 非固化橡胶沥青防水涂料是以橡胶、沥青为主要组分，加入助剂混合制成的黏性膏状体防水涂料。其突出的蠕变性能对于变形缝等特殊部位的防水处理有优异效果，广泛应用于各类建筑防水工程。

两者复合使用，防水层兼具卷材厚度稳定、强度高、耐根穿刺、耐硌破的特性，以及非固化橡胶沥青防水涂料无搭接缝、延伸率高、基层满粘、适应各类异形结构的特性。

3. 防水施工工艺

该种植屋面复合防水系统的施工工艺流程：基层处理→涂料加热→细部节点加强处理→卷材预铺→涂料施工→卷材铺设与搭接→现场检验。

（1）基层处理

基层养护不佳或工期紧张易造成基层不坚固、翻砂等问题，影响非固化橡胶沥青防水涂料的施工效果。为达到涂料与基层充分满粘的效果，应先对基层缺陷部位采用 1∶3 水泥砂浆补强，对浮浆部位可用抛丸机打磨处理，并将阴阳角部位作成半径 50 mm 的圆角。基层抛丸前后的对比见图 8-3。

图 8-3　抛丸前后对比

（2）涂料加热

在加热罐系统设置导热油温度为 180 ℃，待油温升至 150 ℃时将非固化橡胶沥青防水涂料放入脱桶器中，根据实时气温设置脱桶时间，加热直至涂料成为液态，待非固化橡胶沥青防水涂料达到规定温度时方可施工，手工涂刷时涂料温度为 110 ℃、喷涂施工时涂料温度为 140 ℃。

（3）细部节点加强处理

在大面施工前，应对屋面细部节点如阴阳角、平立面转角处等部位进行加强处理。为保证节点部位的防水效果，首先手工涂刷 2 mm 厚非固化橡胶沥青防水涂料，再附上改性沥青防水卷材加强层，加强层宽度需超过 500 mm。细节部位施工及效果见图 8-4。

图 8-4　细节部位施工及效果

（4）卷材预铺

卷材施工前需进行弹线定位，并进行预铺。卷材长短边搭接宽度均为 100 mm，相邻卷材的短边应错开 500 mm。卷材预铺完成后先回卷，再进行涂料施工操作。

（5）涂料施工

依据施工条件的不同，可将非固化橡胶沥青防水涂料的施工分为手工刮涂和机器喷涂两种。一般而言，平立面部位多采用喷涂施工，狭窄部位与节点部位采用手工刮涂。非固化橡胶沥青防水涂料的涂布厚度为 2 mm，涂布用量为 2.5～2.8 kg/m²。

对于平立面部位，非固化橡胶沥青防水涂料采用喷涂法施工。当涂料温度达到 140 ℃时，采用喷枪将涂料均匀喷涂在基层上，要求喷嘴与基面成 90°夹角，一次喷涂成膜。对于狭窄不易喷涂施工的部位，采用手工刮涂法施工，在既定弹线区域倒入非固化橡胶沥青防水涂料，利用刮板将涂料均匀涂刷在基层上，要求刮涂均匀、平整、不露底。非固化橡胶沥青防水涂料的手工刮涂与机器喷涂操作见图 8-5。

图 8-5　手工刮涂与机器喷涂操作

（6）卷材铺设与搭接

待非固化橡胶沥青防水涂料施工完毕后，立即沿着定位线滚动铺设防水卷材。卷材搭接时，首先用汽油喷灯将卷材涂盖层熔融，随即固定在基层表面，火焰对准卷材和基层表面的夹角，在喷枪距离交界处 300 mm 左右，边熔融涂盖层，边采用金属压辊缓慢辊压卷材搭接边，使卷材与基层黏结牢固，以边缘挤出熔融沥青为合格。

为保证防水效果，卷材热熔封边完毕后，采用非固化橡胶沥青防水涂料沿着卷材接缝处涂刷加固，涂刷宽度为 100 mm。屋面卷材施工效果见图 8-6。

图 8-6　屋面卷材施工效果

（7）现场检验

现场检验见实施效果。

4. 实施效果

非固化橡胶沥青防水涂料＋改性沥青耐根穿刺防水卷材复合防水系统，集传统改性沥青防水卷材及非固化橡胶沥青防水涂料的优势于一身，系统各组成相对完善成熟，得到了业内的高度肯定，也在该项目种植屋面得到了成功应用。

第二节　真空绝热板外墙、屋面保温体系与应用

真空绝热保温现象发现于 20 世纪 50 年代。真空绝热板（VIP）的概念首先是由美国航空航天局在 20 世纪 70 年代提出并进行设计的，其产品是以气相二氧化硅作为芯材，其隔热性能好、寿命长，综合性能好，但生产工艺复杂，质量大。20 世纪 70 年代，以开孔泡沫塑料为芯材的真空绝热板被发明。20 世纪 90 年代，以开孔聚苯乙烯和聚氨酯泡沫为芯材的真空绝热板得以发展。到目前为止，真空绝热板的应用范围已获得广泛应用，包括冰箱、冷库、冷藏集装箱、医用保温箱等领域。为应对全球气候变暖等实际情况，已有的节能技术已不能完全满足新建筑节能设计标准的要求；为满足对国家建筑节能减排的长远发展要求，随着技术上的不断突破，真空绝热板被迅速应用于建筑外墙及屋面保温。目前各种品牌型号的真空绝热板投入试点和使用，其卓越的保温隔热特性大幅降低了建筑耗能水平，减少了建筑的荷载和不可回收材料的使用。

一、技术内容

真空绝热板的内在构造和特性决定它具有极高保温隔热性能和使用前景。

1. 产品原理

真空绝热板采用暖瓶的真空隔热保温原理制成。真空绝热板产品形状如图 8-7 所示。

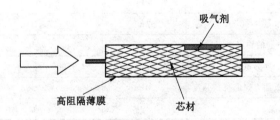

图 8-7　真空绝热板产品形状图

真空绝热板的结构主要有三部分组成：芯部的隔热材料、气体吸附材料和封闭的隔气薄膜。真空绝热板通过最大限度提高内部真空度来隔绝热传导，达到保温、节能的目的。

真空绝热板技术的关键控制点有两项。

（1）真空度

真空板内的真空度，一般控制在 5 Pa 以下，或更低。但要达到 5 Pa 以下的高真空度，要考虑真空机的性能和工作效率以及生产过程中真空度的监测。

（2）高阻隔薄膜

真空绝热板的芯材起着支撑（骨架）和隔热的作用。吸气剂和干燥机是对真空绝热板真空度的时效起作用。芯材、吸气剂，以及真空度的保持是由热封的质量为前提的。为此，真空绝热板的封装是真空绝热板的关键控制工序。

2. 建筑用真空绝热板

真空绝热板是一种新型高效建筑保温材料，具有高效的保温隔热性能，导热系数不大于 0.008 W/m·k，是传统保温材料的 1/3～1/5，防火性能达到 A 级，解决了由于传统保温材料防火等级达不到 A 级要求而带来的在施工和使用过程中的安全隐患问题。

芯材采用的超细玻璃纤维俗称玻璃棉，是用离心法将熔融状态的玻璃吹制成直径 2.5～5 μm 的絮状玻璃微纤维，是一种人造无机材料，具有大量的内外连通的微小孔隙和孔洞，被视为多孔材料。其具有体质轻、导热系数低、热绝缘和吸声性能好、不燃、耐腐蚀、无毒、不怕虫蛀、不刺皮肤、憎水率高、化学稳定性好等优点。

二、技术指标

1. 建筑业用真空绝热板材料的性能指标

建筑业用真空绝热板材料的性能指标见表 8-3。

表 8-3　建筑业用真空绝热板材料的性能指标

项目		单位	指标		试验方法
			Ⅰ 型	Ⅱ 型	
导热系数		W/(m·K)	≤0.005	≤0.008	
穿刺强度		N	≥18		
垂直于板面方向的抗拉强度		MPa	≥0.08		
尺寸稳定性 /%	长度、宽度	—	≤0.5		
	厚度	—	≤3.0		
压缩强度		MPa	≥0.10		《建筑用真空绝热板》（JG/T 438—2014）
表面吸水量		g/m²	≤100		
穿刺后垂直于板面方向的膨胀率/%		—	≤10		
耐久性 （30 次循环）	导热系数	W/(m·K)	≤0.005	≤0.008	
	垂直于板面方向的抗拉强度	MPa	≥0.08		
燃烧性能			A		

注：导热系数也可以按照《绝热材料稳态热阻及有关特性的测定　防护热板法》（GB/T 10294—2008）的规定进行检测，试验平均温度为(25±2) ℃。

2. 主要优点及特性

（1）导热系数低：传统的聚苯板等保温材料的导热系数为 0.03～0.08 W/(m·K)，而真空绝热板的导热率低于 0.008 W/(m·K)，同等厚度下保温效果为传统产品的 3～8 倍。

（2）厚度超薄：使用聚苯板，在北京地区达到 75% 节能标准需要的厚度超过 100 mm，而采用真空绝热板，厚度仅需要 20 mm 左右，适用于低能耗、超低能耗建筑。

（3）防火性能好：真空绝热板为 A 级材料。

（4）节能环保：符合国家节能环保政策，可节约大量一次能源消耗，减少垃圾污染和二氧化碳排放。

（5）真空绝热板为无机保温产品，和建筑物墙体结合强度高，采用满粘的粘贴方式，保温板内侧不会形成空腔，保温系统受负风压影响较小，不易脱落；使用安全性好。

（6）真空绝热板的规格尺寸较小，工人施工操作方便。

三、适用范围

在建筑领域，真空绝热板外墙外保温体系适用于采暖和使用空调的工业与民用建筑，既可用于新建工程，又可用于旧房改造，适用范围较广。可置于建筑物外围护构造立面外墙，也可用于屋面保温，缓冲了因温度改变导致构造变形发生的应力，避免了雨、雪、冻融、干、湿循环形成的构造损坏；同时为减少冬季建筑物内热量散发、夏季热能传入建筑室内造成的供热和制冷的能量消耗，可以大幅降低建筑物的碳排放，减轻对气候环境的负面影响，提升人居环境的品质。

四、工程案例

1. 某省采用超薄真空绝热板（STP）外墙外保温系统的优势

某省属于亚热带湿润季风气候，夏季气温较高、湿度大、风速小、潮湿闷热；冬季气温低、湿度大、日照率低，阴冷潮湿。最冷月平均温度为 7.3 ℃，极端最低温度为 −3.0 ℃，最热月平均温度为 27.0 ℃，极端最高温度为 41.0 ℃，温差较大。剪力墙结构高层保障性住房建筑层数较高，造型简单，建筑体形系数为 0.37＜0.40，保障性住房工装后业主入住后二次装修较多，宜采用外保温。外保温可降低墙或屋顶温度应力的起伏，提高保障性住房的结构耐久性，同时可减少防水层的破坏，使热桥处的热损失减少，从而防止热桥内表面局部结露，造成内保温材料发霉。

鉴于 STP 真空绝热板保温效果优异、防火性能优异、尺寸稳定性高、抗压和抗拉强度较好、抗负风压较强、抗震性能优异等优点，采用填充墙可降低成本，减少结构自重，节约能源，结合两种保温系统的优势，故该项目剪力墙结构高层保障性住房项目的外墙均是由填充墙部位采用 200 mm 厚保温砖（砌块）墙体自保温系统，以及梁、柱、剪力墙部位常用建筑用真空绝热板薄抹灰外墙外保温系统共同构成的外墙自保温工程。建筑外墙的饰面砖外墙外保温系统是置于建筑物外墙外侧，由黏结砂浆、STP 板、抹面胶浆（压入耐碱玻纤网）及饰面材料等组成的外墙外保温系统，系统还包括必要时采用的锚栓、护角等配件。

2. 建筑用真空绝热板外墙外保温系统的饰面层采用饰面砖施工过程中的问题

该项目饰面层除空调百叶窗内等其他局部墙面为涂料饰面外，其余均为 5 mm 厚联片饰面砖（规格 45 mm×45 mm，每板为 295 mm×295 mm）外饰面层，外墙外保温工程中钢筋混凝土梁、柱及剪力墙部位的外饰面层主要采用联片饰面砖饰面。

《外墙外保温工程技术规程》（JGJ 144—2009）明确外墙外保温面砖饰面高度不超过 40 m，而在自 2019 年 11 月 1 日起施行的《外墙外保温工程技术标准》（JGJ 144—2019）提出"对于粘贴饰面砖的工程，应制定专项技术方案并组织专门论证，技术方案应符合相关标准，确定验收方案后实施"的要求。由此可见，建筑用真空绝热板外墙外保温系统的饰面层采用饰面砖,施工难度大,安全性难以保证。

(1)黏结强度

为保证外墙面平整度,如果采用外墙面水泥砂浆抹灰找平,混凝土墙面采用抹灰找平后粘贴 STP 真空绝热板,自保温砖抹灰找平后粘贴饰面砖,混凝土与自保温砖墙面找平层之间高差为 18～20 m,那么自保温砖墙面找平层抹灰厚度将达到 38～40 mm,影响水泥砂浆与自保温墙体之间即找平层与基体界面的拉伸黏结强度,导致饰面砖抗拔试验检测平均黏结强度达不到 0.4 MPa,且锚栓有效锚固深度不符合要求,难以保证安全,同时 STP 真空绝热板与基层的黏结强度难以保证。

(2)保温系统热阻及热桥效应

即 STP 真空绝热板作为新型材料,热阻能否达标,板缝之间采用保温浆料填充,其热阻又不一样,两者的平均热阻能否符合要求。热桥效应在自保温结构与剪力墙结构交界处出现较多,热桥效应是由于没有处理好热传导(保温)而引起的,受温度、湿度、热量等多方面因素的影响,STP 真空绝热板建筑保温系统热桥效应如何有效解决,也是施工问题之一。

(3)材料耐候性

该省气候特殊:夏季气温较高、湿度大;冬季气温低、湿度大。夏冬两季温度变化较大,以及光照、风雨、细菌等外界条件的影响,易造成保温材料出现裂纹、粉化、脱落和强度下降等一系列老化的现象,继而影响保温系统节能效果,极可能造成饰面砖脱落现象,对人身安全造成影响。

(4)气密性

STP 真空绝热板的气密性、穿刺强度能否符合要求,STP 真空绝热板破损漏气后保温效果大幅下降,穿刺后垂直于板面方向的膨胀率是否符合标准,也是施工问题之一。膨胀率过大将造成饰面砖连片脱落的质量事故,同时不能保证厂家送检材料即为现场所使用的材料。

(5)防火性能

保温系统的防火性能能否达到高层住宅的防火指标也是施工问题之一。

(6)防水性能及抗风压

外墙渗漏本身就是施工质量通病,难以解决,以及 STP 真空绝热板保温系统吸水量及不透水性能否符合要求。该省平均大气压为 97 527 Pa,平均风速为 1.7 m/s,平均最大风速为 3.3 m/s,HDD18 为 1 254,CDD26 为 148,该省与山东省气候差别大,STP 真空绝热板保温系统抗风压值能否符合要求。

(7)水电、天然气管道、设备安装

STP 真空绝热板抹面胶浆施工完成后,水电、天然气管道安装时会造成 STP 板损坏造成漏气,如何解决此类问题。

(8)饰面砖与黏结层界面的平均黏结强度

影响饰面砖与黏结层界面的平均黏结强度的主要因素是饰面砖基层、黏合剂材料配合比、饰面砖施工方法。STP 真空绝热板保温系统饰面砖基层发生改变,由水泥砂浆变成 STP 真空绝热板,从而改变了饰面砖的冷热条件。饰面砖基层在两种保温系统交界位置 STP 真空绝热板粘贴后,与自保温砖墙体找平层难免存在高差,平整度难以保证,面砖会在交接处倾斜,影响外立面观感。

(9) 用户告知

生活阳台、景观阳台采用 STP 真空绝热板,业主入住后会在装修时改造门带窗、推拉门,皆会损坏 STP 板造成饰面砖脱落。

3. 措施和手段

STP 超薄真空绝热板自下而上施工、自管道周边向两侧施工,采用 L 形托架既可以加快施工进度又可以增加安全性,避免饰面砖大面积脱落。L 形托架采用 1 mm 厚镀锌铁皮压制成形,L 形托架规格尺寸为 40 mm×13 mm,每根 L 形托架长度为 1 250 mm 长。L 形托架每 3 层设一道,且高度不宜超过 10 m。L 形托架锚固采用沉头膨胀螺丝,每根托架锚固不应小于 4 个,托架锚固点间距不大于 400 mm,混凝土墙面锚固为 30 mm。在建筑物勒脚和楼板与外墙的交界处进行。托架所处的板缝位置采用聚氨酯发泡填缝。角钢托架的尺寸以托住保温板,但不影响抗裂砂浆和耐碱玻纤网的施工为宜。

(1) STP 真空绝热板粘贴基层质量

剪力墙基层采用局部抹灰找平,整体抹灰找平层厚度降低,自保温墙体抹灰厚度控制在 18~20 mm。基层表观质量:基层表面平整度偏差不应大于 3 mm,立面平整度不应大于 4 mm,找平层应做到表面扫毛不收光;进行外墙面基层验收,彻底清除墙体表面的油、灰尘、污垢、脱模剂、风化物等影响黏结强度的材料,并剔除墙体表面的突出物。必要时用水清洗墙面,经清洗的墙面必须晾干后,方可进行下一道工序的施工。保温层要求铺在坚实、顺直、平整的表面上。如果基层墙体的平整度不符合要求时,应用 1∶3 水泥砂浆找平,表面不压光,并保证无空鼓、污物、脱层和裂缝等缺陷。粘贴 STP 真空绝热板前将墙面略微湿润。基层墙体找平层应满足 STP 真空绝热板对抹灰基面的强度要求,一般来说抹面完成 1 周后开始施工,使找平砂浆具有一定强度并挥发多余的水分。

坚实性能:基层的黏结强度不应小于 0.4 MPa。增强黏结性能措施:在真空绝热板与抹面保护层之间涂刷界面剂,增强黏结能力,在真空绝热板间的接缝中钉固锚固件(图 8-8 和图 8-9)。

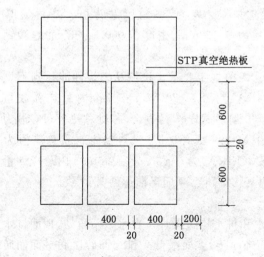

图 8-8 真空绝热板排板示意图

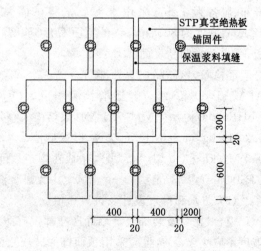

图 8-9 真空绝热板间锚栓固定位置示意图

（2）保温系统热阻及热桥

根据傅立叶级数，各向同性的材料，各个方向上的热导率是相同的，利用耐候性试验装置在平均温度为 25 ℃、温差为 20 ℃的条件下，STP 真空绝热板试件的导热系数为 0.007 W/(m·K)≤0.008 W/(m·K)，无机轻集料保温砂浆试件的导热系数为 0.085 W/(m·K)≤0.085 W/(m·K)，根据最小热阻力法则和比等效导热系数相等法则，测得保温系统复合材料的比等效热阻为 1.28 (m²·K)/W，隔热性能较好，符合设计要求，采用外保温则由于保温层覆盖住外墙面，有利于避免热桥的产生，但对于门窗口四周侧壁也应注意妥善保温，避免此处热量过多散失。塑钢窗框的热桥问题，可以通过在窗框内设置断热条的方法解决。

（3）耐候性试验

对 STP 真空绝热板建筑保温系统的耐候性通过试验进行测定，耐候性试样制备：STP 真空绝热板建筑保温系统黏结层为 STP 黏结砂浆，保温层为 STP 真空绝热板（Ⅱ型），厚度为 10 mm；STP 真空绝热板表面涂刷界面剂，板缝填充无机轻集料保温砂浆，抹面层为 STP 抹面胶浆复合耐碱玻璃纤维网格布，厚度为 3.20 mm；饰面层为外墙平面涂料。试验基墙宽度为 3.36 m，高度为 2.40 m，试样受检部位宽度为 3.00 m，高度为 2.00 m。试验基墙洞口部位侧面及外侧面进行外墙外保温系统制作，试样洞口宽度为 0.04 m，高度为 0.60 m，试样养护 28 d。STP 黏结砂浆、STP 抹面胶浆均为干粉型聚合物砂浆，黏结砂浆水灰比为 1.0∶4.6，试样用量为 6.4 kg/m²，抹面砂浆水灰比为 1.0∶4.0，试用量为 7.3 kg/m²。经试验测得抹面层未发现裂纹、粉化、剥落现象，抹面层与保温层拉伸黏结强度为 0.10 MPa≥0.08 MPa，符合要求。

（4）气密性

STP 真空绝热板上下两层阻气膜总厚度约为 0.6 mm，穿刺强度为 25 N≥18 N，符合要求，穿刺后垂直于板面方向的膨胀率为 6%≤10%，且 STP 真空绝热板内有吸附剂，可吸附部分空气。

（5）防火性能

STP 真空绝热板由硅粉、玻璃纤维、白炭黑制成芯材；外覆由玻纤布、pe 铝箔和 pet 复合膜制成，制品厚度为 10 mm，对其进行防火试验。试样说明：样品数量为 15 m²，铝箔、玻纤布、膜各为 1 m²，采用水泥砂浆将试样黏结在基材表面，基材紧贴背板。基材为厚 12 mm、密度为 800 kg/m³ 的纸面石膏板。背板为厚 12 mm、密度为 900 kg/m³ 的硅酸钙板，受火面为制品表面。

经检验，该制品燃烧性能符合 A2-s1，d0，t0 级的规定要求。该制品燃烧性能达到不燃 A(A2-s1，d0，t0) 级。燃烧增长速率指数（FIGRA）为 0≤120 W/s，600 s 内总热释放量（THR600s）为 0.7 MJ≤7.5 MJ，火焰横向蔓延未到达试样长翼边缘，芯材总热值（PCS）为 0.2 MJ/kg≤3.0 MJ/kg，复合膜总热值为 1.1 MJ/m²≤4.0 MJ/m²，整体制品总热值为 0.3 MJ/kg≤3.0 MJ/kg，烟气生成速率指数（SMOGRA）为 0≤30 m²/s²，600 s 内总产烟量（TSP600s）为 23 m²≤50 m²，600 s 内无燃烧滴落物/微粒，产烟毒性达到 ZA1 级。

（6）防水和排水设计及抗风压值

窗台、檐口及装饰线等墙面凹凸部位有防水和排水构造设计。在水平阳角处，顶面排水坡度不应小于 3%，且应采用顶面饰面砖压立面饰面砖、立面最低一排饰面砖压底平面面砖的做法，并设置滴水构造。以窗上口为例（图 8-10），经过试验测得：抹面层不透水性为 2 h 未发现渗透,STP 真空绝热板表面吸水量为 48 g/m² ≤ 100 g/m²,浸水 14 h 后吸水量为 232 g/m² ≤ 500 g/m²,体积吸水率为 1.5%,质量吸水率为 4.7%,抗风压值不小于 10.0 kPa 符合要求。

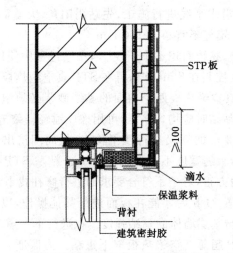

图 8-10　窗上口防水和排水设计

（7）施工配合

水、电、天然气及其他相关专业必须与外保温施工密切配合,各种管线的预留孔、栏杆、百叶、设备的预埋件应在 STP 板外保温施工前预先留置,避免损坏 STP 真空绝热板。

（8）保温材料管理

外墙保温系统主要保温材料为新型保温材料。考虑到现场工人对其熟悉、了解程度不足及材料本身的特性,为保证施工有序、迅速、安全地进行,STP 真空绝热板产品在出厂时对其不同型号的板材分别标号、分别装箱运至现场,在带有完整标识的情况下,连同出厂检验报告等质量证明文件到现场进行验收。应按照包装箱上的标识对不同墙面、不同位置的保温材料分别存放在通风、干燥、平整的仓库内,设专人管理,避免太阳直晒,不能与化学物品接触,应架空搁置,避免直接放置于地面,以免潮湿。工人领取材料时,保管员应根据工人所施工位置分发相应位置的保温材料,即使保温材料型号尺寸相同也不得将其他位置的保温材料分发给该工人。装卸和搬运 STP 真空绝热板时应轻拿轻放,损坏的板子不能上墙;在运输、存放、施工过程中,STP 真空绝热板严禁切割弯曲、重物敲击、锐物刺穿。黏结砂浆、抗裂砂浆和保温浆料进场后,应分类集中堆放,并采取措施避免潮湿或雨淋。材料到场后按照相关规定对其进行验收复检。

（9）保温材料检验

为确保厂家送检材料即为现场所使用的材料,保温材料检验主要控制好出厂检验、型式检验、产品进场验收和现场抽样复验。

（10）黏结砂浆的配制与使用控制

施工使用黏结砂浆为外墙外保温黏结砂浆,应严格按供应商提供的配比和制作工艺在现场进行。以上工作完工后,应将配好的黏结剂静置 10 min,再搅拌一次,每次配制不得过多,视不同环境温度条件控制在 2 h 内或按产品说明书中规定的时间内用完,注意黏结砂浆内不能加入任何其他添加物。此项工作需有专人负责,严禁购买劣质的黏结砂浆或掺加建筑中粗砂后进行施工。

(11) 粘贴 STP 真空绝热板控制

粘贴顺序应由下而上沿水平线进行施工,先贴阴阳角,大墙面上的 STP 超薄真空绝热板进行错缝施工,局部最小错缝不宜小于 100 mm。

黏结方式:采用满粘法,黏结面积不小于 80%,粘贴过程中使用齿形抹子先在基层面水平满挂一层黏结砂浆,厚度控制在 5 mm 厚,再在 STP 真空绝热板上竖向满挂一层 5 mm 厚黏结砂浆,特别注意 STP 真空绝热板四个角面的黏结砂浆必须饱满,两道挂抹齿形槽的黏结砂浆必须垂直交叉。在黏结时应均匀挤压,可用橡皮锤轻轻敲击固定,严格控制板面平整度、垂直度,用长度不小于 2 m 的靠尺进行压平检查,板周围挤出的胶粘砂浆应及时清理。板与板之间互相压边粘贴,板缝宽度不宜超过 20 mm。粘贴 STP 超薄真空绝热板时,应随时检查平整、垂直及阴阳角方正,对于不符合要求的进行修补找平。

施工完毕后应至少静置 24 h 后才能在板面进行其他操作,以防止 STP 真空绝热板移动,减弱 STP 真空绝热板与基层墙体的黏结强度。在进行下一道工序之前,应检查 STP 板是否粘贴牢固,松动的 STP 超薄真空绝热板取下重粘。为保证表面的平整度,应随时用一根长度不小于 2 m 的靠尺进行压平操作。每块 STP 真空绝热板都要保证其平整度,粘贴牢固,板缝应紧密平齐。

喷涂界面剂:界面剂采用双组分界面剂,严格按照配比要求配置,喷涂之前应对门窗洞口等需要保温浆料收边收口的混凝土结构层进行基层清理。界面剂干燥且 STP 超薄真空绝热板粘贴 24 h 后才可进行下道工序。粘贴 STP 真空绝热板操作应迅速,在安装就位之前,黏结砂浆不得有结皮,接缝应紧密、平齐,板缝之间不得粘有黏结砂浆,挤出黏结砂浆必须及时清理。施工前应将钢制抹子和劈刀等的四个直角或其他锋利处都磨成圆角,以免施工过程中对 STP 板表面造成破坏。使用锯齿形抹子更便于条粘法施工。由于 STP 板破损漏气后保温效果大幅下降,所以已粘贴的 STP 板损坏后必须及时更换。坏板取下后重新处理基层面,然后再粘贴新板。

(12) 保温浆料填缝

在建筑的阴角和阳角、STP 板缝、门窗洞口侧边及其他必要处挂垂直基准线,每个楼层适当位置挂水平线,根据基准线进行贴灰饼,以控制保温浆料平整度。保温浆料厚度与灰饼基本平齐后,用抹刀抹平保温浆料,保温浆料填缝尤其要控制好平整度,应用靠尺随时检查平整度。

(13) 抹面层及耐碱玻纤网的铺设

STP 真空绝热板施工完毕后静置 24 h 以上刮抹抹面胶浆。首先用不锈钢抹子在保温板表面涂抹一层抗裂、防水、厚度为 2~3 mm 的抹面胶浆,然后立即将规格 300 g/m² 的耐碱玻纤网压入抹面胶浆中,以覆盖微见轮廓为宜,要平整无褶皱。待第一道抹面胶浆稍干硬至可以触碰时再抹第二道抹面胶浆,厚度为 1~2 mm,以完全覆盖耐碱玻纤网为宜。抹面胶浆切忌不停揉搓,以免形成空鼓。首层面砖饰面层的耐碱玻纤网应铺设两层,并增加一道抹面胶浆。

建筑大墙角应加铺一层玻纤网增强搭接,各侧的搭接宽度不小于 200 mm。在系统终端部位(门窗洞口周边、预留洞口、女儿墙、勒脚、阳台、雨棚、变形缝等处)进行翻包处理,翻包耐碱网格布要求压入 STP 板两面均不小于 100 mm。抹面胶浆施工间歇应在自然断开处,以方便后续施工的搭接。

在连续墙面上如需停顿,第一道抹面胶浆不应完全覆盖已铺好的耐碱玻纤网,需与耐碱玻纤网、第一道抹面胶浆形成台阶形坡茬,留茬间距不小于 150 mm。抹面胶浆和耐碱玻纤网铺设完毕后,不得挠动,静置养护不少于 24 h,才可进行下一道工序的施工。在寒冷潮湿气候条件下,还应适当延长干燥时间。建筑墙体阴阳角(两侧各为 200 mm)应加铺一层耐碱玻纤网,铺设时应加抹一道抹面胶浆。涂抹抗裂砂浆前,应先检查 STP 板是否干燥,表面是否平整,并去除板表面的有害物质、杂质或表面变质部分。

(14) 锚栓安装

在第一道专用抹面胶浆施工完毕后,按设计要求用冲击钻在锚栓标识件位置上钻孔,安装锚栓。严禁在 STP 超薄真空绝热板上钻孔。锚栓采用直径 8 mm 胀管螺丝的有效锚固深度:混凝土墙不低于 30 mm,砌体墙不低于 50 mm。每平方米锚栓不应少于 4 个,用于锚栓定位锚固标识件应预埋在 STP 超薄真空绝热板竖向板缝的中间位置。锚栓安装完毕后抹第二道专用抹面胶浆,以完全覆盖耐碱玻纤网和锚栓为宜。

锚栓的作用并非直接锚固 STP 板,而是在 STP 板面上锚固耐碱网格布,所以耐碱网格布的质量显得尤为重要。外墙若采用镀锌钢丝网,施工难度太大,宜采用单位面积质量不应小于 300 g/m^2,经纬密度为 $4×4(25\ mm/$根$)$,径向断裂强力不应小于 1 650 N/50 mm,纬向断裂强力不应小于 1 710 N/50 mm,耐碱拉伸断裂强力保留率径向、纬向皆不应小于 75%,断裂伸长率径向、纬向不应大于 4% 的耐碱网格布。

(15) 饰面层施工

由于饰面砖基层由水泥砂浆变成 STP 真空绝热板,STP 真空绝热板改变了饰面砖的冷热条件,在大面积施工前,每一个单位工程必须先进行样本墙饰面砖施工。当样板墙试样龄期达到 24 d 后对饰面砖的黏结强度进行检测,采用黏结强度检测仪(最小分辨力为 0.1 kN)对每一个单位工程样本墙饰面砖至少进行两组粘贴检验,现场检验结果是每组平均黏结强度为 0.7 MPa>0.4 MPa,所有检验组数中皆无试样的黏结强度小于 0.4 MPa。

样板墙检验合格后,方可进行大面积施工。基层清理干净,必须对基层的平整度和垂直度进行验收,避免影响外立面观感,验收合格后方可设置标筋和弹线分格。联片饰面砖在弹线分格时,应设置伸缩缝,并采用耐候密封胶嵌缝。墙体变形缝两侧粘贴的外墙饰面砖之间的距离不应小于变形缝的宽度。伸缩缝的设置以外墙大线条节点从上往下排设。在基层上应用齿形抹子刮黏结剂,将联片饰面砖背面的缝隙用塑料膜片封盖后,满刮黏合剂,然后揭掉缝隙封盖塑料模片,进行贴联片饰面砖,并压实拍平,黏结层厚度宜为 3~8 mm,并使其粘贴牢固。用靠尺等工具随时检查,并尽量做到一次粘贴成功。灰浆必须饱满,粘贴必须牢固。

为确保所贴面砖的横平竖直和灰缝的均匀一致,竖向应每隔 60 cm 挂一根通线,横向垂直度。女儿墙压顶、窗台、腰线等部位平面镶贴面砖时,除流水坡度符合要求以外,应采取顶面面砖压立面面砖的做法,预防向内渗水,引起空裂;同时应采取立面最低一排面砖必须压底平面面砖,并低于底平面面砖内边 25 mm 的做法,让其起滴水线的作用,防止尿檐;收口处瓷砖若有切割,则瓷砖切割尺寸必须一致、顺直。阳角处采取两砖背面一头各磨成 45°角或小于 45°角相拼接的做法,然后两砖对合形成直角。如果粘贴饰面砖的墙面需留小洞,应按洞宽、高尺寸排好饰面砖,并在饰面砖上画上剔凿线,将多余部分剔去磨平破口边,再镶贴于洞边。施工完成一部分,立即按验收标准自检,达不到标准的趁水泥未终凝前立即返工,直至合格为止。施工完成再次检查黏结强度,若有不合格立即返工,直至合格为止。

(16) 检查与维护

工程竣工验收时,应向建设单位提供真空绝热板保温系统使用维护说明书。真空绝热板保温工程竣工验收后,其外表面不得随意破坏。保温系统表面需安装的设施及部件应按预留标识部位进行安装固定作业。房屋交付使用时,建设单位应向每位用户发放真空绝热板保温系统使用维护说明书,同时应制订相应的管理制度和监督措施,并宣传到位。已交付使用的工程的真空绝热板保温系统的日常检查和维护工作由物业管理部门负责。外墙保温系统在竣工验收后 1 年之前,应对保温系统进行一次全面检查。此后保温系统 5 年检查一次,使用 10 年后进行一次全面检查和维护。

重点查看:保温系统是否有渗漏和空鼓现象;用户自行安装的空调、晾衣架等设施,其安装施工作业是否破坏保温系统;外墙保温系统真空绝热板采用红外摄像仪检查真空绝热板是否破坏或漏气。用户在使用期间若需增设锚固件或进行其他破坏保温墙体的活动时,应书面向物业管理部门提出申请,批准后应聘专业施工单位实施。真空绝热板被破坏时,应及时由专业施工队伍实施处理或维修。

第三节 一体化遮阳窗与应用

一、技术内容

遮阳是控制夏季室内热环境质量、降低制冷能耗的重要措施。遮阳装置多设置于建筑透光围护结构部位,以最大限度地降低直接进入室内的太阳辐射。将遮阳装置与建筑外窗一体化设计便于保证遮阳效果、简化施工安装、方便使用保养,并符合国家建筑工业化产业政策导向。

活动遮阳产品与门窗一体化设计是主要受力构件或传动受力装置与门窗主体结构材料或与门窗主要部件通过设计、制造、安装成一体,并与建筑设计同步的产品。主要产品类型有内置百叶一体化遮阳窗、硬卷帘一体化遮阳窗、软卷帘一体化遮阳窗、遮阳篷一体化遮阳窗和金属百叶帘一体化遮阳窗等。

一体化遮阳窗分类如下。

(1) 按遮阳位置分外遮阳、中间遮阳和内遮阳。

(2) 按遮阳产品类型分内置遮阳中空玻璃、硬卷帘、软卷帘、遮阳篷、百叶帘及其他。

(3) 按操作方式分电动、手动和固定。

二、技术指标

影响一体化遮阳窗性能的指标有操作力性能、机械耐久性能、抗风压性能、水密性能、气密性能、隔声性能、遮阳系数(表 8-4)、传热系数(表 8-5)、耐雪荷载性能等详见《建筑一体化遮阳窗》(JG/T 500—2016),施工时应符合《建筑遮阳工程技术规范》(JGJ 237—2016)。

表 8-4　遮阳性能分级表

分级	2	3	4
指标值	$0.6 < SC \leqslant 0.7$	$0.5 < SC \leqslant 0.6$	$0.4 < SC \leqslant 0.5$
分级	5	6	7
指标值	$0.3 < SC \leqslant 0.4$	$0.2 < SC \leqslant 0.3$	$SC \leqslant 0.2$

注：一体化遮阳窗遮阳性能以遮阳部件收回、伸展状态下遮阳系数 SC 值表示。

表 8-5　传热系数分级表

分级	1	2	3	4	5
分级指标值/[W/(m² · K)]	$K \geqslant 5.0$	$5.0 > K \geqslant 4.0$	$4.0 > K \geqslant 3.5$	$3.5 > K \geqslant 3.0$	$3.0 > K \geqslant 2.5$
分级	6	7	8	9	10
分级指标值/[W/(m² · K)]	$2.5 > K \geqslant 2.0$	$2.0 > K \geqslant 1.6$	$1.6 > K \geqslant 1.3$	$1.3 > K \geqslant 1.1$	$K < 1.1$

注：一体化遮阳窗保温性能以遮阳部件收回、伸展状态下窗传热系数 K 值表示。

三、适用范围

一体化遮阳窗适合于我国寒冷、夏热冬冷、夏热冬暖、温和等地区的工业与民用建筑。

四、工程案例

1. 工程概况

某基地项目位于上海浦东新区金桥地区，紧靠外环高速道路金海路出口。基地东西长约 900 m，南北宽约 300 m。总占地面积达 2.7×10^5 m²，总建筑面积达 3.2×10^5 m²。主体建筑为一栋近 3.16×10^5 m² 建筑面积、770 m 长、6 层 34 m 高的超长超限高层建筑。

建筑功能为软件研发办公楼。设计容纳人数约为 7 000 人。整个大楼将解决该公司和研究所全体员工的工作、研发和餐饮用房。建筑立面经过精心设计，双层外呼吸式玻璃幕墙和清水混凝土墙柱是该建筑生态高科技的标志。这种幕墙采用了 Low-E 玻璃、三层玻璃构造和光控遮阳木纹百叶，同时具有通风、采光、遮阳、保暖和节能等多种功能，保证了室内工作环境的高舒适性。具体如图 8-11 所示。

图 8-11　双层外呼吸式光控百叶玻璃幕墙

2. 双层外呼吸式光控百叶玻璃幕墙建筑结构特点

双层玻璃幕墙为新型环保节能性幕墙,外层幕墙多采用中空玻璃,内层幕墙采用开启窗或单片玻璃,型材采用隔热型材。外层幕墙完全封闭,内层幕墙设置开启扇,两层幕墙间设置 100~200 mm 的通风换气层。换气层与建筑主体吊顶部位通风系统是相通的,从而使双层幕墙能够自下而上强制性完成空气循环。

夏天可将进风口、出风口电动百叶开启,室内空气因通道中压力差作用自通风口进入换气层,通道中空气实现快速流通,室外太阳辐射所产生的热量被带走,并会在通道中形成能够阻止室外热空气的屏蔽墙,最终使室内温度降低。冬天可将进出风口电动百叶关闭,关闭后通过温室效应,让通道中空气对室外太阳辐射的热量进行吸收,使通道中温度升高,并会在通道中形成能够阻止室外冷空气的屏蔽墙,最终使室内温度提高。在使室内温度升高或降低的同时,还可将幕墙内侧推拉门开启,这样就能够实现室内、室外换气通风,通过换气将室内浊气排到室外,并将室外的新鲜空气传入室内。春秋两季,可将玻璃幕墙内层门开启,并开启层间百叶,这样就能够实现室内、室外空气流通。

3. 双层外呼吸式光控百叶玻璃幕墙热工性能分析

(1) 空气层气体流动

双层玻璃幕墙建筑最大的特点就是通过空气层气体流动来提高幕墙建筑节能特性及墙体的热工性能。具体来讲,空气层气体流动有如下特点。

① 双层玻璃幕墙在幕墙内热压还有外界风压双重作用下可实现良好空气流动,如果室外风速为 2.2 m/s,在此风速条件下,双层玻璃幕墙中空气流速可达到 0.4~1.0 m/s。

② 气流在进风口、出风口断面可以获得比中间过渡面更大的风速。

③ 气流在进风口因风压作用速度增大,幕墙中气体混合,气体来回流动,并因热压作用,风速不断上升,将气体自出风口排出,气体排出的同时将热量带走。

④ 幕墙中气体呈对角线式流动,可让幕墙内外空气得到充分混合,防止气流短路,能排出更多热量,使幕墙具备良好热工性能。

(2) 温度场

玻璃幕墙温度分布能对幕墙热工性能进行直观反映,其中内层幕墙的内表面温度是室内温度的良好反映指标,也是建筑舒适度及能耗的重要反映参数。夏季,内层幕墙的内表面温度降低,降低的幅度越大,室内、幕墙壁间的温差越小,而建筑围护结构耗损的热能就会越小,玻璃幕墙表面对室内进行的热辐射也就越小,因此室内舒适度会大大提高。

4. 双层外呼吸式光控百叶玻璃幕墙建筑设计

(1) 防水设计

该项目双层外呼吸式光控百叶玻璃幕墙在建筑结构上外层幕墙是主要的防水屏障,所以对外层幕墙进行了防水处理。此次设计是通过雨幕等压原理,通过多道密封条在玻璃上建构出等压腔,并让这些等压腔同外界迂回相通,确保腔内外保持均衡压力,这样如果有少量水渗入幕墙内部的话,这些水会通过积水胶垫顺畅排至幕墙外,最终实现结构防水。这样双层玻璃幕墙结构就能够将传统密封胶堵水变成积水胶垫导水,玻璃幕墙水密性及气密性得以确保。

对于双层外呼吸式光控百叶玻璃幕墙来说,如果进风口处有进水的话,可将百叶开启,这样进入通道中的水分就可以通过百叶直接排到室外了。而如果出风口处有进水的话,也可将百叶开启,这样进入通道中的水分就会掉落到下层对应的进风口、出风口顶封板上,并通过顶封板自进风口将水排至室外。

（2）防火设计

该项目双层外呼吸式光控百叶玻璃幕墙为双层结构,两层幕墙都位于墙体外面,因此建筑防火需在内层幕墙及幕墙通道中设计。该项目双层外呼吸式光控百叶玻璃幕墙内层幕墙在设计时采用防火保温棉（厚度为 100 mm）和镀锌铁板承托（厚度为 1.5 mm）共同构成层间连续防火带,从而满足防火规范要求,达到 1 h 耐火极限。通道内防火主要是进行防烟设计,在设计中考虑到双层玻璃幕墙交错进风、出风需要,层间防火钢板支座在位置上可实现折线式封堵。通过这样的封堵,层与层之间就不会有"串烟"现象出现。

第九章　建筑工程监测技术与应用

第一节　深基坑施工监测技术与应用

一、技术内容

基坑工程监测是指通过对基坑控制参数进行一定期间内的量值及变化监测,并根据监测数据评估、判断或预测基坑安全状态,为安全控制措施提供技术依据。

监测内容一般包括支护结构的内力和位移、基坑底部及周边土体的位移、周边建筑物的位移、周边管线和设施的位移及地下水状况等。

监测系统一般包括传感器、数据采集传输系统、数据库、状态分析评估与预测软件等。

通过在工程支护(围护)结构上布设位移监测点,进行定期或实时监测,根据变形值判定是否需要采取相应措施,消除影响,避免进一步变形发生的危险。监测方法可分为基准线法和坐标法。

在水平位移监测点旁布设围护结构的沉降监测点,要求间隔 15～25 m 布设 1 个监测点,利用高程监测的方法对围护结构顶部进行沉降监测。

基坑围护结构沿垂直方向水平位移的监测,利用测斜仪由下至上测量预先埋设在墙体内测斜管的变形情况,以了解基坑开挖施工过程中基坑支护结构在各个深度上的水平位移情况,用以了解和推算围护体变形。

邻近建筑物的沉降监测,利用高程监测的方法来了解邻近建筑物的沉降,从而了解其是否会引起不均匀沉降。

在施工现场沉降影响范围之外,布设 3 个基准点为该工程邻近建筑物沉降监测的基准点。邻近建筑物沉降监测的监测方法、使用仪器、监测精度同建筑物主体沉降监测。

二、技术指标

(1) 变形报警值。按一级安全等级考虑,最大水平位移$\leqslant 0.14\% H$;按二级安全等级考虑,最大水平位移$\leqslant 0.3\% H$。

(2) 地面沉降量报警值。按一级安全等级考虑,最大沉降量$\leqslant 0.1\% H$;按二级安全等级考虑,最大沉降量$\leqslant 0.2\% H$。

(3) 监测报警指标一般以总变化量和变化速率两个量控制,累计变化量的报警指标一般不宜超过设计限值。若有监测项目的数据超过报警指标,应从累计变化量与日变量两方面考虑。

三、适用范围

深基坑施工监测技术适用于深基坑桩、挖孔灌注桩、地连墙、重力坝等围（支）护结构的变形监测。

四、工程案例

1. 工程概况

某地铁站主体结构基坑长 473.60 m，深约 16.58 m，标准段宽 19.70 m，为单柱双跨两层的结构形式，属深基坑工程。该站标准段基坑比较规则，围护结构采用 800 mm 厚地下连续墙，开挖前采用深井降水，标准段设三道内支撑：第一道是 700 mm×900 mm 的混凝土主支撑，肋撑尺寸为 500 mm×700 mm；第二道是 1 000 mm×1 100 mm 的混凝土主支撑，肋撑尺寸为 600 mm×800 mm；第三道支撑为 ϕ609 mm，$t=16$ mm 钢支撑。

2. 地质及水文条件

该站场地属于三角洲平原地貌，地势平坦，地面高程为 1.70～4.80 m；河涌、鱼塘位置地面高程较低，为 −0.13～0.16 m；受人类建设活动影响，地面现状稍有起伏。地下连续墙底部嵌入强风化岩层，基坑底部主要处于淤泥质土层、粉质黏土层，局部处于冲洪积砂层、残积土层。地下水埋深较浅；每年 4～10 月为雨季，大气降雨充分，地下水位会略有上升；而在冬季因降水减少，地下水位随之下降，变幅为 2.5～3.0 m/a。

3. 监测内容及测点布置

对深基坑开挖过程中围护结构及周边环境进行全面实时监测。监测项目主要为墙顶水平位移、地下水位和周边地表竖向位移；监测内容为《城市轨道交通工程监测技术规范》(GB 50911—2013)规定的应测项目，采用现场巡视检查和仪器测试结合的方式进行监测。墙体水平位移监测点布设于钻孔桩（地下连续墙）内，各测点间距为 30 m，共布设 55 孔，编号 ZQT-01～ZQT-55。基坑周围的竖向位移测量点布置在断面和垂直基坑的方向上，标准断面沿基坑两侧各布设 3 个点，间距分别为 2、3、5 m，编号为 DBC-i-j（i 表示测点位置；j 表示测点编号）。基坑水位监测点沿基坑外侧土体间隔约 20 m 布设，共布设 53 孔，编号为 DSW-01～DSW-53，见图 9-1。

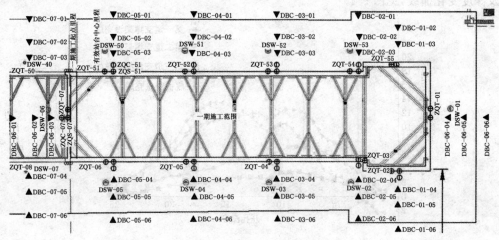

图 9-1 地铁站监测点

4. 监测数据分析

（1）断面地表沉降

为了解开挖对周边地表沉降影响，选取深基坑具有代表性的两个断面上的测点为研究对象，正值和负值分别代表上升和沉降。断面 2 位于深基坑的中部，断面 3 位于深基坑的东侧。见图 9-2 和图 9-3。

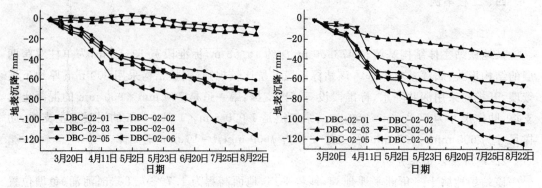

图 9-2　断面 2 地表沉降变化曲线　　　图 9-3　断面 3 地表沉降变化曲线

从图 9-2 和图 9-3 可以看出，随着深基坑开挖的进行，各测点沉降先缓慢增大，然后随着开挖深度加大而明显增大，最大沉降量为 −114.86 mm（DBC-02-06）和 −125 mm（DBC-03-06）。

断面 2 和断面 3 沉降曲线有共同的现象：地表沉降变化最大的点并不是离基坑最近的点，最大沉降发生在距离基坑大约 10 m 处的监测点 DBC-02-06 和 DBC-03-06 上，即开挖深度的 60% 距离处，最大沉降发生位置不随施工进度而变化，符合有支护基坑桩后地表沉降的变化规律。基坑附近的地表沉降在允许的变形范围内；可以看出，基坑支护体系稳定安全。

（2）墙体水平位移

对地下连续墙墙体水平位移的监测能够直观反映基坑内深层土体的位移状态。该案例选取具有代表性的测斜点 ZQT-01，取现场不同工况下的监测结果绘制墙体水平位移随时间及深度变化曲线，见图 9-4。

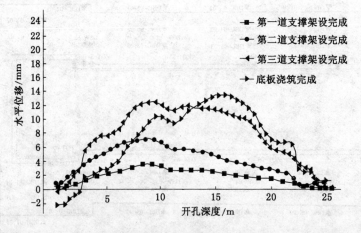

图 9-4　墙体水平位移变化曲线

从图9-4可以看出:基坑开挖第一层土体到第一道混凝土支撑架设完成期间,墙体的水平位移近似一条直线,这是由于基坑开挖深度较浅,混凝土支撑承受了主要的土压力;第一道混凝土支撑架设完成到第二道混凝土支撑架设完成期间,随着开挖深度的增加,墙体所受侧向土压力随之增大,墙体开始明显向基坑内倾斜,位移明显增大,最大位移7.09 mm位于基坑深度8.5 m附近;第二道支撑架设到第三道钢支撑架设完成期间,墙体水平位移进一步增大,最大位移12.08 mm位于基坑深度9.5 m处;第三道支撑架设完成至底板浇筑完成期间,墙体水平位移还在增大,但是增大幅度减小,这是受两道混凝土支撑和钢支撑的共同作用,墙体水平位移变形受到限制,墙体下部的水平位移没有发生明显的变化,这是因为底板很好地约束了连续墙底部位移,所以变形不大;底板浇筑完成后,墙体水平位移达到最大值12.95 mm,这是因为土体应力释放存在时间效应,所以墙体最大水平位移出现在底板浇筑完成后。从整个监测过程来看,曲线呈抛物线形,符合多层内支撑围护结构的变形规律。

（3）地下水位

开挖过程中监测点水位随时间变化曲线见图9-5。在图9-5中,正负值分别表示水位上升与下降。

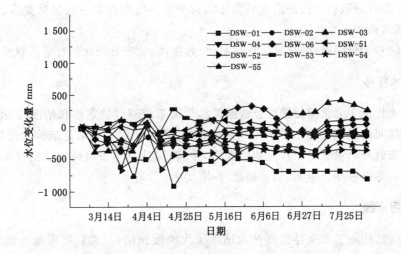

图9-5　地下水位变化

从图9-5可以看出:除DSW-01外的其余测点水位变化量比较稳定,但测点DSW-01最大沉降变化量940 mm仍小于控制警报值1 000 mm。孔隙承压水和基岩裂隙水是场地的主要地下水类型,由于孔隙承压水主要存在于粉细砂中,而基岩裂隙水主要存在于强、中等风化岩中,这两种地下水都不具有承压性,加上基坑内降水合理,所以开挖时地下水位变化波动较小。

5. 实施效果

（1）监测结果表明,深基坑的围护结构和多道支撑对开挖变形有明显的限制作用,周边地表沉降随着开挖深度增加缓慢增大,地表沉降变化最大的点并不是靠近基坑的点,而是发生在开挖深度的60%距离处,最大沉降的位置不会随施工的进行发生改变。

（2）混凝土支撑＋钢支撑组合能够满足现场施工和结构设计要求。从整个监测过程来看,墙体水平位移曲线随开挖深度变化有明显的特征:两头小、中间大,呈抛物线形;这也符合多层内支撑围护结构的变形规律。从监测数据也可以看出第一道混凝土支撑和底板对墙体有较强的约束作用。

(3)该地区地铁站的深基坑监测数据分析结果表明,基坑开挖时地下水变化幅度不大,对类似环境的工程具有指导意义。

第二节　大型复杂结构施工安全性监测技术与应用

一、技术内容

大型复杂结构是指大跨度钢结构、大跨度混凝土结构、索膜结构、超限复杂结构、施工质量控制要求高且有重要影响的结构和桥梁结构等,以及采用滑移、转体、顶升、提升等特殊施工过程的结构。

大型复杂结构施工安全性监测以控制结构在施工期间的安全为主要目的,重点技术是通过监测结构安全控制参数在一定期间内的量值及变化,并根据监测数据评估或预判结构安全状态,必要时采取相应控制措施以保证结构安全。监测参数一般包括变形、应力应变、荷载、温度和结构动态参数等。

监测系统包括传感器、数据采集传输系统、数据库、状态分析评估与显示软件等。

二、技术指标

监测技术指标主要包括传感器及数据采集传输系统测试稳定性和精度,其稳定性指标一般为监测期间内最大位移小于工程允许的范围,测试精度一般满足结构状态值的5%以内。监测点布置与数量满足工程监测的需要,并满足《建筑与桥梁结构监测技术规范》(GB 50982—2014)等国家现行监测、测量规范、标准要求。

三、适用范围

大型复杂结构施工安全性监测技术适用于大跨度钢结构、大跨度混凝土结构、索膜结构、超限复杂结构、施工质量控制要求高且有重要影响的建筑结构和桥梁结构等,包含滑移、转体、顶升、提升等特殊施工过程的结构。

四、工程案例

1. 工程概况

(1)建筑物概况

某体育场钢结构罩棚为单层折面网格结构,该结构由51片钢架组成,每榀钢架由径向主管及主管间的交叉腹杆构成。悬挑罩棚前支点支于自下部混凝土看台柱顶伸出的V形钢柱之上,后支点支撑于外围柱顶,部分后支点部位结合建筑造型设置钢框架,网格最大悬挑长度约为40 m,是大跨空间钢结构。在组装过程中,在悬挑端部设置临时胎架,该结构平面布置图及胎架位置如图9-6所示。

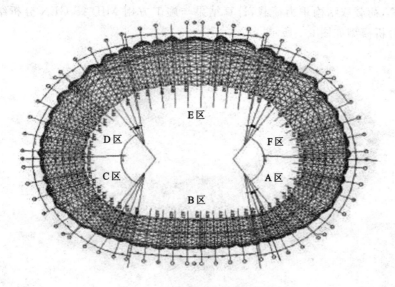

图 9-6　平面布置图及胎架位置图

（2）结构特点

该结构体系由众多单层的三角形网格面形成空间曲面。单元面的弯折与隆起，提高了空间曲面的面外刚度及承载力；主构件之间刚性连接，依靠构件的压弯或拉弯传递荷载。次构件在折面与主构件连接，主构件提供面内约束，提高了稳定性能。

单层网壳结构用于大悬挑，在国内为数很少，设计及施工经验少。在受力方面，结构的传力较曲折、复杂，帽檐、单片网壳、V形柱、铸钢件等结构类型多，节点构造复杂。在加工制作方面，杆件节点精度控制难度大，单片网壳制作精度要求高。在施工安装方面，现场测量定位难度大，单片吊装控制难度大，制作安装工期紧，焊接质量等因素的存在，使得结构的施工过程存在诸多不确定性。

（3）卸载方案

① 卸载顺序

钢结构网壳屋面的卸载采用分区顺序进行，按"东区→北区→南区→西区"进行。

② 卸载方法

径向主管悬臂端部与胎架之间采用两层工字钢及工字钢连接，下层工字钢横向布置于胎架，上层工字钢顶部用工字钢支撑于钢架。

卸载时，逐步切割竖向工字钢。对于东区、北区、南区，由于计算竖向变形较小，每个胎架采用一次卸载完毕。对于西侧高看台区，由于计算竖向变形较大，采用顺序分级卸载的方式进行卸载，每次卸载 2～3 cm，直至径向主管悬空。

2. 卸载过程的数值分析

基于该体育场的结构特点和卸载方法，建立相应的有限元模型。依据既有施工方案并结合现场施工荷载状况以及已施工部分的观测结果，对有限元模型进行分析计算，模拟结构在不同卸载阶段的变形和内力状况。

根据施工方提供的《某体育场钢结构罩棚临时支撑卸载专项方案》，局部先行卸载和整体一次卸载的位移和轴力结果基本一致。在设计方提供的结构 CAD 模型上导入 SAP2000

进行重新计算,荷载取结构重力荷载,计算结果与施工方用 MIDAS GEN 分析结果基本相同。有限元分析模型如图 9-7 所示。

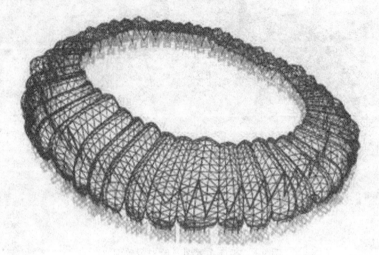

图 9-7　有限元分析模型

3. 监测点布置

(1) 应力测点

结构构件的应力是评定结构安全的微观指标。但是对每一个结构构件都进行监测是不现实的。因此,针对结构重要构件的关键部位进行局部监测,布置应力测点 28 个,每个测点位于"V"形支撑顶部径向主管的上测外表面,应力测点平面布置如图 9-8 所示。

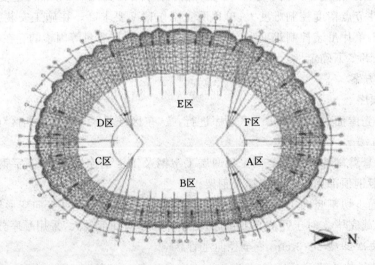

图 9-8　测点平面布置图

(2) 变形监测点

结构变形是结构状态改变的宏观反映,因此对结构变形的监测能够很好地把握结构内力状态的改变,根据施工过程模拟分析的验算结果,确定需要监测位移的测点。布置竖向变形测点 28 个,竖向变形测点布置如图 9-9 所示。

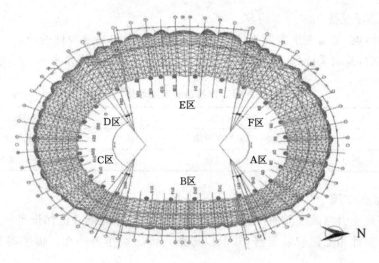

图 9-9　竖向变形测点布置图

4. 监测系统设计

（1）监测系统

大悬臂钢架的卸载过程极为复杂，内力及变形的发展与卸载过程密切相关，稍有不慎后果难以想象。为保证大悬臂钢架的卸载过程安全可靠，需建立一套与其结构适应的结构监测系统。

① 传感器系统。主要包括各智能传感元件，通过各智能传感元件感知和采集各种环境或监测对象的信息。

② 数据采集与传输系统。主要包括对传感器网络数据的收集和对收集数据进行信号处理，如对信号进行交直分离、信号滤波、信号放大、A/D 转换（信号采集）、采样控制、信号预处理（异常值处理及标定），以完成信号采集的基本功能。这些是判断结构对象损伤程度的基本原始数据。

③ 数据处理与控制系统。主要是实现对来自传感器网络的数据、经数字信号处理后的数据、后续分析数据进行存储管理，还包括用于结构可视化的相关的结构模型信息。

④ 结构性态评估与预警系统。进一步深度分析来自数据处理与控制系统的监测信息，及时反馈结构异常信息，保证结构的卸载过程可知、可控、可靠，同时可以对原始分析模型进行修正。数据采集及各子系统的构成如图 9-10 所示。

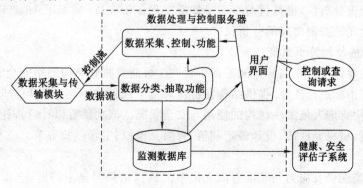

图 9-10　数据处理与系统构成示意图

（2）传感器子系统

根据结构特点，监测变量主要为结构关键位置的变形和关键构件的应力。为达到以上监测内容的目的，监测系统划分为 2 个子模块，传感器子系统划分如表 9-1 所列。

表 9-1　传感器子系统划分

序号	子模块	监测对象
1	结构变形监测子模块	关键部位结构变形
2	应力监测子模块	关键截面应力变化量

① 应力监测仪器

根据对多种应力测试仪器的性能比较，考虑要适合长期观测并能保证足够的精度，选用光栅光纤式应变计和配套的采集器，并配以振弦式传感器作为补充。传感器参数如表 9-2 所列。

表 9-2　传感器参数

应力传感器	BGK-FBG-4150
标准量程	$\pm 1\,500\ \mu\varepsilon$
精度	0.3% F.S.
灵敏度	0.1% F.S.
标距	150 mm
工作温度	$-30\sim+80\ ℃$

注：F.S. 为满量程，传感器最大的测量值。

② 位移监测仪器

由于该结构的体形较大，为满足测量精度要求，采用全站仪等对结构在卸载阶段的变形进行监测。

（3）数据采集子系统

应力监测数据采集系统采用 BGK-FBG-8600 型中速光纤光栅分析仪。该分析仪是一款高精度、高分辨率的光纤光栅分析仪。系统采用全光谱运算法、高速数字滤波技术、实时动态波长校准技术，具有动态范围大、长期稳定性好、精度高等特点。该分析仪是目前最先进的中速光纤光栅分析仪，也是目前唯一一款能实现在 100 Hz 频率下 16 通道同步进行动态测量并具有全光谱查询功能的分析仪。

（4）安全评估及预警子系统

预警体系主要作用是在结构监测过程中对发生可能威胁到结构使用安全的可变荷载以及结构对其响应指标进行预警，提供结构在特殊环境下或结构营运状况异常时所触发的预警信号，提醒结构管理人员关注结构的使用与安全状况。该次预警以计算理论值为主，并考虑结构设计规范、材料允许值、设计最不利值、有限元模拟、工程经验等节点位移及应力应变预警阈值。

监测期间，当变形及应力与基准有限元模型的计算结果明显不符时，立即报告委托方，由委托方组织对结构异常响应构件的处理工作。

当结构遭受异常荷载时,实时对比结构监测数据与基准有限元模型计算数据,当发现结构响应异常时,及时进行预警。

5.卸载过程监测结果

卸载采用分区顺序进行。正式卸载共分四次,按"东区→北区→南区→西区"进行。第一、二、三次卸载采用一次卸载,第四次卸载由于高看台区悬臂较长,测点竖向变形较大,采用分级卸载,每次卸载 2~3 cm。

(1)应力监测结果

① 东区卸载监测

罩棚东区为悬臂较短且高度较小的区域,该区也是最先进行卸载的区域,需要卸载的胎架为 A19~A22,现场监测的应力测点为 S11、S12,图 9-11、图 9-12 为应力变化曲线(开始卸载至卸载后 3 d 的监测数据,每个测点取 15 次监测数据),最大应力增量值出现在测点 S12,为 21.4 MPa。

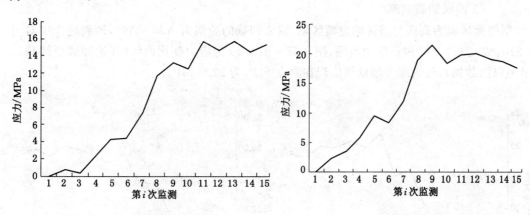

图 9-11　S11 测点应力变化曲线　　　　　图 9-12　S12 测点应力变化曲线

② 北区卸载监测

罩棚北区为高区与矮区的过渡区域,需要卸载的胎架为 A8~A15,卸载过程中对测点 S6、S7、S8、S9 进行应力监测,图 9-13~图 9-16 为应力变化曲线(开始卸载至卸载后 3 d 的监测数据),最大应力增量值出现在测点 S7,为 22.3 MPa。

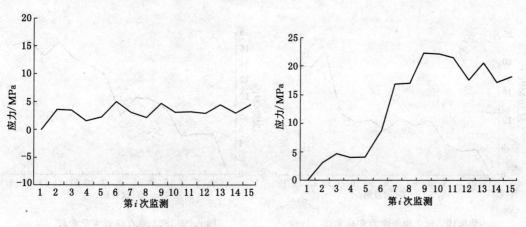

图 9-13　S6 测点应力变化曲线　　　　　图 9-14　S7 测点应力变化曲线

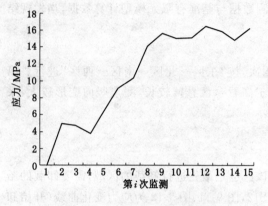

图 9-15　S8 测点应力变化曲线　　　　　图 9-16　S9 测点应力变化曲线

③ 南区卸载监测

罩棚南区也为高区与矮区的过渡区域,需要卸载的胎架为 A36～A42,卸载过程中对测点 S20、S21、S22、S23 进行应力监测,图 9-17～图 9-20 为应力变化曲线(开始卸载至卸载后 3 d 的监测数据),最大应力增量值出现在测点 S22,为 22.0 MPa。

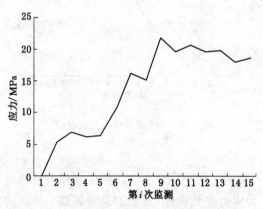

图 9-17　S20 测点应力变化曲线

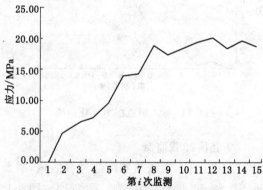

图 9-18　S21 测点应力变化曲线

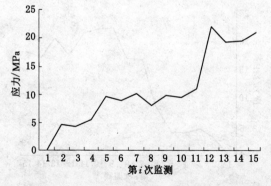

图 9-19　S22 测点应力变化曲线

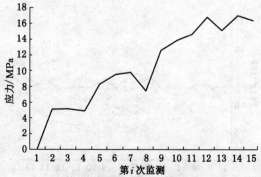

图 9-20　S23 测点应力变化曲线

④ 西区(高看台区)卸载监测

由于西区结构悬臂最大,高度最高,对西区卸载过程进行了重点监测:施工方分 3 d 对西区胎架 A1～A7、胎架 A43～A51 进行卸载。由于计算所测悬臂端部位置最大竖向位移超过 10 cm,西区采用分级卸载,每次卸载 2～3 cm,现场监测的应力测点有 S1、S2、S3、S4、S5、S24、S25、S26、S27、S28。图 9-21～图 9-24 为其中 S1、S5、S24、S27 的应力变化曲线(开始卸载至卸载后 3 d 的监测数据),最大应力增量值出现在测点 S27,为 28.3 MPa。

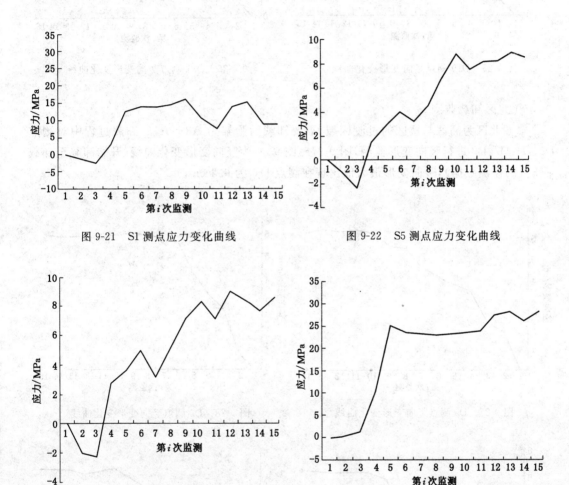

图 9-21　S1 测点应力变化曲线　　　　　　图 9-22　S5 测点应力变化曲线

图 9-23　S24 测点应力变化曲线　　　　　　图 9-24　S27 测点应力变化曲线

(2) 变形监测结果

① 东区卸载监测

罩棚东区为悬臂较短且高度较小的区域,该区也是最先进行卸载的区域,需要卸载的胎架为 A19～A22,现场监测的竖向变形测点为 D10、D11,图 9-25、图 9-26 为竖向变形变化曲线(开始卸载至卸载后 3 d 的监测数据),竖向变形最大值出现在测点 D10,为 4.8 cm。

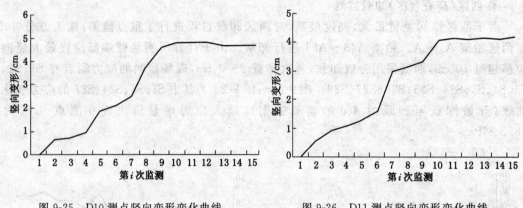

图 9-25　D10 测点竖向变形变化曲线　　　　　图 9-26　D11 测点竖向变形变化曲线

② 北区卸载监测

罩棚北区为高区与矮区的过渡区域,需要卸载的胎架为 A8~A15,卸载过程中对测点 D5、D6、D7、D8 进行竖向变形监测,图 9-27~图 9-30 为竖向变形变化曲线(开始卸载至卸载后 3 d 的监测数据),竖向变形最大值出现在测点 D5,为 6.4 cm。

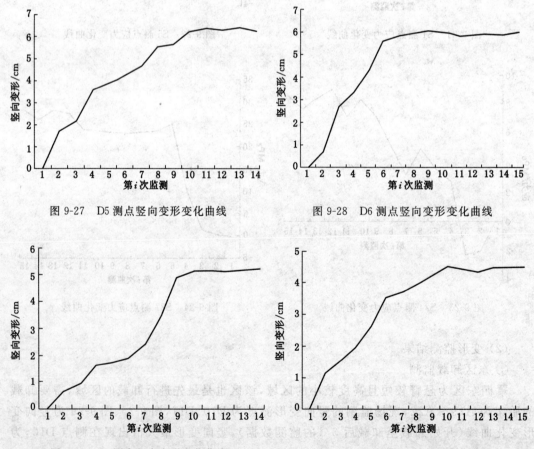

图 9-27　D5 测点竖向变形变化曲线　　　　　图 9-28　D6 测点竖向变形变化曲线

图 9-29　D7 测点竖向变形变化曲线　　　　　图 9-30　D8 测点竖向变形变化曲线

③ 南区卸载监测

罩棚南区也为高区与矮区的过渡区域,需要卸载的胎架为 A36～A42,卸载过程中对测点 D19、D20、D21、D22 进行竖向变形监测,图 9-31～图 9-34 为竖向变形变化曲线(开始卸载至卸载后 3 d 的监测数据),监测最大值出现在测点 D21,为 5.6 cm。

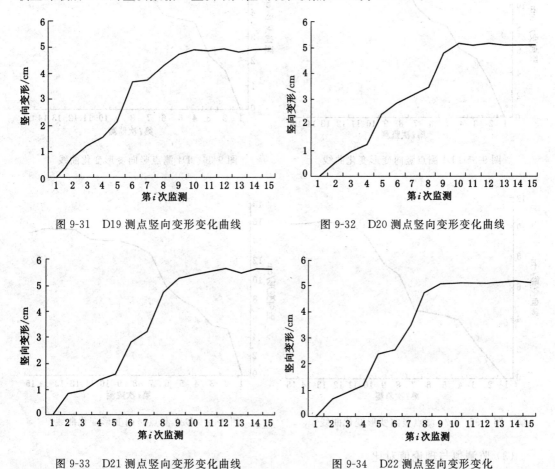

图 9-31　D19 测点竖向变形变化曲线　　　　图 9-32　D20 测点竖向变形变化曲线

图 9-33　D21 测点竖向变形变化曲线　　　　图 9-34　D22 测点竖向变形变化

④ 西区(高看台区)卸载监测

由于西区悬臂最大,高度最高,对西区卸载过程进行了重点监测,需要卸载的胎架为 A1～A7、胎架 A43～A51。由于计算所测悬臂端部最大竖向位移超过 10 cm,西区采用分级卸载,每次卸载 2～3 cm,现场监测的竖向变形测点有 D1、D2、D3、D4、D23、D24、D25、D26、D27、D28。

图 9-35～图 9-38 为 D1、D4、D24、D27 的竖向变形变化曲线(开始卸载至卸载后 3 d 的监测数据),监测最大值出现在测点 D27,最大竖向变形监测值为 15.3 cm,最后一次竖向变形监测值为 14.9 cm。测点 D1、D2、D25、D26、D27、D28 变形监测结果超过了理论值,其中 D26 超过理论值最多,为 3.1 cm。

卸载期间,及时将监测值超过理论值的情况进行预警,并报告给建设方,而后施工方对卸载方案进行调整,减慢卸载速度,同时密切关注测点位移变化,卸载完 3 d 后,测点 D1、D2、D25、D26、D27、D28 变形监测结果依然超过理论值,但至此时变形已趋于稳定。

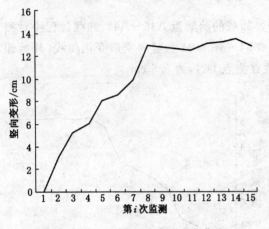

图 9-35 D1 测点竖向变形变化曲线

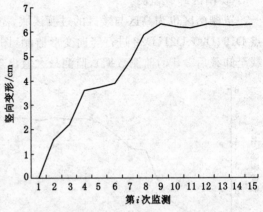

图 9-36 D4 测点竖向变形变化曲线

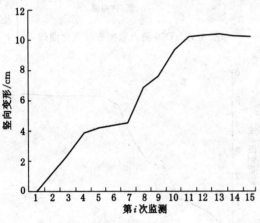

图 9-37 D24 测点竖向变形变化曲线

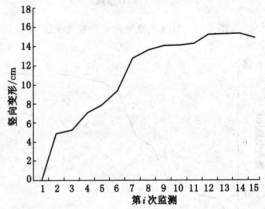

图 9-38 D27 测点竖向变形变化曲线

（3）监测值与理论值对比

① 应力监测值与理论值对比

卸载后第 3 d 下午应力监测值与理论值对比如表 9-3 所列。可以看出，大部分监测值小于计算值，个别测点的监测值超出理论值，并有测点应力拉压与计算值相反。其中部分原因可能是安装顺序、复杂施工现场、偶然的扰动。此外，测点卸载时间段为早晨至傍晚，其间，温度变化较大，部分测点对温度较为敏感。针对此情况，建议召开专家专题论证会对不正常的变形进行论证，及早排除隐患。

表 9-3 测点应力理论值与监测最大值对比

序号	测点号	理论值/MPa	监测最大值/MPa
1	S1	16.7	16.0
2	S2	41.9	8.6
3	S3	23.0	15.8
4	S4	20.5	−7.0

表 9-3(续)

序号	测点号	理论值/MPa	监测最大值/MPa
5	S5	15.1	8.9
6	S6	15.3	4.9
7	S7	37.6	22.3
8	S8	31.9	16.3
9	S9	28.3	12.5
10	S11	36.6	15.7
11	S12	25.2	21.4
12	S20	18.5	21.7
13	S21	21.8	19.9
14	S22	14.5	22.0
15	S23	28.5	16.9
16	S24	13.7	8.9
17	S25	13.9	18.6
18	S26	14.0	18.5
19	S27	23.8	28.3
20	S28	17.8	−9.7

② 竖向变形监测值与理论值对比

卸载后第 3 d 下午竖向变形监测值与理论值对比如表 9-4 所列。可以看出,西区大部分监测值超过理论值,这是因为卸载时,钢架上已经在悬臂中部及端部安装了两条马道,并在径向主管上安装了幕墙支点,且已安装了部分脚手架,这些荷载加在一起,超过了预期计算荷载。此外,钢管壁厚的偏差、安装精度等也可能是其中原因。针对此情况,建议召开专家专题论证会对不正常的变形进行论证,及早排除隐患。

表 9-4 竖向变形理论值与监测最大值对比

序号	测点号	理论值/mm	监测最大值/mm
1	D1	11.0	13.5
2	D2	11.1	12.5
3	D3	9.6	8.5
4	D4	6.5	6.4
5	D5	6.2	6.4
6	D6	5.9	6.0
7	D7	5.2	5.2
8	D8	4.7	4.5
9	D10	4.9	4.8
10	D11	4.2	4.2

表 9-4(续)

序号	测点号	理论值/mm	监测最大值/mm
11	D19	4.9	4.9
12	D20	5.2	5.2
13	D21	5.9	5.6
14	D22	5.1	5.2
15	D23	5.4	5.8
16	D24	10.3	10.2
17	D25	11.3	13.2
18	D26	11.8	14.9
19	D27	11.4	15.3
20	D28	11.0	14.8

6. 实施效果

某体育场钢结构屋盖为单层折面网格结构体系。为保证结构安全,在钢结构屋盖卸载阶段对结构东区(胎架 A19～A22)、北区(胎架 A8～A15)、南区(胎架 A36～A42)、西区(胎架 A1～A7、胎架 A43～A51)进行监测,结构监测紧跟卸载过程,主要监测结论如下。

(1) 东区、北区、南区监测结果

① 卸载过程中竖向位移监测。径向主管悬臂端部测点竖向位移变化是该结构卸载时的典型宏观反应,卸载过程中测点竖向位移随卸载过程增加。卸载后 3 d 应力跟踪监测结果表明:测点竖向变形增长逐渐缓慢并伴随小幅波动,至卸载后第 3 d 时,竖向变形已趋于稳定。

② 卸载过程中应力监测。关键测点应力变化是该结构卸载时的微观反应,卸载时测点应力随卸载过程稳步发展并伴随有振荡。卸载后 3 d 应力跟踪监测结果表明:测点应力增长逐渐缓慢,至卸载后第 3 d 时,应力已趋于稳定。

(2) 西区(高看台区)监测结果

西区(高看台区)为该结构悬臂最大区域,也是监测的重点。卸载过程中,高看台区测点应力逐步发展,并伴随震荡。在竖向变形监测过程中,测点竖向变形监测值随卸载过程发展,并发现大部分测点竖向变形及个别测点应力监测值超过理论值。

卸载期间,及时将监测值超过理论值的情况进行预警,并报告给建设方,而后施工方对卸载方案进行了调整,减慢了卸载速度。同时密切关注测点位移变化,卸载完 3 d 后,变形监测结果依然超过理论值,但至此时变形已趋于稳定。

第十章 信息化技术与应用

第一节 基于 BIM 的现场施工管理信息技术与应用

基于 BIM 的现场施工管理信息技术是指利用 BIM 技术,并借助移动互联网技术实现施工现场可视化、虚拟化的协同管理。在施工阶段结合施工工艺及现场管理需求对设计阶段 BIM 施工图模型进行信息添加、更新和完善,以得到满足施工需求的施工阶段 BIM 模型。依托标准化项目管理流程,结合移动应用技术,通过基于施工模型的深化设计,以及场布、施组、进度、材料、设备、质量、安全、竣工验收等管理应用,实现施工现场信息高效传递和实时共享,提高施工管理水平。

一、技术内容

(1)深化设计:基于施工 BIM 模型结合施工操作规范与施工工艺,进行建筑、结构、机电设备等专业的综合碰撞检查,解决各专业碰撞问题,完成施工深化设计,完善施工模型,提升施工各专业的合理性、准确性和可校核性。

(2)场布管理:基于施工 BIM 模型对施工各阶段的场地地形、既有设施、周边环境、施工区域、临时道路及设施、加工区域、材料堆场、临水临电、施工机械、安全文明施工设施等进行规划布置和分析优化,以实现场地布置科学、合理。

(3)施组管理:基于施工 BIM 模型,结合施工工序、工艺等要求,进行施工过程的可视化模拟,并对方案进行分析和优化,提高方案审核的准确性,实现施工方案的可视化交底。

(4)进度管理:基于施工 BIM 模型,通过计划进度模型(可以通过 Project 等相关软件编制进度文件生成进度模型)和实际进度模型的动态链接,进行计划进度和实际进度的对比,找出差异,分析原因,BIM4D 进度管理直观地实现对项目进度的虚拟控制与优化。

(5)材料、设备管理:基于施工 BIM 模型,可动态分配各种施工物资(材料)和设备,并输出相应的材料、设备需求信息,并与材料、设备实际消耗信息进行比对,实现施工过程中材料、设备的有效控制。

(6)质量、安全管理:基于施工 BIM 模型,对工程质量、安全关键控制点进行模拟仿真以及方案优化。利用移动设备对现场工程质量、安全进行检查与验收,实现质量、安全管理的动态跟踪与记录。

(7)竣工管理:基于施工 BIM 模型,将竣工验收信息添加到模型,并按照竣工要求进行修正,进而形成竣工 BIM 模型,作为竣工资料的重要参考依据。

二、技术指标

(1)基于 BIM 技术,在设计模型基础上,结合施工工艺及现场管理需求进行深化设计和调整,形成施工 BIM 模型,实现 BIM 模型在设计与施工阶段的无缝衔接。

(2)运用的 BIM 技术应具备可视化、可模拟、可协调等能力,实现施工模型与施工阶段实际数据的关联,进行建筑、结构、机电设备等各专业在施工阶段的综合碰撞检查、分析和模拟。

(3)采用的 BIM 施工现场管理平台应具备角色管控、分级授权、流程管理、数据管理、模型展示等功能。

(4)通过物联网技术自动采集施工现场实际进度的相关信息,实现与项目计划进度的虚拟比对,并与 BIM 模型计划进度信息进行对比,实现施工进度计划的实时监控和管理。

(5)利用移动设备,可即时采集图片、视频信息,并能自动上传到 BIM 施工现场管理平台,责任人员在移动端即时得到整改通知、整改回复的提醒,实现安全和质量管理任务在线分配、处理过程及时跟踪的闭环管理等要求。

(6)运用 BIM 技术,实现危险源的可视标记、定位、查询分析。安全围栏、标识牌、遮拦网等需要进行安全防护和警示的地方在模型中进行标记,提醒现场施工人员安全施工。

(7)应具备与其他系统进行集成的能力。

三、适用范围

基于 BIM 的现场施工管理信息技术适用于建筑工程项目施工阶段的深化、场布、施组、进度、材料、设备、质量、安全等业务管理环节的现场协同动态管理。

四、工程案例

1. 项目概况

某污水处理厂总处理能力为 $2.8×10^6$ m³/d,工程服务面积约为 995 km²,服务范围包括原南汇区(现属浦东新区)及部分中心城区,处理能力占上海市污水处理能力的 1/3 左右。该工程西北地块为全流程地下污水处理厂($5×10^5$ m³/d,一级 A),通过该工程及周边同期在建提标改造工程,总体新增 $1.2×10^6$ m³/d 的生物处理设施和 $2.8×10^6$ m³/d 的深度处理设施。该污水处理厂提标改造工程共划分为 9 个标段:西南地块 4 个标段,西北地块 5 个标段。

该工程为该污水处理厂提标改造工程西北地块 C3 标,北邻向阳北路,东邻向阳南路,西邻人民塘路,南侧为新建 C2 标段工程范围(图 10-1)。施工内容包括生物反应池、二沉池、加氯加药间、高效沉淀池以及鼓风机房等。

2. BIM 应用规划

(1)软件选择

该工程采用现阶段主流建模软件 Autodesk Revit 结合专业科技公司搭建 BIM 信息平台,以此达到最优的信息模型表达效果。Autodesk Revit 建立起来的模型具有精细化程度高、数据信息表达准确、软件适用性广泛等特点,对操作人员来说,逻辑严谨且实际运用起来便捷。

BIM 信息平台是针对项目体的特点单独建设的,可将 Autodesk Revit 模型进行优化后,通过信息平台进行可视化展示,多方信息可共享使用,并且将该污水处理厂提标改造工程各标段的模型进行定位后,可以完整地呈现出该污水处理厂项目情况。信息平台提供前端平台用于多方信息交流以及项目管理,后端平台则用于模型信息处理及运营维护。BIM

图 10-1 该污水处理厂工程项目规划示意图

信息平台将会对项目的全过程进行统筹管理,并且以顺序管理的形式,与项目施工进展进行同步同时管理,通过这种形式达到建筑全生命周期管理(图 10-2)。

图 10-2 BIM 信息平台管理模式

(2)项目难点、特点

① 周边标段配合及道路交通组织保障

该工程与周边标段施工存在工艺设备管线、进出通道、箱涵、道路等方面的衔接,并且各标段与该工程同时验收调试、同时投入运行。工程界面复杂,需衔接协调工作内容多,协调时间长,如施工场地布置、交通组织配合等协调施工内容。

② 预制装配整体式构筑物施工标准高

该工程预制构件体积大、工期紧,图纸深化质量、进度要求高;周边交通复杂,构件运输及堆放难度大;构件数量较多,且吊装难度较大,施工定位精度要求高。

梁节点处由于锚固要求、预制段钢筋的连接及柱钢筋的设置,以及多个方向梁钢筋同时交汇,致使混凝土粒料无法浇筑。针对该问题,在大面积的平面范围内采用现浇梁结合预制板的形式进行施工,通过 BIM 模拟施工技术,实现十字梁节点预制装配式施工全过程(图 10-3)。

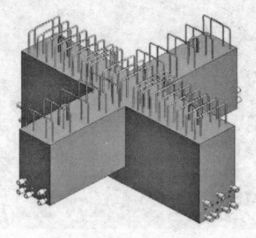

图 10-3 预制十字梁节点效果

③ 全过程 BIM 管理

污水处理项目工程体量较大,标准要求高,含各节点要求、分包穿插内容多,总承包管理要求高。因此需要结合施工计划,同步软件管理,及时分析问题,优化工序,配合其他标段统一协调管理,以此指导现场实际施工。

(3) 全生命周期应用

该工程各专业建模均由设计院完成,通过 Autodesk Revit 的各项墙、梁、板、柱、变形体等工具,并依据相关设计规范和标准图库构建模型。

策划阶段需要对施工现场进行规划布置,该工程通过设计院提供的施工定位图,采用 Autodesk Revit 软件建立场区模型。场区模型的搭建包括施工临时用房、标养室、仓库、材料堆场、钢筋(木工)加工棚、施工便道、工地大门等一系列施工必要设施,以 Autodesk Revit 自带的族功能,准确、直观地表达出施工场地布置的美化效果和功能合理性。同时,三维建模效果通过平台的展示,更为直观地体现了周边标段场区情况,完美地解决了多标段配合及道路交通组织问题(图 10-4)。

图 10-4 场区布置效果

　　中期阶段需要建筑、结构、管道、给排水等多专业三维模型通过信息平台共同协调,结合项目实际施工过程,将现场情况实时、动态地呈现在 BIM 信息平台上,管理人员可通过平台掌握现场施工情况,并采取相应的方法措施对工程项目进行统筹管控。

　　4D 施工模拟能够为项目技术创新提供更有效的依据,该工程所采用的预制装配式施工技术,通过施工模拟动画,可合理安排预制装配整体式构筑物施工工序及时间节点(图 10-5)。

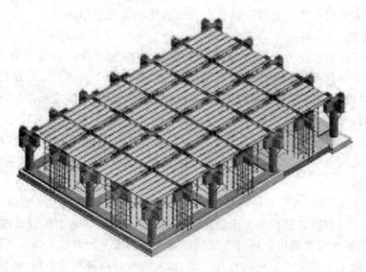

图 10-5　预制装配的 4D 施工模拟

　　最终通过 BIM 信息平台移交进入 BIM 运营维护阶段,基于可视化功能的运用,能够有针对性地解决构筑物在实际使用中产生的问题。

　　3. BIM 应用实例

　　(1)构件信息应用

　　在设计阶段进行 Autodesk Revit 建模的同时,为构筑物模型的每一单个墙、柱、梁、板设定相应的参数,通过计算机数据处理后,直接在 BIM 信息平台上以更为简洁的表述方式展示。项目管理人员可由平台上的数据直接获取构件的尺寸、面积、体积、标高等详细信息,并应用于施工全过程管理。

　　在过去,数据是通过多张二维图纸结合工作人员计算的方式得出的,BIM 技术则直接跳过这一过程,数据计算处理直接交由电脑编制的程序完成,为工程的技术提供了更为准确、高效的信息支持,同时也解决了污水工程中复杂单体对管理人员的数量计算问题。

　　(2)质量管理

　　市政污水处理工程施工体量大、复杂构件多,导致施工阶段的质量管理始终无法精准表达具体问题。该工程 BIM 信息平台的质量管理功能细化为质量缺陷管理和质量检查两个方面,通过可视化模型详细体现出各构件质量信息,建设单位、监理单位、施工单位三方管理人员对现场质量问题能够落实到相应的构件位置,及时采取措施解决质量问题,做到高效化质量管控。

　　通常施工中存在的质量问题是以书面形式报送的,对于质量受损程度仅仅依靠文字与图片的表达,无法直观地展现出质量问题的具体位置。BIM 信息平台则可以通过质量缺陷录入功能,将多方检查出的现场问题以三维模型的方式具象化,为现场质量问题的解决提供更有效的依据,同时,减少各参建单位书面发文滞后所带来的不必要的时间成本。当施工现场的质量问题得到解决时,在缺陷点提供质量合格依据,并由监理单位审核落实完毕后,缺陷点则会变成绿色的质量合格点。

BIM信息平台支持的质量检查功能主要是针对施工现场的质量验收情况表述,包括隐蔽工程验收、模板工程验收、混凝土工程验收,提供相关的检验批施工质量验收记录至平台进行审阅,为施工阶段的质量管控提供具有可追溯性的重要依据。

(3)安全管理

基于BIM信息平台较为完善的信息管理系统,同时为确保项目安全管理措施落实到位,安全管理主要分为危险源预控管理与安全风险点管理两个方面。结合现场施工进度,对即将施工的部位提前采用标记点进行关联,并将相应的安全管理措施上传,达到施工预警及风险管理的目的。

① 危险源预控管理:地下污水处理工程施工过程中的危险源尤为复杂,难以管控。复杂的水沟、狭小的地下空间等结构可能使管理者忽略一些不可见的危险源,从而导致施工过程出现安全问题。

② 安全风险点管理:统筹管控现场所有的安全问题,有效解决污水处理工程因主体结构建筑面积较大、洞口较多造成的安全隐患。通过录入、消除信息上传以及监控人员审核,确保安全风险点处于可控范围。同时考虑到作业人员的安全教育以及施工机械的安全操作规范,采用上传施工单位工人安全教育及交底、相关机械合格证明等资料,确保施工安全。

(4)进度管理

工程形象进度是体现施工过程在一定的时间节点上达到的完成工程量和总进度,BIM技术能够将以往文字或表格数据形式转换成可视化的3D模型,通过加入时间参数对施工进度进行4D施工模拟。同时,BIM信息平台提供计划进度与实际进度共同模拟,两方对比从而展现工程计划进度提前或滞后情况。

(5)资料管理

随着建筑工程资料管理的需求提高,文档资料纷繁复杂、分类不清晰、整理不及时等一系列问题逐渐暴露。BIM技术极大地优化了资料管理的时效性及有效性,工程档案电子化管理规范了项目工作的管理制度。基于BIM与互联网云计算技术支持,资料人员将资料进行分门别类的整合,对信息进行完整的保存。在施工阶段不断开展的过程中,资料人员得到并完成一项资料后及时上传至BIM信息平台,以此保证资料的时效性。

4. 实施效果

该项目工程结合BIM三维实际进度模型,借助计算机强大的运算功能,有效地辅助预算人员对于施工产值的精准计算;工程施工中实施的二维构件十字梁新型工艺,借助BIM技术可视化的特点,模拟施工工艺,加强对作业人员的交底;建设单位、设计单位及总包单位通过平台进行线上信息互通,利用互联网避免传统信息交流的烦琐过程,使现场问题能够及时反馈并采取措施进行解决。

BIM技术在该污水处理厂提标改造工程C3标段项目的实际运用,表明BIM技术能够为项目工程带来更为高效的管理措施,有效解决工程中的困难,满足城市信息化发展的需求。

第二节 基于互联网的项目多方协同管理技术与应用

基于互联网的项目多方协同管理技术是以计算机支持协同工作(CSCW)理论为基础，以云计算、大数据、移动互联网和 BIM 等技术为支撑，构建的多方参与的协同工作信息化管理平台。该技术通过工作任务协同管理、质量和安全协同管理、图档协同管理、项目成果物的在线移交和验收管理、在线沟通服务，解决项目图档混乱、数据管理标准不统一等问题，实现项目各参与方之间信息共享、实时沟通，提高项目多方协同管理水平。

一、技术内容

(1)工作任务协同。在项目实施过程中，将总包方发布的任务清单及工作任务完成情况的统计分析结果实时分享给投资方、分包方、监理方等项目相关参与方，实现多参与方对项目施工任务的协同管理和实时监控。

(2)质量和安全管理协同。能够实现总包方对质量、安全的动态管理和限期整改问题自动提醒。利用大数据进行缺陷事件分析，通过订阅和推送的方式为多参与方提供服务。

(3)项目图档协同。项目各参与方基于统一的平台进行图档审批、修订、分发、借阅，施工图纸文件与相应 BIM 构件进行关联，实现可视化管理。对图档文件进行版本管理，项目相关人员通过移动终端设备可以随时随地查看最新的图档。

(4)项目成果的在线移交和验收。各参与方在项目设计、采购、实施、运营等阶段通过协同平台进行成果物的在线编辑、移交和验收，并自动归档。

(5)在线沟通服务。利用即时通信工具，增强各参与方沟通能力。

二、技术指标

(1)采用云模式及分布式架构部署协同管理平台，支持基于互联网的移动应用，实现项目文档快速上传和下载。

(2)应具备即时通信功能，统一身份认证与访问控制体系，实现多组织、多用户的统一管理和权限控制，提供海量文档加密存储和管理能力。

(3)针对工程项目的图纸、文档等进行图形、文字、声音、照片和视频的标注。

(4)应提供流程管理服务，符合业务流程建模与标注 BPMN2.0 标准。

(5)应提供任务编排功能，支持父子任务设计，方便逐级分解和分配任务，支持任务推送和自动提醒。

(6)应提供大数据分析功能，支持质量、安全缺陷事件的分析，防范质量、安全风险。

(7)应具备与其他系统进行集成的能力。

三、适用范围

基于互联网的项目多方协同管理技术适用于工程项目多参与方的跨组织、跨地域、跨专业的协同管理。

四、工程案例

1. 项目概况

某工程项目总用地面积为 8.5×10^4 m^2，总建筑面积为 75×10^4 m^2，按立体空间界面划分为成渝客专某站及相关工程、用地范围内的城市道路工程、交通枢纽综合体工程、城市轨道交通工程，地下共 7 层。该项目为某市重点项目、重大惠民利民工程、BIM 技术应用示范项目，合同总造价为 25 亿元。

组织此类大体量、高密度的综合体施工，过程信息具有多样性、复杂性和交叉性，安全管理、质量管理、进度管理、物料管理等协同任务艰巨。采用信息集成化手段，可以确保各项管理精细、精准、高效，确保施工质量最优，最大程度节省工期、节约成本，提高效益。该工程运用 BIM 技术，建立项目基本信息模型，通过互联网平台 BIM5D 采集、传递、分析现场过程信息，提高安全、质量、进度、物料等管理的信息集成化，动态存储、实时共享，实现项目协同管理。

2. 项目具体应用

(1) 项目信息来源

信息是由具有确定含义的一组数据组成，服务于决策，对决策行为有现实意义和潜在价值，具有事实性、等级性、可压缩性和增值性。项目施工过程，也是一个信息传递、分析、加工的过程。

该项目施工过程中产生的信息包括：① 施工准备信息。包括施工所依据的施工图、说明材料等、招标文件和合同文件等。② 施工过程信息。包括过程中产生的预检记录、隐检记录、技术核定单、会议记录和各方来往函件等；目标控制信息有费用控制信息、进度控制信息、质量控制信息等；施工状态或产品描述信息有质量评定记录、竣工记录或竣工图纸等；合同控制信息来源有业主来函，包括现场移交手续、地下管线图、基地地质及市政资料等；监理来函，包括监理工程师函、质量整改通知单、监理工程师通知等；政府部门文件，包括有关政策和制度规定等文件、各种批复和指令文件；分包商的报告，包括分包商来函、工程联系单、技术核定单等，向业主或监理递交报告，包括月报、周报或月报表，或专题报告、技术核定单和经理签证、给分包商的各种指令及其他函件等。

以往，这些施工信息由资料员搜集整理，以口头、邮件或者 QQ 等通信工具传递，导致信息具有多个版本，纸质存档分散保存，资料的一致性和唯一性无法保障；信息错发、漏发，与现场施工进度不一致，实时性无法保障；传递过程信息丢失，准确性无法保障。

(2) 项目信息处理

该项目引进 BIM 技术，根据施工图纸、说明材料，建立 BIM 模型，为每个构件赋予基本属性信息，项目招标文件和合同文件等项目整体文件与模型相关联，进行分区域存储；将施工过程信息与相应区域或构件相关联进行存储。施工准备信息的存储是以模型为载体，而施工过程信息量大且杂，它的存储需要管理平台来承载。

该项目引进基于互联网＋的 BIM5D 管理平台，以全专业 BIM 模型为载体，集成施工过程中的各项记录、目标控制信息、合同控制信息以及各种文件信息等，将设计模型与现场实际施工数据连接。现场人员可以实时查看现场实际进度情况，随时管控现场质量问题和安全问题，分析动态成本变化，为项目人员提供高效的沟通方式，增强对项目整体把控，为管理人员制定有效决策提供数据支撑,进而实现项目协同管理及精细化管理。

（3）BIM5D 管理平台数据格式

BIM5D 支持广联达土建 GCL、广联达钢筋 GGJ、广联达安装 GQI、广联达钢结构设计软件,三维场地建模软件,Autodesk Revit、MagiCAD、Tekla Structures、3DS-Max 等软件模型的导入。其中广联达土建 GCL、广联达钢筋 GGJ、广联达安装 GQI、广联达钢结构设计软件、三维场地建模软件等软件模型需要转化为 IGMS 格式文件;Autodesk Revit 模型需要转化为 E5D 格式文件;MagiCAD、Tekla Structures 直接导出 IFC 格式文件;3DS-Max 模型直接导出 3DS 格式文件,即可实现与 BIM5D 管理平台的对接,无数据丢失。

（4）应用效果

BIM5D 管理平台采用三端一云的架构协同方案,主要包括 PC 端、移动端（手机端）、网页端和 BIM 云四部分。PC 端用于数据集成和维护,实现多岗位、跨区域的工作协同;移动端用于数据实时采集,同步上传至 PC 端;网页端用于实时查看基础数据,动态了解现场情况;BIM 云服务器用于存储、处理数据,实时进行数据上传下载。BIM5D 管理平台项目协同框架如图 10-6 所示。

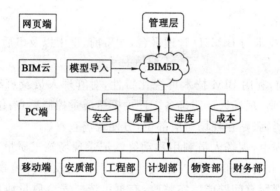

图 10-6　BIM5D 管理平台项目协同框架

通过 BIM 技术与 BIM5D 管理平台的应用,该项目实现的项目协同管理主要有以下几种。

① 资料、文档协同管理

该项目体量大、施工工艺复杂,在建设过程中,产生的资料、文档数量级很是庞大。BIM5D 管理平台具有资料协同管理功能,将项目资料文档进行上传,按照专业和施工阶段进行"分类→创建→修改→版本控制→审批程序→发布→归档→查询→反复使用→移交",贯穿文档管理整个生命周期,实现了工作流程与文档管理的无缝结合,各部门之间的信息交流更高效、更透明。同时平台上的文档还可以设置操作权限,对不公开信息,根据部门单独设置权限,仅由内部及指定人员查看下载,确保资料安全性、唯一性且可追溯。

② 图纸及变更协同管理

对于施工单位来讲,图纸的存储、查询、提醒和流转是否方便,直接影响项目进展的顺利程度。同时,由于工程变更或其他问题导致图纸的版本也很难控制,错误的图纸信息带来的损失也相当惊人。基于 BIM5D 管理平台的图纸协同管理,以 BIM 模型的构件为核心,从构件入手去查询和检索。找到相关的图纸后,可自动关联图纸,还可以选择不同版本进行可视化对比,版本之间的区别一目了然。同时,图纸相关的变更信息也能进行关联查询,方便进行历史图纸追溯和模型对比,减少因图纸版本问题带来的返工。基于 BIM5D 的图纸协同管理方式如图 10-7 所示。

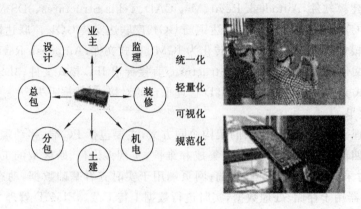

图 10-7　基于 BIM5D 的图纸协同管理方式

③ 安全质量协同管理

该项目结合 BIM 技术与 BIM5D 管理平台,在事前、事中以及事后对安全质量管理进行信息化监督和控制。

a. 事前:施工之前,利用 BIM 技术可视化特性,对管理人员及班组进行可视化技术交底,使复杂节点更加清晰,现场人员明确各工序的安全质量控制要点;结合二维码存储功能,将技术交底写入二维码,张贴在现场对应部位,方便现场查看。

b. 事中:施工过程中,现场人员利用移动终端记录现场施工质量、安全问题,拍照上传至云平台,明确责任人和责任班组,限时整改。整改后及时反馈并验收,对问题进行追踪管理,形成管理闭环,确保所有问题能落实整改,有据可依。安全质量协同管理实施流程如图 10-8 所示。

发现问题　　问题发布　　认领整改　　跟踪关闭

图 10-8　安全质量协同管理实施流程

c. 事后:在 BIM5D 管理平台安全质量问题库中进行数据处理,编制安全质量问题周报,对问题的整改情况、责任人、责任班组进行总结汇报,逐条分析原因,提出下一阶段的解决方案和预防措施,有效解决安全质量问题,排除隐患。

d. 施工进度协同管理:该项目借助 BIM5D 管理平台将项目进度计划与模型构件进行关联。通过对工程的模拟建造,可以直观地按月、周、天显示施工进度,各施工参与方可以登录云平台查看项目建造的过程,及时发现工序间逻辑错误问题,以及进度计划不合理的地方,进行调整优化。同时,现场技术人员,每天通过移动端(手机端)在平台中标注现场施工进度,管理人员通过网页端实时查看现场施工进度,将实际进度与计划进度进行对比,及时发现项目的实际进度与计划进度的偏差,分析施工进度延误的原因,调整进度计划,并采取有效措施进行纠偏,确保施工工期。

3. 实施效果

该项目借助 BIM 技术和基于互联网＋技术的 BIM5D 管理平台,使项目信息在权限范围内实时共享;通过资料、文档协同管理,图纸及变更协同管理,安全质量协同管理以及进度协同管理的具体应用,达到各项施工信息整合,减少施工信息记录的错误与丢失,提高各方沟通效率;通过可视化对比及趋势分析,更好地服务于决策,减少了各项返工造成的浪费近 500 万元,安全质量问题降低了 20％,发现计划进度问题 58 处,确保工程如期完成。同时,为同类项目的协同管理积累了实战经验。

第三节　基于物联网的劳务管理信息技术与应用

基于物联网的劳务管理信息技术是指利用物联网技术,集成各类智能终端设备对建设项目现场劳务工人实现高效管理的综合信息化系统。系统能够实现实名制管理、考勤管理、安全教育管理、视频监控管理、工资监管、后勤管理以及基于业务的各类统计分析等,提高项目现场劳务用工管理能力、辅助提升政府对劳务用工的监管效率,保障劳务工人与企业利益。

一、技术内容

(1) 实名制管理。实现劳务工人进场实名登记、基础信息采集、通行授权、黑名单鉴别、人员年龄管控、人员合同登记、职业证书登记以及人员退场管理。

(2) 考勤管理。利用物联网终端门禁等设备,对劳务工人进出指定区域通行信息自动采集,统计考勤信息,对长期未进场人员进行授权自动失效和再次授权管理。

(3) 安全教育管理。记录劳务工人安全教育记录,在现场通行过程中对未参加安全教育人员限制通过。可以利用手机设备登记人员安全教育等信息,实现安全教育管理移动应用。

(4) 视频监控。对通行人员人像信息自动采集并与登记信息进行人工比对,及时查询采集记录;能实时监控各个通道的人员通行行为,并支持远程监控查看及视频监控资料存储。

(5) 工资监管。记录和存储劳务分包队伍劳务工人工资发放记录,也能对接银行系统实现工资发放流水的监控,保障工资支付到位。

(6) 后勤管理。对劳务工人进行住宿分配管理,也能实现一卡通在项目的消费应用。

(7) 统计分析。基于过程记录的基础数据,提供政府标准报表,实现劳务工人地域、年龄、工种、出勤数据等统计分析,同时提供企业需要的各类格式报表定制。利用手机设备可以实现劳务工人信息查询、数据实时统计分析查询。

二、技术指标

(1) 应将劳务实名制管理信息的各类物联网设备进行现场组网运行,并与互联网相连。

（2）基于物联网的劳务管理信息系统，应具备符合要求的安全认证、权限管理、表单定制等功能。

（3）系统应提供与物联网终端设备的数据接口，实现对身份证阅读器、视频监控设备、门禁设备、通行授权设备、工控机等设备的数据采集与控制。

（4）门禁方式可采用集成电路（IC）卡闸机门禁、人脸或虹膜识别闸机门禁、二维码闸机门禁、射频识别（RFID）无障碍通行等。集成电路（IC）卡及读写设备要符合 ISO/IEC 14443 协议相关要求、射频识别（RFID）卡及读写设备应符合 IOS 15693 协议相关要求。单台人脸或虹膜识别设备最少支持存储 1 000 张人脸或虹膜信息；闸机通行不低于 30 人/min（采用人脸或虹膜生物识别通行不低于 10 人/min）；如采用半高转闸和全高转闸，应设立安全疏散通道。

（5）可对现场人员进出的项目划设区域进行授权管理，不同授权人员只能通行对应的区域。

（6）门禁控制器应能记录进出场人员信息，统计进出场时间，并实时传输到云端服务器；应能支持断网工作，数据可在网络恢复以后及时上传；断电设备无法工作，但已采集记录数据可以保留 30 d。

（7）能够进行统一的规则设置，可以实现对人员年龄超龄控制、黑名单管控规则、长期未进场人员控制、未接受安全教育人员控制，可以由企业统一设置，也可以由各项目灵活配置。

（8）能及时（延时不超过 3 min）统计项目劳务用工相关数据，企业可以实现多项目的统计分析。

（9）能够通过移动终端设备实现人员信息查询、安全教育登记、查看统计分析数据、远程视频监控等实时应用。

（10）具备与其他管理系统进行数据集成共享的功能。

三、适用范围

基于物联网的劳务管理信息技术适用于加强施工现场劳务工人管理的项目。

四、工程案例

1. 工程概述

某市民服务中心包括规划展示中心、会议培训中心、政务服务中心、企业办公用房、周转用房、生活用房、管委会办公及集团办公用房等 8 个建筑。其结构形式为钢框架结构和钢结构集成模块，建筑高度为 15.50 m（最高），层数为 1～5 层。

2. 劳务管理信息化的要点

在劳务管理上，要重点抓好人员实名制、合同签订、工作考勤、工资发放、安全及技能培训等 5 项工作，确保落实以杜绝劳务纠纷和安全事故。该项目的智慧建造管理平台专门设立了劳务管理的模块，通过定制工作流程和应用实现超大规模劳务团队的高效管理。

（1）实名制管理

按照全国建筑劳务实名制数据标准进行项目建筑工人实名制录入工作。所有进场人员必须先登记信息，才能通过"一卡通＋人脸识别"双识别方式进入现场。

（2）考勤管理

项目门禁系统自动记录劳务人员进出施工现场时间,统计出勤情况,做到劳务作业人员考勤数据真实、有效,为月度考勤工资线上发放提供依据。

（3）工人培训考核

管理所有劳务人员的安全教育培训信息和专业技能考核信息,通过学分系统进行评价,不合格禁止上岗,加快建筑工人的职业化建设。

（4）工资线上代发

严格按照项目实名制考勤系统生成工资单,经工人签字、分包单位和总包单位审核后,进行银行代发工资至工人账户,实现工人工资多方监督、透明管理。

（5）劳务信息共享

云平台实现数据共享。劳务工人、建设单位、承包企业、劳务企业、社会资源、政府机构、行业协会可登录建筑工人信息管理服务平台开展相应工作。

3. 劳务管理架构

项目劳务管理以建筑工人信息管理服务平台为劳务信息集成枢纽,实名制为核心,以身份证号码为劳务工人的唯一识别号码,建筑工人从进入项目开始记录在劳务企业、承包企业、社会服务、政府监管等相关方产生的基本信息、履历信息、技能信息和信用信息等,实现建筑工人全职业周期管理,如图10-9所示。项目采用云、网、端三层结构的劳务管理体系,实现劳务的多维度透明管理。

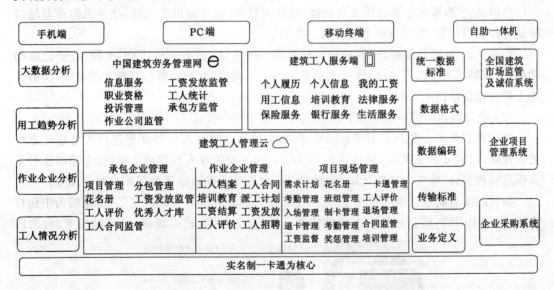

图 10-9　劳务管理架构

（1）"云"指管理云,包含3个子系统,第1个是承包企业管理系统,第2个是作业企业管理系统,第3个是项目现场管理系统。承包企业管理系统的使用者是"承包企业",这里的承包企业包含总承包企业和专业承包企业,作业企业管理系统的使用者是劳务分包企业,项目现场管理系统为项目现场管理人员使用。3个子系统是劳务实名制数据形成的源头,整个平台通过3个子系统协同完成劳务实名制全生命周期管理。

(2)"网"是指中国建筑劳务管理网,劳务管理网以云平台中数据为基础,为住房和城乡建设部及劳务协会提供实时数字化的劳务监管依据。

(3)"端"是指建筑工人 App 端、建筑总包 App 端,项目现场工人及总承包企业人员安装手机 App,为建筑工人及企业管理人员提供更加便捷的移动端服务。

4. 工程应用

(1)信息化集成平台

该市民服务中心项目的智慧建造管理平台中集成了劳务管理系统模块,该模块可独立运行。它以软件集成框架、运行支撑环境、开发工具组件为基础,通过计算机、移动通信、物联网等技术支撑构建而成。

根据目前常规的施工管理体系,划分 3 个管理系统,通过 2 个 App 端、12 个业务应用点,实现劳务信息化管理。

3 个管理系统分别为公司级、项目级和作业级。其中,公司级和项目级属于承包企业管理系统,主要用于现场管理和数据分析,公司级偏重于数据分析,项目级侧重于项目现场管控。

作业级属于劳务企业管理系统,主要对其下的工人进行管理,包括录入工人信息,将工人添加到项目,工资录入,查看班组或者工人的奖惩记录,企业或者工人的不良记录等。

系统后台由企业信息管理专员和平台服务商共同管理,项目各级管理人员和劳务人员则通过 App 端访问登录,并开展各项应用。2 个 App 端分别针对总包和劳务。

总包 App 为承包企业提供人员统计,包括项目库、统计分析等功能,便于承包企业随时随地把控项目信息,实现移动办公及移动监管。

劳务 App 通过云服务,为现场班组长提供实名认证、班组人员信息、考勤、电子记账的功能,为现场工人提供实名认证、个人信息、考勤、工资发放、招聘等信息查询的功能,为劳务工人职业化提供技术保障。

(2)全员覆盖的劳务实名制管理

该市民服务中心全面采用实名制管理,施工过程中所有人员必须先进行实名登记方可进入现场。112 d 的工期内,累计共有 15 762 名施工及管理人员参与了建设,全部信息都录入信息管理平台,将在未来转入该市的块数据,成为个人在该地区数字账户的一部分。

项目的实名制登记创新使用了"建筑工人实名制管理平台自助终端"。该终端为中建自主研发(图 10-10),整合劳务工人身份信息采集、安全教育、进退场确认、自助发卡、自助回

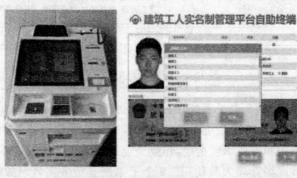

图 10-10　建筑工人实名制管理平台自助终端

收卡、考勤记录采集等环节纳入在线操作,进退场时通过该终端自助办理。终端的操作简便、高效,完成操作后将自动快速制卡发卡,有效帮助工人节省制卡时间,节约工地制卡的总承包企业人力成本。

系统采用分级权限控制,分为劳务工人和劳务管理员两种角色操作,从而在规避风险的同时,提升生产和管理效率。

（3）双识别考勤管理

项目的实名认证采用"一卡通＋人脸识别"双保险方式,以实名制一卡通为基础,全面引入人工智能（AI）人脸识别技术,人脸数据采用"小部分活体人脸抓拍采集＋大面积人脸数据表格录入"的方式。在项目的所有人员通道都设置了人脸识别设备,设备通过韦根接口与人员道闸、门禁主机连接,实现非接触式考勤、快速通过,考勤数据实时录入,在线更新。通过记录劳务人员进出施工现场时间,依托进出场记录,精确统计施工班组、个人每日出勤情况,月底形成月度考勤报表为工资结算发放提供依据,防范恶意讨薪,为解决劳资纠纷提供客观证据。

项目实施过程中,人脸识别设备运行良好,其感应灵敏度和认证准确度都满足项目的考勤及安防要求。而一卡通作为辅助手段,也能在人流密集通过或设备维护期间保证正常通行。人脸识别设备的主要性能如下。

① 内置智能人脸识别抓拍,支持 100 万像素抓拍库,集成内置补光灯,支持复杂光环境下人脸抓拍。

② 人证合一,读取身份证信息,进行人脸实时对比验证。

③ 支持有线以太网和无线 Wi-Fi 协议。

④ 识别高度为 1.2～2.2 m,角度可调;识别距离为 0.5～5 m,视镜头可变;人脸角度为左右 30°,上下 30°。

⑤ 识别时间小于 1 s。

⑥ 误识率小于 1‰。

（4）实时定位劳动力管理

为加强项目安全管理,同时实现对作业面的资源高效管控,项目部选择采用定位技术掌握人员的实时分布。根据项目大场区、低楼层、工期短的特点,最终选择全球定位系统（GPS）。该技术精度一般,但无须多设基站,携带方便,在安全帽上设定位芯片,可获取佩戴者的全球定位系统（GPS）信息和实名制信息。所有信息上传至智慧建造平台的展示大屏,管理人员能查看现场人员热力分布图和当时出勤施工人员数量、工种分布和各作业单位出勤情况,后台可查看现场施工人员在线位置、历史移动轨迹,对项目的整体安全提供技术保障,遇突发事件能高效组织避险和救助。

此外,通过对所有施工人员定位信息和实名制信息采集,统计劳动力资源用工情况,分析工作面劳动力分布情况及劳动力峰值分析,为管理人员合理分配现场劳动力及合理调整劳动力计划提供数据参考。

（5）工人培训考核标准化

长期以来,劳务人员的安全教育一直是企业管理的重点。建筑工人信息管理服务平台集成了培训与考核体系功能。工人完成相应的学习可获取积分,如未能完成指定学习任务则无法入场作业。目前平台中对应有安全考核和项目培训两个模块。

① 安全考核

总包单位在线上录入理论考试题库,为工人安全考试提供题目,并设置理论考试和实操考试。总包单位查看工人理论考试的成绩、实操考试审批人的意见和是否准许工人上岗,确保现场施工人员合格上岗。

② 项目培训

项目在劳务人员进场时,组织学习安全教育视频,在安全体验区学习安全知识,同时还为建筑施工人员提供线上的行业知识技能学习窗口,定期上架行业学习视频和教学文档,供劳务人员在线观看和下载,提高专业技能水平。

(6) 工人工资透明支付

为解决关注度高的劳务薪资问题,平台集成工资代发功能,根据门禁考勤报表自动生成工资单,经管理方审核确认后,由银行代发工资,实现工人工资多方监督、透明管理、正常发放。工资发放的基本流程如下。

① 开通工薪发放 App 和银行账户

总包企业和分包企业登录平台,填写完整信息,开通工薪发放 App;总包企业和分包企业在银行开立工资发放账户并签订代发协议,并将工人工资卡信息录入系统。

② 生成工资单

以实名制门禁考勤为主,通过班组长在手机端进行计量或计时考勤为辅,综合工人的基本工资、奖励、扣款等,自动计算出应发工资,在作业企业管理系统生成工资单;经工人签字确认后,在系统里提交审核。

③ 工资单审核

分包单位在作业企业管理系统进行第一次审核,总包单位在承包企业管理系统进行第二次审核。

④ 工资银行代发

审批通过后,总包企业或分包企业发放指令会推送到银行,银行完成工资代发。

⑤ 工资发放明细查看

总包企业或分包企业可进入工薪发放 App 或者作业企业管理系统查看工资代发明细,保障劳务工人工资的正常发放。

⑥ 工资发放预警

项目运作期间,如果参建单位未及时发放劳务工人工资,平台会生成拖欠记录,向承包企业和监管部门推送预警信息。

(7) 劳务资源信息集成共享

平台的拓展性和兼容性体现出开放的理念。通过统一的标准化数据接口实现各地实名制系统的数据互通、交换和共享,涵盖了政府监管部门、承包企业、作业企业和建筑工人等 4 个应用群体,各参与方不再是相对孤立,而是相互关联的。劳务生态图如图 10-11 所示。

劳务资源信息主要包括工人库、参建单位库和全面的预警信息中心。

① 工人库

工人的基本信息(身份证件、政治面貌、银行信息)、履历信息(教育信息、培训信息、工作履历)、技能信息(工种信息、从业信息、技能等级)和信用信息(信用信息、工作评价、社会信

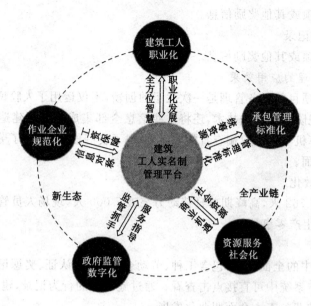

图 10-11 劳务生态圈

用)全面共享。

② 参建单位库

参建企业相关的企业资料、项目经历、奖惩记录、账号信息、资质信息和从业人员数据透明可查。

③ 预警信息中心

进场登记的劳务工人或作业企业的信息在平台黑名单中的,劳务工人年龄未满足承包企业设置的年龄阈值的,作业企业未上传劳务用工合同或已上传的特种作业证书时间到期的,劳务工人未参与承包企业安排的培训活动的,参建单位未及时发放劳务工人工资的,预警信息都会实时上传,平台会向承包企业和监管部门推送预警信息。

（8）建筑劳务信用体系

未来建筑行业的劳务管理将更为规范和透明。而在信息化平台的推动之下,整个体系将向着标准化和产业化发展。平台通过实时更新人员档案,包含籍贯、学历、健康情况、技能水平、职业履历、信用评价、收入情况等从业数据,经过数据挖掘、对比,得出公正、客观的评价,逐渐形成基础的劳务工人信用体系;另外,将拖欠工资作为建筑企业诚信记录的重要考察标准,落实"施工总承包企业对劳务工人工资支付负总责,作业企业负直接责任"的政策要求,形成建筑企业信用体系。

目前,平台已经在开展相应的功能探索,根据建筑企业和劳务工人的奖惩情况和行为记录,并设置了多项功能。

① 企业黑名单

存在不良行为的作业企业信息。

② 劳务工人黑名单

存在违法违纪、恶意讨薪或聚众滋事等不良行为的劳务工人信息。

③ 企业奖惩记录

建筑企业所获奖项或其他奖励信息。

④ 劳务工人奖惩记录

劳务工人所获奖项或其他奖励信息。

5. 劳务实名制管理的应用效果

该市民服务中心项目的劳务管理是一次大胆的创新,不仅运用了人脸识别、建筑工人信息平台、人员定位等现阶段的先进技术,还将这些信息全部集成在智慧建造管理平台之中,实现了大屏展示、计算机与手机双端查看的功能,取得了良好成效,提升了劳务管理效率,主要体现在以下几个方面。

(1) 现场管理高效化

工程累计进场 15 762 人,高峰期单日劳动力突破 7 000 人,现场人员管理井然有序,实现 112 d 工期内安全生产零事故。

(2) 工人职业化

采集工人在项目中的全面数据,包含工种、劳动合同、培训认证、奖惩记录、考勤信息等数据,数据在智慧建造系统中可直接点击查看。通过施工中的行为记录,建立稳定的职业履历档案更新体系,促进劳务工人全面职业化发展。

(3) 工资发放透明化

采用新型工人工资发放方式,多方审核、监督,透明工资发放明细,工资正常发放。

(4) 关键指标预警自动化

对工资发放、用工年龄、作业时间、有无合同、特殊工种证书、是否进行安全教育培训等情况进行风险预警监测,准确、及时、自动对项目实现监控、预警,降低项目用工风险。

(5) 政府监管数字化

平台档案实时更新,劳务人员档案信息、劳务情况、薪酬待遇等文档随时上传至平台。政府监管部门通过劳务管理信息平台数据接口,获得实时、准确的各类数据,帮助政府实现数字化监管。

(6) 信用建设体系化

通过实时更新劳务人员档案,包含籍贯、学历、健康情况、技能水平、职业履历、信用评价、收入情况和建筑企业拖欠工资记录等从业数据,经过数据挖掘、对比,得出公正、客观的评价,逐渐形成基础的建筑企业和劳务工人信用体系。

参 考 文 献

[1] 陈朝文.预制地下连续墙在城市管廊工程中的应用[J].上海建设科技,2018(4):36-39.

[2] 陈文明.型钢水泥土搅拌墙在综合管廊基坑的应用[J].城市道桥与防洪,2018(6):284-287,386.

[3] 崔恒德,廖志斌,胡董超,等.BIM技术在地下污水处理厂工程中的应用[J].建筑施工,2019(4):697-699.

[4] 龚剑,崔维久,房霆宸.上海中心大厦600 m级超高泵送混凝土技术[J].施工技术,2018,47(18):5-9.

[5] 郭满良.钢结构虚拟预拼装技术[J].建筑技术,2018,49(4):381-384.

[6] 贺杰.自密实混凝土在引水隧洞衬砌中的应用[J].东北水利水电,2019(5):26-28,71.

[7] 胡敬杰.探究建筑工程地下室地下连续墙逆作法施工的关键技术[J].建筑技术开发,2019,46(1):83-84.

[8] 胡志操,张青,钟东胜.深基坑逆作法施工关键技术[J].城市住宅,2018,25(12):120-121,124.

[9] 黄翔,高海军,杨森浩.某悬挑单层折面网格结构工程卸载监测技术研究[J].工程质量,2019,37(3):18-24.

[10] 贾志军,胡文兵,李娜.廊坊新朝阳广场种植屋面防水施工技术[J].中国建筑防水,2019(4):27-29.

[11] 李智斌,赵杰,丛茂林,等.港珠澳大桥人工岛预制钢筋骨架套筒灌浆连接应用研究[J].施工技术,2019,48(9):26-28,70.

[12] 鲁官友,马合生,张云富,等.深圳市建筑垃圾管理现状和减量化措施分析[J].商品混凝土,2019(1):69-70.

[13] 施忠平.装配式混凝土框架结构在公共建筑施工中的应用[J].建筑施工,2018,40(7):1140-1142.

[14] 双木.新版《建筑业10项新技术》新在哪里[N].建筑时报,2018-03-08(5).

[15] 汪晨晨,刘龙,孙巍巍.某地铁站深基坑开挖监测分析[J].天津建设科技,2019,29(2):24-26.

[16] 王东升,殷涛.建设工程新技术新工艺概论[M].青岛:中国海洋大学出版社,2013.

[17] 王伟.浅析超高层建筑核心筒爬模施工技术及工效[J].建材与装饰,2019(1):20-22.

[18] 王永军,孙连勇,宋洋,等.装配整体式剪力墙结构工程主体装配施工工法[J].建筑技术,2018,49(增刊):105-108.

[19] 谢云柳,黄扬明,刘学,等.清水混凝土剪力墙结构施工技术实践与探索[J].建筑施工,2019,41(3):416-418.

[20] 辛建龙,高泉,潘蜀,等.分布式发电在建筑施工现场的应用[J].安徽建筑,2015(6):

75-77.

[21] 薛文静.华为上海双层外呼吸式光控百叶玻璃幕墙建筑特点[J].居舍,2018(18):31.

[22] 姚习红,陈浩,加松,等.三维激光扫描建筑信息建模技术在超高层钢结构变形监测中的应用[J].工业建筑,2019,49(2):189-193.

[23] 殷允辉,苏前广,祝敏.多维度透明劳务管理在智慧建造中的应用[J].施工技术,2019,48(1):17-21.

[24] 袁新和,陈述亮,徐杰.水回收利用系统分析[J].施工技术,2018,47(增刊):1680-1682.

[25] 张博.真空预压法软基处理工程的施工技术和管理[J].低碳世界,2019,9(4):192-193.

[26] 张强.大跨度复杂钢结构屋盖整体滑移安装技术[J].建筑施工,2018,40(6):894-895,915.

[27] 赵福明,宁惠毅.建筑工程[M].北京:中国建筑工业出版社,2019.

[28] 赵晓东.浅谈高楼STP板外保温面砖饰面工程的施工措施[J].中国设备工程,2018(16):172-176.

[29] 赵媛媛.基于BIM技术与"互联网+"的项目协同管理平台的研究[J].铁道建筑技术,2018(8):24-27.

[30] 中华人民共和国住房和城乡建设部.建筑业10项新技术:2017版[M].北京:中国建材工业出版社,2018.

[31] 朱坤.某医院C70高强混凝土的研究与应用[J].粉煤灰综合利用,2018(3):43-46.

[32] 朱蕾.基于Tekla Structure多高层钢框架结构深化设计实例分析[J].建材世界,2018,39(5):58-61,81.